两个带电导体球之间作用力的计算问题

郑焕武　著

科 学 出 版 社
北　京

内容简介

本书系两个带电导体球之间和带电导体球与无限大平面导体之间作用力的计算问题，以题解和问答的方式撰写，属于物理学中静电学和电动力学方面的问题，也是迄今静电学中仍未解决的难题。全书共十大问题，合计236题。涉及带电导体球与无限大接地平面导体和非带电平面导体之间作用力的计算问题，涉及两个电势不等带电导体球和两个带异性电导体球之间作用力的计算问题，涉及两个相同大小的等势带电导体球和两个不同大小的等势带电导体球之间作用力的计算问题等。

本书可供中学和中学以上物理教师作教学参考书，也可供中学以上理科生作课外读物。

图书在版编目(CIP)数据

两个带电导体球之间作用力的计算问题 / 郑焕武著. —北京：科学出版社，2019.11
ISBN 978-7-03-061594-7

Ⅰ. ①两… Ⅱ. ①郑… Ⅲ. ①静电学-研究②电动力学-研究 Ⅳ. ①O441.1②O442

中国版本图书馆 CIP 数据核字（2019）第 113203 号

责任编辑：张 展 侯若男 / 责任校对：彭 映
责任印制：罗 科 / 封面设计：墨创文化

科学出版社 出版
北京东黄城根北街16号
邮政编码：100717
http://www.sciencep.com

四川煤田地质制图印刷厂印刷
科学出版社发行 各地新华书店经销
*
2019年11月第 一 版 开本：787×1092 1/16
2019年11月第一次印刷 印张：12
字数：240 000

定价：86.00 元

（如有印装质量问题，我社负责调换）

前　　言

笔者在从事物理教学中，偶有学生问到两个带电导体球作用力的计算问题，这的确是物理，尤其是电学中无法回避的问题，也是一个难题。虽然笔者当时只与学生做了简短的交流，但正是这短暂的交流深深触动了笔者的心。无论是从教师的责任感，还是从由问题本身引发的兴趣，这个问题总会不时地在脑子里出现。在责任感和梦想的驱动下，经过长时间的思索和一次次的尝试，终于有了一些头绪，即两个带电导体球之间的作用力是可以计算的，两球面上电荷在电场力作用下的分布规律可由静电感应原理和电像法找出。

退休前限于时间关系，没有动笔的机会，退休后又忙于写另外几本书，即《碰撞中的经典力学方法——碰撞力和碰撞时间的计算》(2008 年由四川科技出版社出版)、《理想流体作用下的物体运动——流体阻力和升力的计算》(2014 年由光明日报出版社出版)、《与碰撞和理想流体阻力有关的物理问题》(2017 年由科学出版社出版)，所以关于两个带电导体球作用力的计算问题，仅在 2008 年写了一文，即《两带电导体球外的电势分布和相互作用力问题》发表于《西昌学院学报(自然科学版)》2008 年第 4 期。该文荣获中国创新教育协会和《中国教育理论研究》编委会举办的 2011 年度全国创新教育教学科研成果奖大赛一等奖，并于当年 6 月收录到《中国教育理论研究》一书。本书就是在该论文的基础上写出。

笔者之所以要再写此书，一是想用题解的形式对上述论文做出进一步的检验，二是希望此书在同行中起到抛砖引玉的作用。限于笔者水平，书中不足之处在所难免，恳请读者批评指正。

目　　录

一、点电荷对其附近导体平面和导体球的作用力 …… 1
二、带电导体球与无限大平面导体的作用力 …… 16
三、带电导体球与非带电导体球的作用力 …… 26
四、带异性电荷导体球之间的作用力 …… 43
五、带同性正电荷不等势导体球的作用力 …… 54
六、带同性负电荷不等势导体球的作用力 …… 76
七、等势等大带电导体球作用力的近似计算 …… 92
八、等势等大带电导体球作用力的精确计算 …… 119
九、等势不等大带电导体球的作用力 …… 134
十、问答题 …… 166

一、点电荷对其附近导体平面和导体球的作用力

1. 在一点电荷 Q 的附近有一无限大接地平面导体，问：点电荷对平面导体有无作用力？该力怎样算出？如果点电荷 $Q=2\times10^{-5}\text{C}$，其到平面导体的垂直距离 $a=0.2\text{ m}$，则点电荷对平面导体的作用力是多少？

解：无论点电荷是正电荷还是负电荷，点电荷与接地平面导体的电势都不相等，电荷对平面导体有静电感应。当点电荷为正时，点电荷在平面导体上感应出负电荷；反之，当点电荷为负时，则点电荷在平面导体上感应出正电荷。所以，点电荷与平面导体上的感应电荷有静电力，该力就是点电荷对平面导体的作用力。即点电荷对其附近无限大接地平面导体有作用力，该力为引力。由于平面导体无限大，当点电荷为正时，其发出的电力线要全部到达并终止于平面导体上的感应负电荷；而当点电荷为负时，则到达点电荷的电力线将全部来自平面导体上的感应正电荷。所以，平面导体上感应电荷的电量就等于点电荷的电量，符号相反，其在空间的电场可用点电荷的像电荷在空间的电场代替。该像电荷为假想的点电荷，位于平面导体的背面，并相对于平面导体处于与点电荷对称的位置。所以，点电荷对无限大接地平面导体的作用力可用点电荷对像电荷的作用力代替。即点电荷对其附近无限大接地平面导体的作用力可用电像法算出。

当点电荷 $Q=2\times10^{-5}\text{C}$，到平面导体的垂直距离为 0.2 m 时，则像电荷 $Q'=-2\times10^{-5}\text{C}$，到平面导体的垂直距离也是 0.2 m，故点电荷与像电荷的作用力由库仑定律算出为

$$\begin{aligned}F&=-\frac{QQ'}{4\pi\varepsilon_0(2a)^2}\\&=-\frac{2\times2\times10^{-10}}{4\times3.14\times8.85\times10^{-12}\times(2\times0.2)^2}\\&\approx-22.49(\text{N})\end{aligned}$$

2. 如果上题中无限大平面导体不接地，且带有与点电荷电量相等的负电荷，则点电荷对平面导体的作用力是多少？该力是怎样产生的？

解：由于点电荷与无限大平面导体所带电荷为等量异性电荷，点电荷为正电荷，平面导体所带电荷为负电荷，故点电荷发出的电力线将全部到达并终止于平面导体上的负电荷。即平面导体上所有的负电荷都要受到点电荷的作用，在点电荷吸引下全部电荷分布于导体的前表面，其分布规律就如同无限大平面导体接地时，点电荷在平面导体上感应负电荷的分布规律。所以，在静电平衡时，平面导体所带负电荷在空间的电场就如同点电荷在无限大接地平面导体上感应负电荷在空间的电场一样，可用点电荷的像电荷在空间的电场代替。因此，点电荷与平面导体上所带负电荷的作用力仍等于点电荷与其像电荷的作用力，该力已由 1 题算出为−22.49N。这是点电荷对无限大带负电荷平面导体的作用力，为引力。

它是带正电的点电荷对无限大平面导体上所带负电荷的直接作用，没有静电感应的过程，因此，在平面导体的背面没有感应正电荷分布。

3. 如果上题中无限大平面导体带的是正电荷，即与点电荷为等量同性电荷，问：点电荷对平面导体的作用力有无变化？是引力还是斥力？

解：当无限大平面导体上带有与点电荷相同的正电荷时，平面导体的电势为正，大于零，但与点电荷的电势相比，平面导体的电势仍低于点电荷的电势。因此，点电荷对平面导体同样有静电感应，点电荷发出的电力线将全部到达并终止于无限大平面导体上的感应负电荷。故平面导体上有两种不同电性的电荷：一是感应负电荷，它受到点电荷的吸引而分布于导体的正面；二是感应正电荷和平面导体原来所带的电荷，它们不受点电荷的作用而分布于导体的背面。即平面导体上虽然有感应负电荷和正电荷分布，但只有感应负电荷才受到点电荷的作用，而正电荷分布于导体的背面不受点电荷的作用。因此，点电荷对无限大平面导体的作用力为点电荷对平面导体上感应负电荷的作用力，该力已由 1 题算出为 −22.49 N，为引力，而不是斥力。表明点电荷对其附近无限大平面导体的作用力与平面导体接不接地、带不带电和带电量多少都没有关系，决定点电荷与无限大平面导体之间作用力大小的只是点电荷的电量和点电荷到平面导体的垂直距离。

4. 如果 1 题中点电荷和点电荷到无限大平面的距离不变，而无限大平面分别带有 -3×10^{-5}C 和 -1.8×10^{-5}C 的负电荷，则点电荷对无限大带电平面的作用力是否相同？大小是多少？该力分别是怎样产生的？

解：根据题意，点电荷仍为正电荷，而无限大平面导体所带的电荷为负电荷。故平面导体的电势总低于点电荷的电势，在点电荷和平面导体之间，电力线总是由点电荷发出，然后将全部到达并终止于平面导体上的负电荷。故无论平面导体所带负电荷是多是少，平面导体上受到点电荷约束并与点电荷相互作用的负电荷的电量总等于点电荷的电量。平面导体与点电荷之间的作用力仍用电像法求出，大小均与 1 题算出的结果相同，为−22.49 N。但产生力的过程并不完全相同，由于平面导体为无限大，平面导体上能与点电荷相互作用的负电荷的电量总等于点电荷的电量。故当平面导体所带电荷为 -3×10^{-5}C 时，由于平面导体所带负电荷的电量多于点电荷的电量，所以平面导体上受到点电荷作用的负电荷只是平面导体所带负电荷的一部分，剩下的负电荷为 -1×10^{-5}C，由于不受点电荷的作用而均匀分布在平面导体的背面。当平面导体所带电荷为 -1.8×10^{-5}C 时，由于平面导体所带负电荷的电量少于点电荷的电量，故平面导体上受到点电荷作用的负电荷中，除了平面导体所带的全部负电荷外，点电荷还要在导体上感应出负电荷，感应负电荷为 -0.2×10^{-5}C。由于有感应负电荷，则平面导体上就要多出等量的感应正电荷，而感应正电荷由于不受点电荷的作用，为自由电荷，均匀分布在平面导体的背面。

由以上讨论得出：无论平面导体上所带负电荷的电量是大于还是小于点电荷的电量，到静电平衡时，平面导体上能与点电荷作用的负电荷的电量都与点电荷的电量相等，并且二者之间的作用就如同点电荷对无限大接地平面导体上感应负电荷的作用一样，其作用力用点电荷与其像电荷的作用力代替。

5. 设有一半径为 1.2 m 的圆平面导体，其附近距圆平面中心 0.15 m 处有一负电荷 $Q=-3\times10^{-5}\text{C}$，问：(1)当圆平面导体接地时，点电荷对平面导体的作用力是多少？(2)圆平面导体不接地，而是带有与负的点电荷电量相等的正电荷，则点电荷对平面导体的作用力又是多少？

解：(1)由于点电荷为负电荷，电势为负，故当圆平面导体接地时，点电荷的电势低于圆平面的电势，点电荷与圆平面导体之间有静电感应，且点电荷在圆平面导体上感应出正电荷。又因为点电荷与圆平面导体相距很近，圆平面可看作是无限大平面导体，到达点电荷的电力线将全部来自圆平面导体上的感应正电荷。即点电荷在圆平面导体上感应出正电荷的电量与点电荷的电量相等，其在空间的电场可用点电荷的像电荷在空间的电场代替。故点电荷与平面导体上感应电荷的作用力也可用点电荷与其像电荷的作用力代替。由于像电荷位于圆平面导体的背面，处于与点电荷相互对称的位置，其到达圆平面的垂直距离也是 0.15 m。故点电荷对其像电荷的作用力

$$
\begin{aligned}
F &= -\frac{QQ'}{4\pi\varepsilon_0(2a)^2} \\
&= -\frac{3\times3\times10^{-10}}{4\times3.14\times8.85\times10^{-12}\times(2\times0.15)^2} \\
&\approx -89.96(\text{N})
\end{aligned}
$$

也是点电荷对圆平面导体的作用力，为引力。式中 a 为点电荷到达圆平面中心的垂直距离，Q' 为点电荷的像电荷。

(2)当圆平面导体带有正电荷，并且电量与负的点电荷电量相等时，由于负的点电荷与圆平面所带正电荷相互吸引，平面导体上的正电荷将全部分布于平面导体的正面，其发出的电力线全部终止于负的点电荷。并且平面导体上的正电荷分布规律与负的点电荷在接地圆平面导体上感应的正电荷分布规律相同，所以，点电荷对带电圆平面导体的作用力也与点电荷对圆平面接地时的作用力算法相同，大小相等，故由(1)算出为−89.96 N。但两种情况下力的作用过程不同，当圆平面导体接地时，点电荷对圆平面导体的作用力为负的点电荷与平面导体上感应正电荷之间的作用力，有静电感应过程。而当圆平面导体带正电荷时，点电荷对圆平面导体的作用力为负的点电荷对圆平面导体所带正电荷的直接作用，没有静电感应的过程。

6. 如果上题中圆平面导体不接地时所带的电荷为负电荷，其电量与点电荷的电量相等，则点电荷对圆平面导体的作用力是多少？是引力还是斥力？

解：由于点电荷与其附近圆平面导体上所带的电荷都是负电荷，并且电量相等，因此，点电荷和圆平面导体的作用力首先是斥力，就是负的点电荷与圆平面导体上所带负电荷之间的作用力。但由于圆平面导体上的负电荷在受到点电荷的斥力后，很快就转移到圆平面导体的背面，并由于圆平面导体为等势体，导体内部场强为零，所以，导体背面的负电荷不再受到点电荷的作用，而是均匀分布在导体的背面。但由于点电荷的电势与圆平面导体的电势不等，并且点电荷的电势低于圆平面导体的电势，故负的点电荷要在圆平面导体正

面上感应出正电荷。并且感应正电荷由于受到负的点电荷作用力的束缚在平面上分布不均匀，其在空间的电场可用点电荷的像电荷在空间的电场代替。因此，点电荷对圆平面导体上感应正电荷的作用力也可用点电荷对其像电荷的作用力代替，该力也是负的点电荷对圆平面导体的作用力，已由上题算出为−89.96 N。即与上题中圆平面导体带正电荷时，负的点电荷对带正电荷圆平面导体的作用力相等，表明点电荷对其附近无限大平面导体的作用力只与点电荷及其到无限大平面导体的距离有关，而与无限大平面导体所带电荷无关。

要说明的是，题目中给出的圆平面导体并非是无限大，但由于点电荷到圆平面的距离相对于圆平面的线度很小，负的点电荷接收到的电力线将全部来自圆平面导体上的感应正电荷，故可把圆平面导体看作是无限大平面导体，从而可用电像法算出力。但如果不满足上述条件，就不能视圆平面为无限大，因此，也就不能用电像法算出点电荷对圆平面导体的作用力。

7. 有一半径为 $R = 0.2$ m 的导体球，球外距球心 0.5 m 处有一电量为 $Q = 6\times10^{-5}$C 的点电荷，问：(1) 当导体球接地时，点电荷对导体球的作用力如何算出？大小是多少？(2) 把导体球的接地线剪断后，点电荷对导体球的作用力又是多少？

解：(1) 当导体球接地时，由于点电荷的电势高于导体球的电势，点电荷对导体球有静电感应，在靠近点电荷一边的球面上有感应负电荷，并且感应负电荷分布不均匀，其在球外空间的电场可用一个位于球内假想的负电荷在球外空间的电场代替。该假想负电荷位于球内点电荷与球心的连线上，它就是球外点电荷的像电荷，用 Q' 表示

$$Q' = -\frac{R}{a}Q$$

其到球心的距离

$$b = \frac{R^2}{a}$$

既然球面上感应负电荷在球外的电场可用球内像电荷在球外的电场代替，那么，球外点电荷对球面上感应负电荷的作用力也可以用点电荷与其像电荷的作用力代替。因此，球外正电荷对其附近接地导体球面上感应负电荷的作用力等于球外正电荷对其在球内像电荷的作用力，即

$$\begin{aligned} F &= \frac{QQ'}{4\pi\varepsilon_0\left(a-b\right)^2} \\ &= -\frac{aRQ^2}{4\pi\varepsilon_0\left(a^2-R^2\right)^2} \\ &= -\frac{0.5\times0.2\times6^2\times10^{-10}}{4\times3.14\times8.85\times10^{-12}\times\left(0.5^2-0.2^2\right)^2} \\ &\approx -73.44(\mathrm{N}) \end{aligned}$$

这就是本题要求的球外正电荷对接地导体球的作用力。

(2) 如果把导体球的接地线剪断，则导体球为中性导体球，其电势仍低于球外点电荷

的电势，点电荷同样要在导体球面上感应出负电荷，而感应负电荷的电量及其在球面上的分布情况均与前面(1)相同。但由于导体球不接地，故球面上除了有感应负电荷以外，还要多出等量的正电荷，即感应正电荷，用$-Q'$表示。因为球外点电荷与感应负电荷在球面上的电势和为零，导体球为等势体，故球面上的感应正电荷均匀分布在球面上，其在球外的电场可用球心处假想的等量正电荷在球外的电场代替。因此，球外点电荷对球面上感应正电荷的作用力也可用点电荷对球心处假想的替代电荷的作用力代替，故球外点电荷对未接地中性导体球的作用力就等于球外点电荷对其像电荷与感应正电荷在球心处替代点电荷的作用力之和。由下式算出

$$
\begin{aligned}
F &= \frac{1}{4\pi\varepsilon_0}\left[\frac{QQ'}{(a-b)^2}-\frac{QQ'}{a^2}\right] \\
&= \frac{Q^2}{4\pi\varepsilon_0}\left[-\frac{aR}{\left(a^2-R^2\right)^2}+\frac{R}{a^3}\right] \\
&= \frac{6^2\times10^{-10}}{4\times3.14\times8.85\times10^{-12}}\times\left[-\frac{0.5\times0.2}{\left(0.5^2-0.2^2\right)^2}+\frac{0.2}{0.5^3}\right] \\
&\approx -21.62(\text{N})
\end{aligned}
$$

这就是球外点电荷对中性导体球的作用力，为引力。和(1)相比，球外点电荷对同一导体球接地和不接地两种情况下的作用力不相等，而是对接地导体球的作用力大于对不接地导体球的作用力。

8. 在上题中球外点电荷的电量和到球心的距离不变，但导体球分别带有电量为0.5×10^{-5}C，1×10^{-5}C和1.5×10^{-5}C三种电荷，均用q表示。问：点电荷对三种带电导体球的作用力分别是多少？

解：当球外点电荷为正电荷时，无论导体球带多少正电荷，导体球的电势总低于球外点电荷的电势，点电荷在导体球面上总要感应出负电荷，有感应负电荷就有等量的感应正电荷。因此，导体球面上有三种电荷，即感应负电荷和感应正电荷以及导体球原来所带的正电荷，球外点电荷对带电导体球的作用力就是球外点电荷对球面上这三种电荷的作用力。因为感应负电荷受到球外点电荷的吸引而分布于靠近点电荷一侧的球面上，它与球外点电荷的作用力就等于球内像电荷与球外点电荷的作用力。而感应正电荷和导体球原来带有的正电荷因均匀分布于导体球面，其与点电荷的作用力就等于它们在球心处的替代电荷与点电荷的作用力。故球外点电荷对球面上三种电荷的作用力由下式算出，即

$$
F=\frac{1}{4\pi\varepsilon_0}\left[\frac{QQ'}{(a-b)^2}+\frac{Q(q-Q')}{a^2}\right]
$$

式中，Q是球外点电荷，为6×10^{-5}C；a是点电荷到球心的距离，为0.5 m；Q'是点电荷的像电荷，其电量就是球面上感应负电荷的电量，为

$$
Q'=-\frac{R}{a}Q=-\frac{0.2}{0.5}\times6\times10^{-5}=-2.4\times10^{-5}(\text{C})
$$

故球面上的感应正电荷为$-Q'=2.4\times10^{-5}\text{C}$，而像电荷到球心的距离为

$$b=\frac{R^2}{a}=\frac{0.2^2}{0.5}=0.08(\text{m})$$

将已知条件和算出的各物理量代入上式可求出当球面上电荷$q=0.5\times10^{-5}\text{C}$时，球外点电荷对导体球的作用力

$$\begin{aligned}F&=\frac{1}{4\pi\varepsilon_0}\left[\frac{QQ'}{(a-b)^2}+\frac{Q(q-Q')}{a^2}\right]\\&=\frac{10^{-10}}{4\times3.14\times8.85\times10^{-12}}\times\left[-\frac{6\times2.4}{(0.5-0.08)^2}+\frac{6\times(0.5+2.4)}{0.5^2}\right]\\&\approx-73.44+62.61\\&=-10.83(\text{N})\end{aligned}$$

同理，当球面带电荷$q=1\times10^{-5}\text{C}$时，容易算得点电荷对导体球的作用力近似等于零，而当球面带电荷$q=1.5\times10^{-5}\text{C}$时，算得点电荷对导体球的作用力为10.77 N。

由以上计算结果得出，球外点电荷对其附近导体球的作用力不仅与点电荷的电量和它到球心的距离有关，而且还与导体球带不带电和带电量多少有关。在点电荷的电量和点电荷到球心距离不变的情况下，球外正电荷对导体球的作用力随着球面所带正电荷的变化而变化。当球面所带电荷为零时，点电荷对导体球的作用力为最大引力；随着球面所带正电荷量逐渐增大，点电荷对导体球的引力逐渐减小，直至为零。此时，如果再继续增大球面所带正电荷的电量，则点电荷对导体球的作用力将由零开始增大为正值，即为斥力，并且斥力随着球面所带正电荷量的增大而增大。

9. 把7题中导体球的接地线剪断后，让其分别带上与球外点电荷电量相等的正电荷和负电荷，问：球外点电荷对导体球的作用力是否相等，大小是多少？

解：当导体球带上与球外正电荷电量相等的正电荷时，虽然都是等量的正电荷，但分布不同，密度不同，点电荷的密度大于球面上电荷的密度，故点电荷的电势高于导体球的电势，点电荷对导体球面有静电感应。因此，球外点电荷Q在导体球内有像电荷，像电荷的电量和到球心的距离与上题算出的结果相同。因此，球外点电荷对导体球的作用力同样用上题的公式算出，将上题公式中球面所带电荷换成$q=6\times10^{-5}\text{C}$即可，为

$$\begin{aligned}F&=\frac{1}{4\pi\varepsilon_0}\left[\frac{QQ'}{(a-b)^2}+\frac{Q(q-Q')}{a^2}\right]\\&=\frac{10^{-10}}{4\times3.14\times8.85\times10^{-12}}\times\left[\frac{-6\times2.4}{(0.5-0.08)^2}+\frac{6\times(6+2.4)}{0.5^2}\right]\\&\approx-73.44+181.37\\&=107.93(\text{N})\end{aligned}$$

这是球外正电荷对带正电荷导体球的作用力，为斥力。

如果球面上带的是负电荷，并且其电量与球外正电荷的电量相等，球外正电荷对导体

球的作用力就是球外正电荷对导体球面上所带负电荷的吸引力，为球外点电荷和球面所带电荷的直接作用，没有静电感应。但由于球面所带负电荷的电量与球外正电荷的电量相等，即大于球外正电荷在导体球面上的感应负电荷或像电荷。因此，到达球面并终止于球面上负电荷的电力线并非完全来自球外的正电荷。除了来自正电荷发出的电力线外，还有一部分是来自于无穷远处发出的电力线。并且来自两处电力线的多少与点电荷到球心的距离有关，当点电荷到球心的距离较近时，则到达球面上的电力线由点电荷发出的较多，由无穷远处发出的较少，反之亦然。到达球面上负电荷的电力线不是完全来自球外的正电荷，球面所带负电荷中能与球外正电荷作用并被约束在靠近正电荷一边的只是其中的一部分，而其余负电荷为自由电荷，均匀分布在球面上。球面负电荷受到球外点电荷作用并分布在靠近点电荷一边，负电荷的电量与点电荷在导体球面上感应负电荷的电量相等，在球面上的分布规律也相同，因此，在球外的电场可用点电荷的像电荷在球外的电场代替，它与球外点电荷的作用力也可用像电荷与球外点电荷的作用力代替。设球面所带负电荷用 q 表示，为 $q=-6\times10^{-5}\mathrm{C}$，而受球外正电荷吸引并被约束到靠近正电荷一边球面上的负电荷用 q' 表示，它的电量就等于点电荷在球面上感应电荷的电量，在球外的电场可以用点电荷在球内像电荷的电场代替，所以，它与球外点电荷的作用力也可以用像电荷与球外点电荷的作用力代替。故

$$q'=Q'=-\frac{R}{a}Q=-\frac{0.2}{0.5}\times6\times10^{-5}=-2.4\times10^{-5}(\mathrm{C})$$

它到球心的距离已由上题算出为 $b=0.08\ \mathrm{m}$。另外，由于球外点电荷 Q 和球面上 q' 在球面上的电势和为零，即导体球为等势体，故球面上的另一部分负电荷均匀分布于球面上，它与球外点电荷的作用力可用它在球心处的替代电荷与球外点电荷的作用力代替，该电荷为 $q-q'$。故球外点电荷对球面所带负电荷的作用力为

$$\begin{aligned}F&=\frac{1}{4\pi\varepsilon_0}\left[\frac{Qq'}{(a-b)^2}+\frac{Q(q-q')}{a^2}\right]\\&=\frac{10^{-10}}{4\times3.14\times8.85\times10^{-12}}\times\left[-\frac{6\times2.4}{(0.5-0.08)^2}+\frac{6\times(-6+2.4)}{0.5^2}\right]\\&\approx-73.44-77.73\\&=-151.17(\mathrm{N})\end{aligned}$$

这就是球外正电荷对带负电荷导体球的作用力，为引力。可见球外点电荷对导体球带正电荷和带负电荷时的作用力不相等。

10. 如果上题中球外点电荷到球心的距离增加为 1 m 和 2 m，而其他条件不变，则球外点电荷对导体球的作用力是多少？与点电荷对球面电荷集中于球心处时的作用力相比如何？

解：由于球外点电荷和导体球的大小不变，只是点电荷到球心的距离增加了。因此，当球面带正电荷，球外点电荷到球心的距离为 1 m 时，球外点电荷在球面上的感应负电荷，即球内的像电荷为

$$Q' = -\frac{R}{a}Q = -\frac{0.2}{1} \times 6 \times 10^{-5} = -1.2 \times 10^{-5}(\mathrm{C})$$

像电荷到球心的距离

$$b = \frac{R^2}{a} = \frac{0.2^2}{1} = 0.04(\mathrm{m})$$

故球外点电荷对导体球带正电荷时的作用力

$$\begin{aligned} F &= \frac{1}{4\pi\varepsilon_0}\left[\frac{QQ'}{(a-b)^2} + \frac{Q(q-Q')}{a^2}\right] \\ &= \frac{10^{-10}}{4 \times 3.14 \times 8.85 \times 10^{-12}} \times \left[-\frac{6 \times 1.2}{(1-0.04)^2} + \frac{6 \times (6+1.2)}{1^2}\right] \\ &\approx -7.03 + 38.86 \\ &= 31.83(\mathrm{N}) \end{aligned}$$

如果让球面上所带的正电荷都集中到球心处，球心处的点电荷与球外点电荷相等，球外点电荷与球心处点电荷的作用力

$$F = \frac{Q^2}{4\pi\varepsilon_0 a^2} = \frac{6^2 \times 10^{-10}}{4 \times 3.14 \times 8.85 \times 10^{-12} \times 1^2} \approx 32.39(\mathrm{N})$$

即球面电荷集中于球心处时对球外点电荷的作用力略大于球面电荷对球外点电荷的作用力。当导体球面所带电荷为负电荷时，由上题算出球面上受球外正电荷吸引的负电荷为 $q' = -1.2 \times 10^{-5}\mathrm{C}$，即与像电荷的电量相等，它在球内替代电荷的位置也是像电荷所在的位置，到球心的距离也是 $b = 0.04\ \mathrm{m}$。所以，球外点电荷对导体球的作用力

$$\begin{aligned} F &= \frac{1}{4\pi\varepsilon_0}\left[\frac{Qq'}{(a-b)^2} + \frac{Q(q-q')}{a^2}\right] \\ &= \frac{10^{-10}}{4 \times 3.14 \times 8.85 \times 10^{-12}} \times \left[-\frac{6 \times 1.2}{(1-0.04)^2} + \frac{6 \times (-6+1.2)}{1^2}\right] \\ &\approx -7.03 - 25.91 \\ &= -32.94(\mathrm{N}) \end{aligned}$$

当球面所带负电荷集中于球心处时，球外正电荷与球心位置处负电荷的作用力由库仑定律算出为

$$F = \frac{Qq}{4\pi\varepsilon_0 a^2} = \frac{-6 \times 6 \times 10^{-10}}{4 \times 3.14 \times 8.85 \times 10^{-12} \times 1^2} \approx -32.39(\mathrm{N})$$

即点电荷对球面电荷集中于球心处时的作用力略小于点电荷对球面上电荷的作用力。

如果再增加球外点电荷到球心的距离，即为 2 m 时，则点电荷的像电荷还要减小，为

$$Q' = -\frac{R}{a}Q = -\frac{0.2}{2} \times 6 \times 10^{-5} = -0.6 \times 10^{-5}(\mathrm{C})$$

容易算出像电荷到球心的距离为$b=0.02\ \text{m}$，故导体球带正电荷时，球外点电荷对导体球面所带电荷的作用力

$$F=\frac{1}{4\pi\varepsilon_0}\left[\frac{QQ'}{(a-b)^2}+\frac{Q(q-Q')}{a^2}\right]$$
$$=\frac{10^{-10}}{4\times3.14\times8.85\times10^{-12}}\times\left[\frac{-6\times0.6}{(2-0.02)^2}+\frac{6(6+0.6)}{2^2}\right]$$
$$\approx-0.83+8.91$$
$$=8.08(\text{N})$$

这就是球外点电荷对带正电荷导体球的作用力。另外，由库仑定律容易算出当球面上的正电荷集中于球心处时，球外点电荷与球心处点电荷的作用力为8.1 N。即当球外点电荷到球心的距离增加到2 m时，球外点电荷对球面电荷的作用力与电荷集中在球心处的作用力近似相等。同样可以算出当导体球带负电荷时，$q'=-0.6\times10^{-5}\text{C}$，$b=0.02\ \text{m}$，容易算得球外正电荷对球面所带负电荷的引力为−8.12 N，而球外正电荷对球心处等量负电荷的引力为−8.1 N，即二力也近似相等。

11. 在一导体球的附近有一电量为$Q=2\times10^{-5}\text{C}$的正电荷，电荷到球心的距离$a=0.5\ \text{m}$，球面上也带有与点电荷等量的正电荷q，问：(1)当球半径为0.2 m时，正电荷对导体球的作用力是多少？(2)当球半径为0.1 m时，正电荷对导体球的作用力又是多少？将二力和正电荷对球面电荷集中于球心处时的库仑力相比较如何？

解：(1)球外正电荷在导体球面上有感应负电荷，即球外正电荷在导体球内有像电荷，当球半径为0.2 m时，像电荷的电量及其到球心的距离分别为

$$Q'=-\frac{R}{a}Q=-\frac{0.2}{0.5}\times2\times10^{-5}=-0.8\times10^{-5}(\text{C}),$$
$$b=\frac{R^2}{a}=\frac{0.2^2}{0.5}=0.08(\text{m})$$

代入力的计算公式有

$$F=\frac{1}{4\pi\varepsilon_0}\left[\frac{QQ'}{(a-b)^2}+\frac{Q(q-Q')}{a^2}\right]$$
$$=\frac{10^{-10}}{4\times3.14\times8.85\times10^{-12}}\times\left[-\frac{2\times0.8}{(0.5-0.08)^2}+\frac{2(2+0.8)}{0.5^2}\right]$$
$$\approx-8.16+20.15$$
$$=11.99(\text{N})$$

这就是正电荷对半径为0.2 m带电导体球的作用力，也是正电荷对球面电荷的作用力。

(2)当球半径减小为0.1 m时，容易算出球内像电荷$Q'=-0.4\times10^{-5}\text{C}$，像电荷到球心的距离$b=0.02\ \text{m}$，所以，球外点电荷对带电导体球的作用力

$$F=\frac{1}{4\pi\varepsilon_0}\left[\frac{QQ'}{(a-b)^2}+\frac{Q(q-Q')}{a^2}\right]$$
$$=\frac{10^{-10}}{4\times3.14\times8.85\times10^{-12}}\times\left[-\frac{2\times0.4}{(0.5-0.02)^2}+\frac{2(2+0.4)}{0.5^2}\right]$$
$$\approx-3.12+17.27$$
$$=14.15(\text{N})$$

如果让球面上的电荷集中到球心处时，则容易算出两个相距 0.5 m 的等量正电荷的库仑力为 14.4 N。跟上面算得的球外点电荷对带电导体球的作用力，即球外点电荷对球面所带电荷的作用力相比得出，球外点电荷对球面电荷集中于球心处的作用力均大于对球面所带电荷的作用力。并且在点电荷到球心距离不变的情况下，球半径越大，二力的差别越大；球半径越小，二力的差别越小；球半径趋于零时，二力趋于相等。

12. 设上题中导体球带负电荷，且负电荷的电量与球半径和球外点电荷到球心的距离以及球外点电荷的关系为 $q=\frac{R}{a}Q$，则点电荷对带电导体球的作用力是多少？与球面电荷集中到球心处时，球外点电荷对球心处点电荷的作用力相比如何？

解：根据题意，在上题给出的已知条件中，球外点电荷和球半径以及点电荷到球心的距离均保持不变，只是将导体球所带的正电荷换成负电荷，并且电量是变化的，即与导体球的半径和点电荷到球心的距离以及点电荷的电量有关，关系为 $q=\frac{R}{a}Q$。也就是说，无论导体球的大小和球外点电荷到球心的距离以及点电荷的电量如何变化，导体球面上所带负电荷的电量总保持与球外正电荷在球面上感应负电荷的电量相等，或者说，与球外正电荷在球内的像电荷相等。故由上题的计算得出，当球外正电荷为 $2\times10^{-5}\text{C}$，点电荷到球心的距离为 0.5 m 时，半径为 0.2 m 的导体球面带有电荷 $q=-0.8\times10^{-5}\text{C}$，而半径为 0.1 m 的导体球面带有电荷 $q=-0.4\times10^{-5}\text{C}$。既然导体球所带负电荷与球外正电荷在球面上感应负电荷相等，那么，球外点电荷对球面所带负电荷的作用就如同球外点电荷对球面上感应负电荷的作用一样。只是与感应电荷的作用有静电感应过程，与球面所带负电荷的作用没有静电感应过程，是球外正电荷与球面所带负电荷的直接作用。因此，作用力是相同的，计算方法也是相同的，所以，球外点电荷对半径为 0.2 m 导体球的作用力

$$F=\frac{Qq}{4\pi\varepsilon_0(a-b)^2}$$
$$=\frac{-2\times0.8\times10^{-10}}{4\times3.14\times8.85\times10^{-12}\times(0.5-0.08)^2}$$
$$\approx-8.16(\text{N})$$

式中，q 为导体球所带负电荷，与上题中的感应负电荷或像电荷相等；b 是球面所带负电荷在球内替代电荷到球心的距离，它等于像电荷到球心的距离。而球外点电荷对半径为 0.1 m 导体球的作用力

$$\begin{aligned}F&=\frac{Qq}{4\pi\varepsilon_0(a-b)^2}\\&=\frac{-2\times0.4\times10^{-10}}{4\times3.14\times8.85\times10^{-12}\times(0.5-0.02)^2}\\&\approx-3.12(\mathrm{N})\end{aligned}$$

以上计算表明，当正电荷附近有导体球时，无论导体球是接地还是带负电荷，点电荷对导体球都有引力；并且，当导体球所带电荷与点电荷对接地导体球的感应电荷相等时，球外点电荷对接地导体球的作用力与对带电导体球的作用力相等。但点电荷对接地导体球的作用力为点电荷对球面上感应电荷的作用力，有静电感应过程，而点电荷对带负电荷导体球的作用力为球外点电荷对球面所带负电荷的直接作用，没有静电感应过程。如果让球面上电荷集中到球心处，球外点电荷对球心处点电荷的作用力

$$F=\frac{Qq}{4\pi\varepsilon_0a^2}=\frac{-2\times0.8\times10^{-10}}{4\times3.14\times8.85\times10^{-12}\times0.5^2}\approx-5.76(\mathrm{N})$$

这是半径为 0.2 m 球心处负电荷对球外正电荷的引力。而半径为 0.1 m 球心处负电荷对球外正电荷的引力

$$F=\frac{Qq}{4\pi\varepsilon_0a^2}=\frac{-2\times0.4\times10^{-10}}{4\times3.14\times8.85\times10^{-12}\times0.5^2}\approx-2.88(\mathrm{N})$$

即球外点电荷对带电导体球的作用力均大于电荷集中于球心处时两点电荷的作用力。

13. 上题中导体球的半径和球外点电荷不变，但点电荷到球心的距离增加为 1 m，问：(1) 当两导体球接地时，球外点电荷对导体球的作用力是多少？(2) 当半径为 0.2 m 的导体球带电荷 $q=-0.4\times10^{-5}$C 与半径为 0.1 m 的导体球带电荷 $q=-0.2\times10^{-5}$C 时，球外点电荷对导体球的作用力分别是多少？与球面电荷集中于球心处时两点电荷之间的作用力相比较如何？

解：(1) 当导体球接地时，球外点电荷在半径为 0.2 m 的导体球内的像电荷为

$$Q'=-\frac{R}{a}Q=-\frac{0.2}{1}\times2\times10^{-5}=-0.4\times10^{-5}(\mathrm{C})$$

像电荷到球心的距离

$$b=\frac{R^2}{a}=\frac{0.2^2}{1}=0.04(\mathrm{m})$$

故点电荷对半径为 0.2 m 接地导体球的作用力

$$\begin{aligned}F&=\frac{QQ'}{4\pi\varepsilon_0(a-b)^2}\\&=-\frac{2\times0.4\times10^{-10}}{4\times3.14\times8.85\times10^{-12}\times(1-0.04)^2}\\&\approx-0.78(\mathrm{N})\end{aligned}$$

用同样的方法可求出球外点电荷在半径为 0.1 m 接地导体球内的像电荷 $Q' = -0.2\times 10^{-5}\text{C}$，像电荷偏离球心的距离为0.01 m，得球外点电荷对导体球接地时的作用力为−0.37 N。即同一点电荷对相同远处不同大小接地导体球的作用力不同。

(2) 当导体球不接地，半径为0.2 m的导体球带电荷 $q = -0.4\times 10^{-5}\text{C}$，而半径为0.1 m的导体球带电荷 $q = -0.2\times 10^{-5}\text{C}$。由于两导体球所带负电荷都与(1)算出的像电荷相等，即与球外正电荷在球面上的感应负电荷相等。故球外点电荷对球面所带负电荷的作用就如同(1)中球外点电荷对球面上感应电荷的作用一样，因此，球外点电荷对球面所带负电荷的作用力大小与(1)中球外点电荷对接地导体球面上感应负电荷的作用力大小相等，计算方法也相同。故有球外点电荷对半径为0.2 m的带电导体球的作用力为−0.78 N，而对半径为0.1 m的带电导体球的作用力为−0.37 N。

如果负电荷不是分布在球面上，而是位于球心，则由库仑定律容易算出球外正电荷对半径为0.2 m、球心处负电荷为 $-0.4\times 10^{-5}\text{C}$ 的作用力为−0.72 N，而球外正电荷对半径为0.1 m、球心处负电荷为 $-0.2\times 10^{-5}\text{C}$ 的作用力为−0.36 N。与球外点电荷对电荷分布在球面上的作用力相比，两种力不相等，但相差很小，这是因为点电荷到球心的距离增加了，并且球面所带电荷都比较小。

14. 设一导体球附近有一负的点电荷，导体球的半径为 0.4 m，球外负电荷 $Q = -5\times 10^{-5}\text{C}$，到球心的距离为 0.5 m，问：(1) 像电荷是多少？像电荷到球心的距离是多少？(2) 如果让导体球带有与点电荷电量相等的负电荷，则点电荷对导体球的作用力是多少？若点电荷到球心距离增加到3 m，点电荷对导体球的作用力又是多少？与对球心处等量点电荷的作用力相比如何？

解：(1) 当球外点电荷为负电荷时，无论导体球接不接地，带不带电，带电量多少，都是球外点电荷的电势低于导体球的电势。因此，球外点电荷总要在导体球面上感应出正电荷，并且感应电荷的多少与导体球是否接地和是否带电无关，只与球外点电荷的大小和点电荷到球心的距离以及导体球的半径有关。感应电荷的电量就等于球外点电荷在球内像电荷的电量，故球外点电荷的像电荷

$$Q' = -\frac{R}{a}Q = -\frac{0.4}{0.5}\times(-5)\times 10^{-5} = 4\times 10^{-5}(\text{C})$$

像电荷到球心的距离

$$b = \frac{R^2}{a} = \frac{0.4^2}{0.5} = 0.32(\text{m})$$

(2) 当导体球带有与球外点电荷电量相等的负电荷，即 $q = Q = -5\times 10^{-5}\text{C}$ 时，点电荷对导体球同样有静电感应，点电荷在导体球面上感应正电荷已由(1)算出为 $4\times 10^{-5}\text{C}$。有正的感应电荷，球面上就要多出等量的负的感应电荷。所以，球外点电荷对导体球的作用力就是球外点电荷对导体球面上感应正负电荷和原来所带负电荷的作用力。由下式算出

$$F=\frac{1}{4\pi\varepsilon_0}\left[\frac{QQ'}{(a-b)^2}+\frac{Q(q-Q')}{a^2}\right]$$
$$=\frac{10^{-10}}{4\times3.14\times8.85\times10^{-12}}\times\left[\frac{-5\times4}{(0.5-0.32)^2}+\frac{-5\times(-5-4)}{0.5^2}\right]$$
$$\approx-555.33+161.93$$
$$=-393.4(\text{N})$$

球外点电荷和球面所带电荷都是同性负电荷，点电荷对导体球的作用力为引力。当点电荷到球心的距离增大 5 倍为 3 m 时，则可算出点电荷在球内的像电荷 $Q'=0.67\times10^{-5}\text{C}$，像电荷到球心的距离为 0.053 m，故点电荷对导体球的作用力

$$F=\frac{1}{4\pi\varepsilon_0}\left[\frac{QQ'}{(a-b)^2}+\frac{Q(q-Q')}{a^2}\right]$$
$$=\frac{10^{-10}}{4\times3.14\times8.85\times10^{-12}}\times\left[\frac{-5\times0.67}{(3-0.053)^2}+\frac{-5\times(-5-0.67)}{3^2}\right]$$
$$\approx-0.35+2.83$$
$$=2.48(\text{N})$$

球外负电荷与球面所带负电荷的作用力为斥力，这是因为点电荷与导体球的作用力为引力与斥力之和，当点电荷到球心的距离比较近时，点电荷在球面上感应出的异性电荷比较多，引力比较大，故引力和斥力的合力为引力。当点电荷到球心的距离比较远时，点电荷在球面上感应出的异性电荷比较少，引力比较小，故引力和斥力的合力为斥力。当斥力与引力相等时，合力为零。如果让球面上的负电荷都集中在球心所在的位置，并把导体球移开，则相距 3 m 的两个负电荷的作用力

$$F=\frac{Qq}{4\pi\varepsilon_0a^2}=\frac{-5\times(-5)\times10^{-10}}{4\times3.14\times8.85\times10^{-12}\times3^2}\approx2.5(\text{N})$$

可见，当球外点电荷到球心距离增加到 3 m 时，点电荷对球面所带电荷的作用力与对电荷集中于球心处时的作用力相比，差别很小。因此，在计算球外点电荷对带电导体球的作用力时，如果点电荷到球心的距离较大，而球半径和球面所带电导体荷不是很大时，可把带电导体球近似看作半径趋于零的点电荷，即把点电荷对带电导体球的作用力计算问题近似简化为两个点电荷的作用力计算问题。

15. 把上题中导体球所带的负电荷换成等量正电荷，而其他条件不变，则结果又将如何？

解：根据题意，上题中球外负电荷的电量和导体球的半径以及负电荷到球心的距离都保持不变，只是把导体球面上的负电荷换成正电荷，并且球面上正电荷的电量与球外负电荷的电量相等。此时，虽然球外点电荷与导体球的电势不等，但由于球外点电荷与球面上的电荷为异性电荷，球面上的正电荷都受到球外负电荷吸引，这种电荷间的相互作用不需要静电感应，是电荷之间的直接作用。在球外负电荷的引力作用下，球面上正电荷分布不

均匀，靠近负电荷一边的密度大，远离负电荷一边的密度小。既然靠近负电荷一边球面上的电荷密度大于远离负电荷一边球面上的电荷密度，那么，就有靠近负电荷一边球面上的正电荷多于远离负电荷一边球面上的正电荷。这多出的电荷用q'表示，它与球外负电荷的作用就如同负电荷在球面上的感应正电荷与球外负电荷的作用一样，因此，q'在球外的电场也可用它在球内替代点电荷在球外的电场代替，该替代电荷的电量就等于q'的电量，也等于球外负电荷在球内的像电荷的电量，偏离球心的距离与像电荷偏离球心的距离相等。故靠近负电荷一边球面上多出的电荷在球内的替代电荷由下式算出，为

$$q' = Q' = -\frac{R}{a}Q$$

偏离球心的距离由下式算出，为

$$b = \frac{R^2}{a}$$

该替代电荷与球外点电荷在球面上的电势和为零，即球面为等势面，因此，球面上的其余电荷将均匀分布在球面上。故球外负电荷与导体球的作用力，就是球外负电荷与球面上所带正电荷的作用力，由下式算出，即

$$F = \frac{1}{4\pi\varepsilon_0}\left[\frac{Qq'}{(a-b)^2} + \frac{Q(q-q')}{a^2}\right]$$

当球外负电荷到球心的距离为 0.5 m 时，由上题像电荷公式算得$q' = Q' = 4\times10^{-5}\text{C}$，而$b = 0.32\text{ m}$，将已知条件代入上式，算得球外点电荷对带正电荷导体球的作用力为−573.33 N。而当球外点电荷到球心的距离为 3 m 时，可算出$q' = Q' = 0.67\times10^{-5}\text{C}$，像电荷到球心的距离为$b = 0.053\text{ m}$，故算出球外点电荷对带电导体球的作用力为−2.51 N。即无论点电荷到球心的距离有多远，只要作用力不为零，则作用力总是引力。当球面上的正电荷集中于球心处，两点电荷的距离为 3 m 时，容易算出两个等量异性电荷之间的作用力为−2.5 N。即与球外负电荷对带电导体球的作用力近似相等。

16. 有两个相距 2 m，电量为$4\times10^{-4}\text{C}$的异性电荷，问：它们的作用力是多少？如果让其中的正电荷分布在半径为 0.2 m 的导体球面上，并且球心位于正电荷所在的位置，则球外负电荷与球面上正电荷的作用力是多少？若将球外负电荷和球面上的正电荷互换，则作用力有无变化？

解：两个异性点电荷之间的距离、电量已知，则两电荷之间的作用力直接由库仑定律算出为−359.85 N。而当其中正电荷分布到球面上后，球面上正电荷因受到球外负电荷的吸引而分布不均匀。在靠近负电荷一边的前半球面上分布密度较大，电荷较多；而在远离负电荷一边的后半球面上分布密度较小，电荷较少。即前半球面上的正电荷比后半球面上的正电荷多，多出电荷用q'表示，它与球外负电荷之间的作用就跟导体球接地时，球面上感应正电荷与球外负电荷的作用一样。因此，前半球面上多出的正电荷与球外负电荷在球面上的感应电荷相等，故它在球内的替代电荷(也用q'表示)与球外负电荷在球内的像电荷相等，为

$$q'=Q'=-\frac{R}{a}Q=-\frac{0.2}{2}\times(-4)\times10^{-4}=0.4\times10^{-4}(\mathrm{C})$$

替代电荷到球心的距离

$$b=\frac{R^2}{a}=\frac{0.2^2}{2}=0.02(\mathrm{m})$$

代入库仑力的计算公式后，球外负电荷(用 Q 表示)对球面上正电荷(用 q 表示)的作用力

$$\begin{aligned}F&=\frac{1}{4\pi\varepsilon_0}\left[\frac{Qq'}{(a-b)^2}+\frac{Q(q-q')}{a^2}\right]\\&=\frac{10^{-8}}{4\times3.14\times8.85\times10^{-12}}\times\left[\frac{-4\times0.4}{(2-0.02)^2}+\frac{-4\times(4-0.4)}{2^2}\right]\\&\approx-36.72-323.87\\&=-360.59(\mathrm{N})\end{aligned}$$

这就是球外负电荷对球面上正电荷的作用力，由两部分组成，前一部分是前半球面比后半球面多出的电荷 q' 与球外负电荷的作用力，后一部分为剩余的均匀分布在球面上的自由正电荷与球外负电荷的作用力。这就是球外负电荷对带电导体球的作用力。如果球外负电荷与球面上的正电荷互换，由于两电荷的电量和球半径以及球外点电荷到球心的距离不变，而只是交换了球外点电荷和球面所带电荷的符号，因此，在计算球外正电荷与球面上负电荷的作用力时，只需改动前面涉及有关电荷的符号即可，即 $Q=-q=4\times10^{-4}\mathrm{C}$ 和 $q'=-0.4\times10^{-4}\mathrm{C}$，故

$$\begin{aligned}F&=\frac{1}{4\pi\varepsilon_0}\left[\frac{Qq'}{(a-b)^2}+\frac{Q(q-q')}{a^2}\right]\\&=\frac{10^{-8}}{4\times3.14\times8.85\times10^{-12}}\times\left[\frac{4\times(-0.4)}{(2-0.02)^2}+\frac{4\times(-4+0.4)}{2^2}\right]\\&\approx-36.72-323.87\\&=-360.59(\mathrm{N})\end{aligned}$$

即球外点电荷和球面上的电荷互相交换后，球外点电荷与球面所带电荷的作用力大小不变，正负号也不变，并且，与前面算出的当球面电荷集中于球心处时，两个异性点电荷的作用力近似相等。

二、带电导体球与无限大平面导体的作用力

17. 在一带电导体球附近有一无限大接地平面导体，问：导体球与无限大平面导体之间的作用力如何算出？球面电荷的像电荷大小和位置如何确定？

解：当带电导体球附近有无限大接地平面导体时，无论导体球带的是正电荷还是负电荷，球面上的电荷都要在无限大接地平面导体上感应出等量的异性电荷。因此，球面上的电荷与平面导体上的感应电荷之间有吸引力，该引力就是带电导体球与无限大接地平面导体之间的作用力，该力仍可用电像法算出。在具体问题中，关键是确定导体球面所带电荷的像电荷大小和位置。由于导体球的大小和球心到平面导体的垂直距离相对于平面导体线度很小，平面导体为无限大。因此，当导体球带正电荷时，球面上正电荷发出的电力线都要到达平面导体上的感应负电荷；反之，当导体球带负电荷时，则到达球面上的电力线都是由导体平面上的感应正电荷发出，即导体球面所带电荷在无限大接地平面导体上感应出等量的异性电荷。

如图 2-1 所示，设导体球的半径为 R，球面所带正电荷为 Q，球心到无限大接地平面导体的垂直距离为 a。由于球面所带电荷受到接地平面导体上感应电荷的吸引，在球面上分布不均匀，并且在靠近平面导体一边的球面上密度较大，在远离平面导体一边的球面上密度较小。这表明电荷在球面上的分布中心向靠近平面导体一边偏移，因此，球面电荷在球内的替代电荷不是在球心，而是偏离球心位于靠近平面导体一边的轴线上，用 M 代替。M 点上替代电荷的电量就等于球面所带电荷的电量，符号也与球面所带电荷的符号相同，并且它在球外的电场也就等于球面电荷在球外的电场。这样一来，计算带电导体球与无限大接地平面导体的作用力问题就可以简化成球内替代电荷与无限大接地平面导体的作用力问题，因此，可以用电像法计算力。设 M 点到球心的距离为 b，则 M 点到平面导体的垂直距离为 $a-b$，故替代点电荷相对于平面导体的像电荷位于平面导体的背面，设为 N 点，则 N 点距平面导体的垂直距离也是 $a-b$。但由于 b 是未知数，因此，要用电像法计算力还要先确定 b。

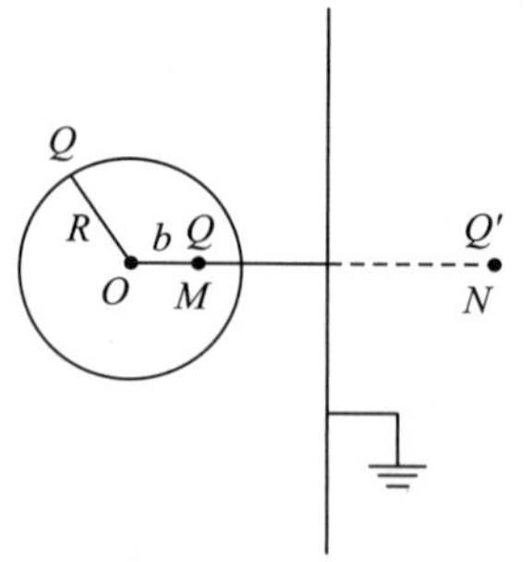

图 2-1　带电导体球与无限大平面导体的作用力

因为 b 是球内替代电荷的位置 M 到球心的距离，而球内替代电荷及其在平面导体背面的像电荷到平面导体的垂直距离都是 $a-b$，故像电荷所在位置 N 到球心距离

$$a'=2(a-b)+b=2a-b$$

如果没有无限大平面导体的屏蔽，位于 N 点处的电荷同样要对导体球有静电感应，即在导体球内有像电荷，并且像电荷位置也在球内的 M 点。故 M 点偏离球心的距离

$$b=\frac{R^2}{a'}=\frac{R^2}{2a-b}$$

解上式得出 $b=a-\sqrt{a^2-R^2}$，这就是图 2-1 中 M 点到球心的距离。求出 b 以后，就可以用库仑定律算出球内 M 点处替代电荷与 N 点处像电荷的作用力，该力就是导体面所带电荷对无限大接地平面导体上感应电荷的作用力，大小等于带电导体球对其附近无限大接地平面导体的作用力。计算公式为

$$F=-\frac{Q^2}{4\pi\varepsilon_0\left[2(a-b)\right]^2}=-\frac{Q^2}{16\pi\varepsilon_0\left(a^2-R^2\right)}$$

式中，Q 是导体球面上的电荷；$-Q$ 则是 Q 在无限大接地平面导体上感应的异性电荷，也是球内替代电荷的像电荷；a 是球心到平面导体的垂直距离；b 是球内替代电荷到球心的距离。各变量都是已知数，因此，力可由上式算出。

18. 在无限大接地平面导体前有一点电荷 $Q=5.2\times10^{-4}\mathrm{C}$，点电荷到平面导体的垂直距离为 0.5 m，问：点电荷对无限大接地平面导体的作用力是多少？如果让电荷分布在半径为 0.2 m 的导体球上，并且球心位于点电荷所在的位置，则带电导体球对无限大接地平面导体的作用力又是多少？

解：因为点电荷附近有无限大接地平面导体，并且点电荷带正电荷，故点电荷要在无限大平面导体上感应出等量的负电荷。点电荷和感应电荷之间的作用力，即点电荷与无限大接地平面导体之间的作用力由电像法算出

$$\begin{aligned}F&=\frac{-Q^2}{4\pi\varepsilon_0(2a)^2}\\&=\frac{-Q^2}{16\pi\varepsilon_0 a^2}\\&=-\frac{5.2^2\times10^{-8}}{16\times3.14\times8.85\times10^{-12}\times0.5^2}\\&\approx-2432.62(\mathrm{N})\end{aligned}$$

这就是正电荷对无限大接地平面导体的作用力，为引力。如果让正电荷分布在半径为 0.2 m 的导体球面上，球心到平面导体的垂直距离为 0.5 m。则导体球面上的正电荷也要在无限大接地平面导体上感应出负电荷，并且感应负电荷的电量与球面所带正电荷的电量相等。因此，球面所带正电荷与无限大平面导体上的感应负电荷之间有作用力，该力由上题给出

的带电导体球与无限大接地平面导体的作用力公式算出，即

$$
\begin{aligned}
F &= \frac{-Q^2}{16\pi\varepsilon_0\left(a^2-R^2\right)} \\
&= -\frac{5.2^2\times10^{-8}}{16\times3.14\times8.85\times10^{-12}\times\left(0.5^2-0.2^2\right)} \\
&\approx -2895.97(\mathrm{N})
\end{aligned}
$$

这就是带电导体球对无限大接地平面导体的作用力。和电量相同的点电荷对无限大接地平面导体的作用力相比，带电导体球对无限大接地平面导体的作用力大于点电荷对无限大接地平面导体的作用力。

19. 如果把上题中带电导体球的半径换为 0.1 m 和 0.05 m，而其他条件不变，问：带电导体球对无限大接地平面导体的作用力是多少？与点电荷对无限大接地平面导体的作用力相比较如何？当导体球的半径为多少时，带电导体球对无限大平面导体的作用力才与点电荷对无限大平面导体的作用力近似相等？

解：与上题相比，本题的条件只是带电导体球的半径减小了，而其他都不变。因此，带电导体球对无限大接地平面导体的作用力仍由上题中的公式算出，只需将球半径由上题中的 0.2 m 换为 0.1 m 和 0.05 m 即可。故当球半径为 0.1 m 时，带电导体球对无限大平面导体的作用力

$$
\begin{aligned}
F &= \frac{-Q^2}{16\pi\varepsilon_0\left(a^2-R^2\right)} \\
&= -\frac{5.2^2\times10^{-8}}{16\times3.14\times8.85\times10^{-12}\times\left(0.5^2-0.1^2\right)} \\
&\approx -2533.98(\mathrm{N})
\end{aligned}
$$

这是半径为 0.1 m，带电荷为 $5.2\times10^{-4}\mathrm{C}$ 的导体球对无限大接地平面导体的作用力，它比上题半径为 0.2 m 带电导体球对无限大接地平面导体的作用力小，但仍比点电荷对无限大接地平面导体的作用力大。用同样的方法容易算出半径为 0.05 m 带电导体球对无限大接地平面导体的作用力为−2457.19 N，和上题点电荷对无限大接地平面导体作用力−2432.6 N 相比较，虽然仍有差别，但差别已逐渐减小，相差约为 1%。但如果让带电导体球半径继续减小，为 0.01 m 时，则可得带电导体球对无限大接地平面导体的作用力为−2433.59 N，与点电荷对无限大导体平面的作用力近似相等。

20. 在无限大接地平面导体前面有一带正电荷 Q 的导体球，球半径为 0.1 m，带电量为 $12\times10^{-6}\mathrm{C}$，球心到平面导体的垂直距离为 0.5 m，问带电导体球对无限大接地平面导体的作用力是多少？与球心处等量点电荷对平面导体的作用力相比如何？如果球心到平面导体的垂直距离为 0.2 m，情况又是怎样的？

解：根据题意，本题给出的条件是充分的，故可以直接用 17 题中带电导体球对无限大接地平面导体的作用力计算公式算出力。故当带电导体球半径为 0.5 m 时，带电导体球

对无限大接地平面导体的作用力

$$F=\frac{-Q^2}{16\pi\varepsilon_0\left(a^2-R^2\right)}$$
$$=\frac{-12^2\times10^{-12}}{16\times3.14\times8.85\times10^{-12}\times\left(0.5^2-0.1^2\right)}$$
$$\approx-1.35(\mathrm{N})$$

如果把球面所带电荷换成位于球心处的点电荷，也就是球半径趋于零时的球面电荷，则球心处点电荷对无限大接地平面导体的作用力

$$F=\frac{-Q^2}{4\pi\varepsilon_0(2a)^2}$$
$$=\frac{-12^2\times10^{-12}}{16\times3.14\times8.85\times10^{-12}\times0.5^2}$$
$$\approx-1.3(\mathrm{N})$$

比较以上二力得出，带电导体球对无限大接地平面导体的作用力略大于球心处点电荷对平面导体的作用力，但二者相差很小。如果带电导体球与无限大平面导体的距离更近，即球心到平面导体的垂直距离为 0.2 m 时，则带电导体球对无限大接地平面导体的作用力

$$F=\frac{-Q^2}{16\pi\varepsilon_0\left(a^2-R^2\right)}$$
$$=\frac{-12^2\times10^{-12}}{16\times3.14\times8.85\times10^{-12}\times\left(0.2^2-0.1^2\right)}$$
$$\approx-10.8(\mathrm{N})$$

这就是带电导体球与无限大接地平面导体的垂直距离为 0.2 m 时，球面上所带电荷对平面导体的作用力。如果球面上的电荷换为位于球心处的点电荷，则容易算出点电荷对无限大接地平面导体的作用力为−8.1 N，与球面电荷对无限大平导体作用力相比，二力不相等，并且有较大差距。

21. 如果把上题中的导体球换成较大的球，半径为 0.3 m，而球心到无限大接地平面导体的垂直距离仍为 0.5 m，则导体球对无限大平面导体的作用力是多少？与上题相比如何？

解：带电导体球与其附近无限大平面导体的作用力大小不仅与导体球所带电荷的电量和球心到平面导体的距离有关，而且还与带电导体球的大小有关。当导体球所带电荷和球心到平面导体的距离确定后，带电导体球与无限大平面导体的作用力只是球半径的函数，半径越大，带电导体球对平面导体的作用力越大；半径越小，带电导体球对平面导体的作用力越小；当球半径趋于零时，带电导体球对平面导体的作用力最小，近似等于电荷位于球心处时，球心处点电荷对平面导体的作用力。带电导体球半径为 0.3 m 时，将球半径和球面电荷 12×10^{-6}C 以及球心到平面导体的垂直距离 0.5 m 一起代入力的计算公式，容易算出带电导体球对无限大接地平面导体的作用力为−8.1 N。与上题算出带电导体球半径为 0.1 m 时，导体球对无限大接地平面导体的作用力−1.35 N 相比得出，当球面电荷和球心到

平面的距离一定时，大球对平面导体的作用力比小球对平面导体的作用力大。在上题给出的条件下，半径为 0.3 m 带电导体球对平面导体的作用力是半径为 0.1 m 带电导体球对平面导体作用力的 6 倍。

因此，带电导体球与其附近无限大平面导体的作用力的大小跟多种因素有关，一是与球面所带电荷的平方成正比；二是与球半径的大小有关，并随着半径的增大而增大，随着半径的减小而减小；三是与球心到平面导体的垂直距离有关，在满足平面导体为无限大的条件下，球心到平面导体的垂直距离越近作用力越大，越远作用力越小。

22. 若带正电荷导体球附近的无限大平面导体不接地，问：带电导体球对中性平面导体的作用力与带电导体球对接地平面导体的作用力相比是否相同？若给出带电导体球的半径为 0.15 m，带电荷 $Q = 2.5\times10^{-5}\text{C}$，球心到平面导体的垂直距离为 0.3 m，带电导体球对中性平面导体的作用力是多少？

解：当带正电荷导体球附近的无限大平面导体不接地时，带电导体球的电势高于平面导体的电势，带电导体球与平面导体之间有静电感应，带电导体球面上的正电荷在平面导体上感应出负电荷，感应电荷分布在平面导体的正面与球面上的正电荷相互吸引。这一静电感应过程与平面导体接地与否无关，并由于平面导体为无限大，带电导体球在无限大平面导体上感应电荷的电量就等于导体球面上所带电荷的电量，这与带电导体球在无限大接地平面导体上的感应电荷相同。但不同的是带电导体球在中性平面导体上感应出负电荷的同时，平面导体上还要多出等量的正电荷，即感应正电荷，感应正电荷在平面导体上受到感应负电荷和球面上电荷的作用力的合力为零，即为自由电荷分布于平面导体的背面。所以，带电导体球对无限大中性平面导体的作用力是带电导体球面上的电荷与平面导体上感应出的异性电荷的作用力，即与带电导体球对无限大接地平面导体的作用力相同，计算方法也相同。因此，当题目中给出了带电导体球的半径和所带电荷以及球心到平面导体的垂直距离后，带电导体球对无限大中性平面导体的作用力就由下式算出

$$F = \frac{-Q^2}{16\pi\varepsilon_0\left(a^2 - R^2\right)}$$

$$= \frac{-2.5^2\times10^{-10}}{16\times3.14\times8.85\times10^{-12}\times\left(0.3^2-0.15^2\right)}$$

$$\approx -20.82(\text{N})$$

这就是带正电荷的导体球对未接地无限大平面导体的作用力，为引力。

23. 如果上题中无限大平面导体不仅不接地，而且还让其带有与球面上相同的正电荷，而上题给出的其他条件不变，则带电导体球对无限大带电平面导体的作用力是多少？与上题相比有无变化？

解：根据题意，半径为 0.15 m，带电荷 $Q = 2.5\times10^{-5}\text{C}$ 的导体球附近有一带电荷 $q = 2.5\times10^{-5}\text{C}$ 的无限大平面导体，并且球心到平面导体的垂直距离为 0.3 m。此时虽然平面导体也带有等量正电荷，但其电势仍低于带电导体球的电势，带电导体球与平面导体之

间仍有静电感应，静电感应的情况仍与上题相同。不同的是，球面上的自由电荷除了多出的感应正电荷以外，还有平面导体原来所带的正电荷，总量为$Q+q=5\times10^{-5}\text{C}$，它们不受电场力的作用而均匀分布在平面导体的背面。因此，带电导体球与无限大带电平面导体之间的作用力仍然只是球面上所带正电荷与平面导体上感应负电荷的作用力，而与平面导体背面的正电荷之间没有作用力。故带电导体球对无限大平面带电导体的作用力只是球面上的正电荷对平面导体上感应负电荷的作用力，大小与上题中带电导体球对无限大中性平面导体的作用力相等，算法也相同，为−20.82 N。这就是本题要求的导体球与无限大平面导体都带相同电荷时，带电导体球对无限大带电平面导体的作用力，仍为引力。

24. 有一半径为 0.2 m，带电荷$Q=6\times10^{-5}\text{C}$的导体球，离球心 0.6 m 处有一无限大平面导体，平面导体带有与球面电荷等量的负电荷，问：导体球对平面导体的作用力是多少？该力是怎样形成的？

解：因为导体球带正电荷，而无限大平面导体带负电荷，显然导体球的电势高于平面导体的电势。故由球面上正电荷发出的电力线将要到达并终止于平面导体上的负电荷，且因为平面导体为无限大，则由球面上正电荷发出的电力线都要到达平面导体上的负电荷。又因为平面导体带的负电荷正好与球面所带正电荷的电量相等，因此，由球面正电荷发出并到达平面导体的电力线将全部终止于平面导体所带的负电荷。即平面导体所带的负电荷都要受到球面上正电荷的吸引而分布在平面导体的前面，平面导体上的负电荷与球面上正电荷的作用力情况就如同接地平面导体上感应负电荷与球面上正电荷的作用力情况一样。因此，平面导体上负电荷在球面电荷作用下的分布规律也如同平面导体上感应电荷在球面电荷作用下的分布规律，即平面导体所带负电荷与导体球面上正电荷的作用力就如同平面导体上感应负电荷与球面上正电荷的作用力。球面上正电荷对平面导体所带负电荷的作用力就等于平面导体接地时，球面上正电荷对无限大接地平面导体上感应负电荷的作用力。所以，带正电荷导体球对带负电荷无限大平面导体的作用力就等于带正电荷导体球对无限大接地平面导体的作用力，由 17 题给出力的计算公式算出

$$F=\frac{-Q^2}{16\pi\varepsilon_0\left(a^2-R^2\right)}$$
$$=\frac{-6^2\times10^{-10}}{16\times3.14\times8.85\times10^{-12}\times\left(0.6^2-0.2^2\right)}$$
$$\approx-25.3(\text{N})$$

这就是本题所要求的带电导体球对无限大带电平面导体的作用力，式中$-Q^2=Q\times(-Q)$，其中，Q是导体球所带的正电荷量；$-Q$则是平面导体所带的负电荷量，$-Q$在空间的电场就等于球面电荷的像电荷$-Q$在空间的电场。该力的形成是导体球面上的正电荷对平面导体上所带负电荷的直接作用，在此过程中没有静电感应。因此，平面导体的背面也没有电荷分布，就如同带正电荷导体球对无限大接地平面导体的作用一样。

25. 设上题中带电导体球的大小和所带电荷以及球心到无限大平面导体的距离均不变，而只是平面导体所带电荷变成如下两种情况：(1)平面导体带电荷为 $-3\times10^{-5}\mathrm{C}$，(2)平面导体带电荷为 $-12\times10^{-5}\mathrm{C}$，则导体球对无限大带电平面导体的作用力是多少？各是怎样产生的？

解：由于导体球带正电荷，其电势总高于平面导体的电势，因此，电力线总是由球面上正电荷发出指向平面导体。由于平面导体为无限大，故由球面上正电荷发出的电力线都要到达并终止于平面导体上的负电荷。因此，无限大平面导体上受到球面上正电荷作用力的负电荷的电量，必然等于导体球面上正电荷的电量。

球面所带正电荷为 $6\times10^{-5}\mathrm{C}$，故在(1)的条件下，由于平面导体所带负电荷的电量小于球面上正电荷的电量，球面上的正电荷除了与平面导体所带负电荷相互作用外，还要感应出负电荷，并与感应负电荷发生作用。即平面导体上能与球面上正电荷发生作用的负电荷既有感应负电荷，又有平面导体所带的负电荷，并且感应电荷与平面导体所带电荷的合电量就等于球面上正电荷的电量。故平面导体上的感应负电荷的电量为球面上正电荷加上平面导体所带负电荷的负值，或者平面导体上感应负电荷的电量就等于球面上正电荷的电量减去平面导体所带负电荷的电量，为 $-3\times10^{-5}\mathrm{C}$。有感应负电荷，就要多出电量相等的感应正电荷，感应正电荷由于不受力的作用而均匀分布在平面导体的背面。同样，在(2)的条件下，由于平面导体所带负电荷大于球面上的正电荷，其电量是球面上正电荷电量的两倍。所以，平面导体上能与球面上正电荷发生作用的负电荷只是平面导体所带电荷的一半，即为 $-6\times10^{-5}\mathrm{C}$，而剩余的负电荷由于不受力的作用而均匀分布在平面导体的背面。由前面分析得出，无论平面导体带不带电，带负电荷多少，只要导体球不是很大，并且球心到平面导体的垂直距离很小，即平面导体可视为无限大时，无限大平面导体上能与球面上正电荷发生作用的负电荷的电量就等于球面上正电荷的电量。因此，球面上正电荷对平面导体所带电荷在满足(1)和(2)条件下的作用力相等，即带电导体球对两种带不同负电荷平面导体的作用力相等，并等于上题中导体球对无限大平面导体的作用力。该力已由上题算出为 $-25.3\ \mathrm{N}$。

但(1)和(2)条件下作用力产生的原因不完全相同，在(1)的条件下，有静电感应过程，因此，平面导体的背面有感应正电荷分布；而在(2)的条件下，没有静电感应过程，是球面正电荷对平面导体上负电荷的直接作用，并有剩余负电荷，因此，平面导体的背面有负电荷分布。

26. 设半径 R 为 $0.06\ \mathrm{m}$ 的导体球附近有一无限大接地平面导体，当导体球带电荷 $Q=-3\times10^{-5}\mathrm{C}$，并且球心到平面导体的垂直距离 $a=0.3\ \mathrm{m}$，带电导体球对平面导体的作用力是多少？与电荷集中于球心处时对平面导体的作用力相比如何？

解：由于导体球带负电荷，而平面导体接地，因此，带电导体球的电势总低于接地平面导体的电势，到达负电荷的电力线既可以来自于无穷远处，也可以来自附近的平面导体上的感应正电荷。但由于题中给出接地平面导体为无穷大平面，即导体球的半径和球心到平面导体的距离都很小，所以，到达并终止于球面导体上负电荷的电力线将全部来自平面导体上的感应正电荷。即球面上负电荷在无限大接地平面导体上感应正电荷的电量与球面所带负电荷的电量相等，因此，与 17 题的情况相同。只需把 17 题中导体球带的正电荷换成负电荷即可，故导体球面负电荷在球内的替代电荷为 $-Q$，$-Q$ 到球心的距离为 b，$-Q$ 的像电荷为 Q，位于平面导体的背面，与 $-Q$ 相互对称。所以，替代电荷 $-Q$ 和像电荷 Q 到平面导体的垂直距离都是 $a-b$，替代电荷和像电荷之间的距离为 $2(a-b)$。带电导体球对无限大接地平面导体的作用力，即为球内替代电荷对像电荷的作用力，由下式算出

$$F=\frac{-Q^2}{16\pi\varepsilon_0\left(a^2-R^2\right)}$$
$$=\frac{-3^2\times10^{-10}}{16\times3.14\times8.85\times10^{-12}\times\left(0.3^2-0.06^2\right)}$$
$$\approx-23.43(\text{N})$$

如果电荷不是分布在球面上，而是集中在球心的位置上，或者说让导体球的半径趋于零，则球心处负电荷对无限大接地平面导体的作用力由电像法求出

$$F=\frac{-Q^2}{4\pi\varepsilon_0(2a)^2}$$
$$=\frac{-3^2\times10^{-10}}{16\times3.14\times8.85\times10^{-12}\times0.3^2}$$
$$\approx-22.5(\text{N})$$

比较两式算出的力得出，球心处点电荷对无限大接地平面导体的作用力小于球面电荷对无限大接地平面导体的作用力，但二者相差很小。

27. (1) 如果上题中保持导体球所带电荷和球心到平面导体的距离不变，而是把带电导体球的半径增大一倍，为 0.12 m，问：作用力有何变化？(2) 若球面电荷和球的大小不变，而是减小球心到平面导体的垂直距离为 0.2 m，则作用力又是多少？与电荷集中于球心处时，对无限大接地平面导体的作用力相比如何？

解：(1) 导体球所带电荷不变，仍为 $-3\times10^{-5}\text{C}$，球心到平面导体的垂直距离不变，仍为 0.3 m，但球半径增大为 0.12 m，则带电导体球对无限大接地平面导体的作用力

$$F=\frac{-Q^2}{16\pi\varepsilon_0\left(a^2-R^2\right)}$$
$$=\frac{-3^2\times10^{-10}}{16\times3.14\times8.85\times10^{-12}\times\left(0.3^2-0.12^2\right)}$$
$$\approx-26.77(\text{N})$$

这就是带电导体球对无限大接地平面导体的作用力，也是带电导体球面上负电荷对无限大接地平面导体上感应正电荷的作用力，大于上题球半径为 0.06 m 时的作用力。如果球面上的电荷集中到球心处时，则由电像法容易算出球心处点电荷对无限大接地平面导体的作用力为 −22.5 N。

(2) 如果保持导体球的大小和导体球面上的电荷不变，与上题相同，而是让带电导体

球与平面导体相距更近，即带电导体球心到平面导体的垂直距离为 0.2 m 时，将已知条件代入带电导体球对无限大平面导体的作用力计算公式

$$F=\frac{-Q^2}{16\pi\varepsilon_0\left(a^2-R^2\right)}$$
$$=\frac{-3^2\times10^{-10}}{16\times3.14\times8.85\times10^{-12}\times\left(0.2^2-0.06^2\right)}$$
$$=-55.61(\mathrm{N})$$

这就是上题中球心到平面导体的距离减小为 0.2 m 时，带电导体球对无限大平面导体的作用力。如果让球面电荷集中到球心处，则球心处点电荷对无限大接地平面导体的作用力可由电像法算出为−50.6 N。在(1)和(2)两种情况下，球面上的电荷对无限大平面导体的作用力都分别大于各自球心处点电荷对无限大平面导体的作用力，但相差都不是很大。

28. 设一导体球带负电荷$-Q$，其附近无限大平面导体带正电荷 q，并且$-Q$与 q 的电量相等，问：平面导体上的电势有无变化，是多少？如果导体球的半径为 0.18 m，球心到平面导体的垂直距离为 0.5 m，且 $-Q=q=6.5\times10^{-5}\mathrm{C}$，则带电导体球对平面导体的作用力是多少？

解：平面导体带正电荷时，平面导体的电势为正。而当平面导体靠近带负电荷的导体球，并且平面导体为无限大时，平面导体上正电荷发出的电力线将全部到达并终止于带电导体球面上的负电荷。即平面导体上的正电荷都要受到球面上负电荷的吸引而分布于靠近带电导体球一边，同样，球面上的负电荷也要受到平面导体上正电荷的吸引而偏离球心靠近平面导体一边。故球面上不均匀分布电荷在球外的电场用球内假想的替代电荷$-Q$在球外的电场代替，该替代电荷位于球内偏向平面导体一边；而平面导体上不均匀分布电荷在空间的电场用平面导体背面假想的替代电荷在空间的电场代替。因为球面负电荷的电量与平面导体上正电荷的电量相等，而平面导体上正电荷的电量又与其在背面替代电荷的电量相等，故球内替代电荷的电量与平面导体背面替代电荷的电量相等，但符号相反。所以，平面导体背面替代电荷用 Q 表示。实际上 Q 就是球内替代电荷$-Q$相对于无限大平面导体的像电荷。由于 Q 是$-Q$相对于平面导体的像电荷，故它们到平面导体的垂直距离相等。既然 Q 和$-Q$的电量相等，符号相反，到平面导体的垂直距离相等，那么，它们在无限大平面导体上的电势大小处处相等，正负相反，合电势为零。即带负电荷导体球附近的无限大平面导体带有等量正电荷时，平面导体的电势为零，与原来电势相比，平面导体的电势降低了。

当导体球的半径和球面所带电荷以及球心到无限大平面导体的垂直距离给出，如题目中的数据时，导体球对无限大平面导体的作用力可由下式算出

$$F=\frac{-Q^2}{16\pi\varepsilon_0\left(a^2-R^2\right)}$$
$$=\frac{-6.5^2\times10^{-10}}{16\times3.14\times8.85\times10^{-12}\times\left(0.5^2-0.18^2\right)}$$
$$\approx-43.67(\mathrm{N})$$

29. 如果上题中无限大平面导体所带正电荷的电量不等于导体球上负电荷的电量，而是大于或小于导体球上负电荷的电量，问：平面导体的电势又将如何？带电导体球对无限大平面导体的作用力有无变化？

解：带电导体球对无限大平面导体的静电作用一般有以下几种情况，一是带电导体球对无限大接地平面导体或中性平面导体的作用，二是带电导体球对带异性电荷平面导体的作用，三是带电导体球对带同性电荷平面导体的作用。无论是哪一种情况，决定作用力大小的是带电导体球所带的电荷、导体球的大小以及导体球心到无限大平面导体的垂直距离，而与平面导体的带电情况无关。也就是说，无论球面上的电荷是对平面导体上感应电荷的作用还是对所带异性电荷的作用或者是对所带同性电荷的作用，平面导体上能与带电导体球发生作用的电荷量是相同的，都等于球体所带电荷的电量。因此，在本题中，当无限大平面导体所带正电荷的电量大于球面上负电荷的电量时，平面导体上的正电荷除了一部分(电量等于球面上负电荷的电量)受到球面上负电荷的吸引，而分布于平面导体的正面以外，还要剩余一部分不受力的自由正电荷，它们均匀分布在平面导体的背面。所以，当平面导体所带正电荷大于球面所带负电荷时，平面导体的电势大于零，为正电势，但该电势要低于平面导体原来的电势。但如果平面导体所带正电荷的电量小于球面上负电荷的电量时，平面导体上除了所带正电荷要受到球面上负电荷的吸引外，还有一部分感应正电荷也要受到球面上负电荷的吸引。因此，平面导体上还要多出与感应正电荷等量的感应负电荷，该感应负电荷因不受力的作用而均匀分布在平面导体的背面。所以，当平面导体所带正电荷的电量小于球面上负电荷的电量时，平面导体的电势小于零，为负电势。

带电导体球与无限大平面导体的作用力与平面导体所带电荷无关，只与球面上的电荷有关。那么，本题中无论无限大平面导体所带正电荷的电量是大于还是小于导体球所带负电荷的电量，带电导体球对无限大平面导体的作用力都相等。并且也与上题中平面导体所带正电荷的电量等于导体球所带负电荷的电量时带电导体球对无限大平面导体的作用力相等。故由上题计算得出，本题中带电导体球对两种不同带电量平面导体的作用力均为 $-43.67\ \text{N}$。

三、带电导体球与非带电导体球的作用力

30. 带电导体球与接地导体球之间的作用力能否用电像法算出？像电荷如何确定？

解：当接地导体球附近有另一带电导体球时，无论导体球带什么电，带电量多少，球面上的电荷都要在接地导体球面上感应出异性电荷，因此，带电导体球面上的电荷就会和接地导体球面上的感应电荷相互作用。在静电力的作用下，带电导体球面上的电荷和接地导体球面上的感应电荷都要在球面上宏观移动，向两球彼此靠近的一边偏离各自的球心，并且分布不均匀。因此，两球面上的电荷在球外的电场就不能用球心处的假想电荷或替代电荷在球外的电场代替，而要重新确定球内替代电荷的位置。如果能够确定出带电导体球所带电荷在球内替代电荷的位置，那么，带电导体球面上的电荷对接地导体球面上感应电荷的作用力就简化为带电导体球内替代点电荷对接地导体球内像电荷的作用力，这样一来，带电导体球对接地导体的作用力就可以用电像法求出。

设接地导体球 A 的半径为 R_1，带电导体球 B 的半径为 R_2，两球心相距 a，并且 $R_1+R_2<a<\infty$，B 球带正电荷 Q，如图 3-1 所示。由于 B 球面电势高于 A 球面电势，A 球面上有感应负电荷。另一方面，B 球面上的正电荷也要受到 A 球面上感应负电荷电场的影响而分布不均匀，靠近 A 球一边的电荷密度大，远离 A 球一边的电荷密度小。因此，B 球面上的电荷 Q 在球外的电场可用两球连心线上靠近 A 球一边 N 点处的替代电荷 Q 在球外的电场代替。设 N 点到 B 球心的距离为 b_2，则到 A 球心的距离为 $a-b_2$。

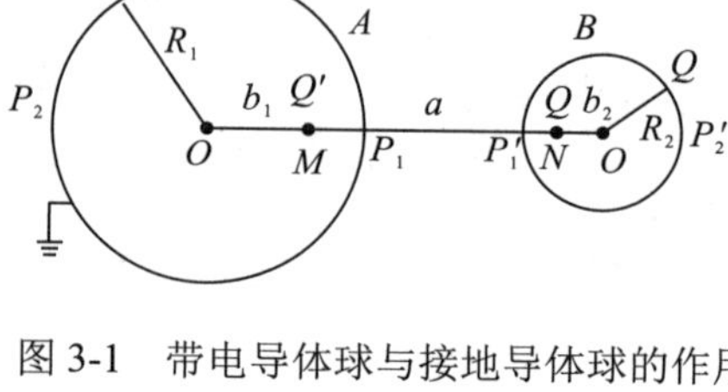

图 3-1 带电导体球与接地导体球的作用力

这样一来，带电导体球 B 对接地导体球 A 的作用力问题就简化成球外点电荷对接地导体球的作用力问题，可用电像法求出。像电荷 Q' 位于 M 点上，到球心的距离为 b_1。另一方面，像电荷的偏心距只与点电荷到球心的距离和球半径有关，而与点电荷无关。因此，为了确定 B 球内 N 点到球心的距离 b_2，假想在 A 球内的 M 点有一点电荷 $-Q$，它同样在 B 球内有像电荷，像电荷位于 N 点。这样一来，由于 N 点处的点电荷 Q 与它的像电荷在 A 球面上的电势和处处为零，得出 N 点处的点电荷与它的像电荷在 A 球面上 P_1 点和 P_2 点的电势和为零，同样，M 点处的点电荷 $-Q$ 和它的像电荷在 B 球面上 P_1' 点和 P_2' 点的电势和也为零。故有以下方程组成立，即

$$\begin{cases}\dfrac{1}{4\pi\varepsilon_0}\left(\dfrac{Q}{a-b_2-R_1}+\dfrac{Q'}{R_1-b_1}\right)=0\\ \dfrac{1}{4\pi\varepsilon_0}\left(\dfrac{Q}{a-b_2+R_1}+\dfrac{Q'}{R_1+b_1}\right)=0\\ \dfrac{1}{4\pi\varepsilon_0}\left(\dfrac{-Q}{a-b_1-R_2}+\dfrac{Q''}{R_2-b_2}\right)=0\\ \dfrac{1}{4\pi\varepsilon_0}\left(\dfrac{-Q}{a-b_1+R_2}+\dfrac{Q''}{R_2+b_2}\right)=0\end{cases}$$

从以上方程组容易解出 A 球内 M 点处的像电荷到球心的距离 b_1，B 球内 N 点处的像电荷到球心的距离(也是 B 球内替代电荷到球心的距离)b_2，分别由下式给出。即

$$b_1=\frac{a^2+R_1^2-R_2^2}{2a}-\frac{1}{2}\sqrt{\left(\frac{a^2+R_1^2-R_2^2}{a}\right)^2-4R_1^2}$$

$$b_2=\frac{a^2+R_2^2-R_1^2}{2a}-\frac{1}{2}\sqrt{\left(\frac{a^2+R_1^2-R_2^2}{a}\right)^2-4R_1^2}$$

上式中 b_2 为 B 球内 N 点到球心的距离，即为 B 球面上不均匀分布电荷在球内替代点电荷到球心的距离。而 b_1 则是 B 球内 N 点处的替代点电荷 Q 在 A 球内像电荷到球心的距离。另外，还可求出 A 球内像电荷

$$\begin{aligned}Q'&=-\frac{R_1-b_1}{a-b_2-R_1}Q\\&=-\frac{R_2^2-(a-R_1)^2+\sqrt{\left[(a+R_1)^2-R_2^2\right]\left[(a-R_1)^2-R_2^2\right]}}{(a-R_1)^2-R_2^2+\sqrt{\left[(a+R_1)^2-R_2^2\right]\left[(a-R_1)^2-R_2^2\right]}}Q\end{aligned}$$

而 M 点处 Q' 在 B 球内的像电荷

$$\begin{aligned}Q''&=\frac{R_2-b_2}{a-b_1-R_2}Q\\&=\frac{R_1^2-(a-R_2)^2+\sqrt{\left[(a+R_1)^2-R_2^2\right]\left[(a-R_1)^2-R_2^2\right]}}{(a-R_2)^2-R_1^2+\sqrt{\left[(a+R_1)^2-R_2^2\right]\left[(a-R_1)^2-R_2^2\right]}}Q\end{aligned}$$

确定了带电导体球内替代电荷的位置和它在接地导体球内像电荷的位置以及像电荷的大小，带电导体球对接地导体球的作用力就等于替代电荷与像电荷的作用力，因此，可用库仑定律求出力。

31. 设上题中接地导体球的半径 $R_1=0.3\ \text{m}$，带电导体球的半径 $R_2=0.05\ \text{m}$，带电荷 $Q=2\times10^{-5}\text{C}$，两球心距离 $a=0.5\ \text{m}$，试算出带电导体球对接地导体球的作用力是多少？如果电荷不是分布在球面上，而是放于球心处的点电荷，则点电荷对接地导体球的作用力又是多少？

解：如上题的讨论，带电导体球与接地导体球的作用力等于带电导体球面上的电荷与

接地导体球面上感应电荷的作用力。而且带电导体球面上的电荷可用其在球内替代电荷代替，并且替代电荷位于偏离球心靠近接地导体球一边，到球心的距离为 b_2，可由上题的公式算出。另外，替代点电荷在接地导体球内像电荷到球心的距离 b_1 也可由上题的公式算出，所以，本题中要求的力是可算出的。先算像电荷到球心的距离，即

$$
\begin{aligned}
b_1 &= \frac{a^2+R_1^2-R_2^2}{2a}-\frac{1}{2}\sqrt{\left(\frac{a^2+R_1^2-R_2^2}{a}\right)^2-4R_1^2} \\
&= \frac{0.5^2+0.3^2-0.05^2}{2\times 0.5}-\frac{1}{2}\sqrt{\left(\frac{0.5^2+0.3^2-0.05^2}{0.5}\right)^2-4\times 0.3^2} \\
&\approx 0.3375-0.1546 \\
&\approx 0.183(\mathrm{m})
\end{aligned}
$$

而带电导体球内替代电荷到球心的距离

$$
\begin{aligned}
b_2 &= \frac{a^2+R_2^2-R_1^2}{2a}-\frac{1}{2}\sqrt{\left(\frac{a^2+R_1^2-R_2^2}{a}\right)^2-4R_1^2} \\
&= \frac{0.5^2+0.05^2-0.3^2}{2\times 0.5}-0.1546 \\
&= 0.1625-0.1546 \\
&\approx 0.008(\mathrm{m})
\end{aligned}
$$

故 B 球内替代电荷与像电荷的作用力，即带电导体球对接地导体球的作用力

$$
\begin{aligned}
F &= \frac{QQ'}{4\pi\varepsilon_0(a-b_1-b_2)^2} \\
&= \frac{-(R_1-b_1)Q^2}{4\pi\varepsilon_0(a-b_2-R_1)(a-b_1-b_2)^2} \\
&= \frac{-(0.3-0.183)\times 2^2\times 10^{-10}}{4\times 3.14\times 8.85\times 10^{-12}\times(0.5-0.008-0.3)\times(0.5-0.183-0.008)^2} \\
&\approx -22.97(\mathrm{N})
\end{aligned}
$$

如果将球面上的电荷集中在球心处，则球心处点电荷对接地导体球的作用力仍用电像法求，此时的像电荷

$$
\begin{aligned}
Q' &= -\frac{R}{a}Q \\
&= -\frac{0.3}{0.5}\times 2\times 10^{-5}\mathrm{C} \\
&= -1.2\times 10^{-5}(\mathrm{C})
\end{aligned}
$$

像电荷到球心的距离

$$
b=\frac{R^2}{a}=\frac{0.3^2}{0.5}=0.18(\mathrm{m})
$$

故有点电荷对导体球的作用力

$$F = \frac{QQ'}{4\pi\varepsilon_0 (a-b)^2}$$

$$= -\frac{2\times 1.2\times 10^{-10}}{4\times 3.14\times 8.85\times 10^{-12}\times (0.5-0.18)^2}$$

$$\approx -21.09(\text{N})$$

可见，带电导体球对接地导体球的作用力大于球心处点电荷对接地导体球的作用力，但二力相差很小，这是因为带电导体球的半径很小。

32. 由 30 题的结果分析接地导体球内像电荷的大小和偏心距与两球半径的关系如何？

解：由 30 题给出带电导体球面电荷在接地导体球内的像电荷公式为

$$Q' = -\frac{R_2^2 - (a-R_1)^2 + \sqrt{\left[(a+R_1)^2 - R_2^2\right]\left[(a-R_1)^2 - R_2^2\right]}}{(a-R_1)^2 - R_2^2 + \sqrt{\left[(a+R_1)^2 - R_2^2\right]\left[(a-R_1)^2 - R_2^2\right]}} Q$$

像电荷到球心的距离，即像电荷的偏心距公式为

$$b_1 = \frac{a^2 + R_1^2 - R_2^2}{2a} - \frac{1}{2}\sqrt{\left(\frac{a^2 + R_1^2 - R_2^2}{a}\right)^2 - 4R_1^2}$$

由以上两式可知，无论是像电荷还是像电荷到球心的距离都与两球半径和两球心距离有关，只要其中任何一个变化，像电荷的大小和像电荷到球心的距离都会随之变化。特别是当接地导体球（也是受感球）的半径 R_1 和两球心距离 a 以及球面电荷不变时，像电荷及其偏心距只是带电导体球（也是施感球）半径 R_2 的函数，并随着 R_2 的增大而增大，随着 R_2 的减小而减小。当球半径 $R_2 = 0$，即带电导体球面上的电荷都集中到球心处，为球心处的点电荷时，将 $R_2 = 0$ 代入上面的像电荷公式，得出接地导体球内像电荷

$$Q' = -\frac{R_1}{a} Q$$

同样，把 $R_2 = 0$ 代入上面的偏心距公式，得出像电荷偏离球心的距离

$$b = \frac{R_1^2}{a}$$

这正好是球外点电荷 Q 在半径为 R_1 的接地导体球内的像电荷和像电荷到球心的距离公式。表明点电荷对接地导体球的作用只是带电导体球对接地导体球作用中的一个特例，事实上，点电荷就是带电导体球面电荷在球半径趋于零时的一种特例。

33. 有一接地导体球，半径 $R_1 = 0.5\ \text{m}$，其附近带电导体球的半径 $R_2 = 0.3\ \text{m}$，带电荷 $Q = 5\times 10^{-5}\text{C}$，两球心距离为 1 m。接地导体球内的像电荷是多少？像电荷到球心的距离是多少？如果带电导体球的半径减小为 0.1m 和 0，像电荷和它到球心的距离又是多少？

解：直接将题目中给出的条件代入 30 题给出的像电荷的偏心距公式，有接地导体球内像电荷偏离球心的距离

$$b_1 = \frac{a^2 + R_1^2 - R_2^2}{2a} - \frac{1}{2}\sqrt{\left(\frac{a^2 + R_1^2 - R_2^2}{a}\right)^2 - 4R_1^2}$$
$$= \frac{1 + 0.5^2 - 0.3^2}{2 \times 1} - \frac{1}{2}\sqrt{\left(\frac{1 + 0.5^2 - 0.3^2}{1}\right)^2 - 4 \times 0.5^2}$$
$$\approx 0.58 - 0.294$$
$$= 0.286(\text{m})$$

同样可算出带电导体球内替代电荷偏离球心的距离

$$b_2 = \frac{a^2 + R_2^2 - R_1^2}{2a} - \frac{1}{2}\sqrt{\left(\frac{a^2 + R_1^2 - R_2^2}{a}\right)^2 - 4R_1^2}$$
$$= \frac{1 + 0.3^2 - 0.5^2}{2 \times 1} - 0.294$$
$$\approx 0.126(\text{m})$$

算出 b_1 和 b_2 后，就可以用下式算出像电荷，即

$$Q' = -\frac{R_1 - b_1}{a - b_2 - R_1}Q$$
$$= -\frac{0.5 - 0.286}{1 - 0.126 - 0.5} \times 5 \times 10^{-5}$$
$$\approx -2.86 \times 10^{-5}(\text{C})$$

另外像电荷还可以由下式算出为

$$Q' = -\frac{R_2^2 - (a - R_1)^2 + \sqrt{\left[(a + R_1)^2 - R_2^2\right]\left[(a - R_1)^2 - R_2^2\right]}}{(a - R_1)^2 - R_2^2 + \sqrt{\left[(a + R_1)^2 - R_2^2\right]\left[(a - R_1)^2 - R_2^2\right]}}Q$$
$$= -\frac{0.3^2 - (1 - 0.5)^2 + \sqrt{\left[(1 + 0.5)^2 - 0.3^2\right]\left[(1 - 0.5)^2 - 0.3^2\right]}}{(1 - 0.5)^2 - 0.3^2 + \sqrt{\left[(1 + 0.5)^2 - 0.3^2\right]\left[(1 - 0.5)^2 - 0.3^2\right]}} \times 5 \times 10^{-5}$$
$$\approx -\frac{0.428}{0.748} \times 5 \times 10^{-5}$$
$$= -2.86 \times 10^{-5}(\text{C})$$

以上算出的是带电导体球半径为 0.3 m 时，所带电荷在接地导体球内的像电荷和像电荷到球心的距离。如果带电导体球的半径减小为 0.1 m，用同样的方法算出带电导体球面上的电荷在接地导体球内的像电荷为 $-2.534 \times 10^{-5}\text{C}$，像电荷到球心的距离为 0.253 m。如果带电导体球的半径继续减小为零，则 B 球球心处点电荷在接地导体球内的像电荷由下式算出为

$$Q' = -\frac{R_1}{a}Q = -\frac{0.5}{1} \times 5 \times 10^{-5} = -2.5 \times 10^{-5}(\text{C})$$

像电荷到球心的距离

$$b=\frac{R_1^2}{a}=\frac{0.5^2}{1}=0.25(\mathrm{m})$$

从以上算出的三个数据可知，带电导体球在接地导体球内的像电荷和像电荷到球心的距离均随着带电导体球半径的减小而减小，半径减小为零时，像电荷和像电荷到球心的距离最小。

34. 设 30 题中带电导体球与接地导体球大小相等，半径均为 R，则接地导体球中像电荷和像电荷到球心的距离与带电导体球中替代电荷到球心的距离关系如何？如果两球心距离 $a=2.236R$，像电荷和它到球心的距离是多少？

解：如果带电导体球与接地导体球大小相等，半径都用 R 表示，则只要把 30 题接地导体球中像电荷到球心的距离 b_1，带电导体球中替代电荷或 M 点处 $-Q$ 的像电荷到球心的距离 b_2 公式里的球半径都换成 R，就可得出两球大小相等时，两球中的偏心距为

$$b_1=b_2=b=\frac{a-\sqrt{a^2-4R^2}}{2}$$

同理，只要把接地导体球中像电荷 Q' 和接地导体球中 M 点处点电荷 $-Q$ 在带电导体球中像电荷 Q'' 公式里的球半径都换成 R 表示，则两球中的像电荷

$$Q'=-Q''=-\frac{R-b}{a-b-R}Q=-\frac{2R-a+\sqrt{a^2-4R^2}}{a-2R+\sqrt{a^2-4R^2}}Q$$

可见，当带电导体球与接地导体球大小相等时，接地导体球内像电荷及其偏心距的计算都变得简单了，并且与带电导体球内替代电荷偏心距(也等于像电荷的偏心距)的大小相等，计算公式也相同。而且，图 3-1 中 N 点处点电荷 Q 在 M 处的像电荷与 M 点处假想点电荷 $-Q$ 在 N 处的像电荷大小相等，符号相反。

在两球大小相同的情况下，当两球心距离 $a=2.236R$ 时，则由上面的式子算出像电荷的偏心距

$$\begin{aligned}b&=\frac{a-\sqrt{a^2-4R^2}}{2}\\&=\frac{2.236R-\sqrt{(2.236R)^2-4R^2}}{2}\\&\approx 0.618R\end{aligned}$$

而像电荷

$$\begin{aligned}Q'&=-\frac{2R-a+\sqrt{a^2-4R^2}}{a-2R+\sqrt{a^2-4R^2}}Q\\&=-\frac{2R-2.236R+\sqrt{(2.236R)^2-4R^2}}{2.236R-2R+\sqrt{(2.236R)^2-4R^2}}Q\\&\approx -0.618Q\end{aligned}$$

另外，还可以进一步求出带电导体球内替代电荷所在位置 N 点到接地导体球面的距离

$$s=a-b-R=2.236R-0.618R-R=0.618R$$

即当接地导体球与带电导体球的大小相等时，同样也存在三个“0.618”的问题。

35. 设接地导体球的半径 $R_1=0.1\ \mathrm{m}$，带电导体球的半径 $R_2=0.05\ \mathrm{m}$，带正电荷 $Q=6\times10^{-5}\mathrm{C}$，当两球心距离 $a=0.25\ \mathrm{m}$ 时，两球之间的作用力是多少？

解：因为带电导体球要在接地导体球面上感应出负电荷，因此，带电导体球面上的正电荷与接地导体球面上的感应负电荷之间有作用力，该力可由电像法求出。先算出接地导体球内像电荷到球心的距离

$$\begin{aligned}b_1&=\frac{a^2+R_1^2-R_2^2}{2a}-\frac{1}{2}\sqrt{\left(\frac{a^2+R_1^2-R_2^2}{a}\right)^2-4R_1^2}\\&=\frac{0.25^2+0.1^2-0.05^2}{2\times0.25}-\frac{1}{2}\sqrt{\left(\frac{0.25^2+0.1^2-0.05^2}{0.25}\right)^2-4\times0.1^2}\\&\approx0.14-0.098\\&=0.042(\mathrm{m})\end{aligned}$$

带电导体球内替代电荷到球心的距离

$$\begin{aligned}b_2&=\frac{a^2+R_2^2-R_1^2}{2a}-\frac{1}{2}\sqrt{\left(\frac{a^2+R_1^2-R_2^2}{a}\right)^2-4R_1^2}\\&\approx\frac{0.25^2+0.05^2-0.1^2}{2\times0.25}-0.098\\&\approx0.012(\mathrm{m})\end{aligned}$$

像电荷

$$\begin{aligned}Q'&=-\frac{R_1-b_1}{a-b_2-R_1}Q\\&=-\frac{0.1-0.042}{0.25-0.012-0.1}\times6\times10^{-5}\\&\approx-2.52\times10^{-5}(\mathrm{C})\end{aligned}$$

将算出的各物理量代入力的计算公式有

$$\begin{aligned}F&=\frac{QQ'}{4\pi\varepsilon_0(a-b_1-b_2)^2}\\&=\frac{-6\times2.52\times10^{-10}}{4\times3.14\times8.85\times10^{-12}\times(0.25-0.042-0.012)^2}\\&\approx-354.08(\mathrm{N})\end{aligned}$$

这就是带电导体球面上正电荷与接地导体球面上感应负电荷的作用力，也是带电导体球与接地导体球的作用力。

36. 如果将上题中两球拉开，球心距离 $a=1\ \mathrm{m}$，而其他条件不变，则两球的作用力又是多少？与 1 m 远处相同电量的点电荷和接地导体球的作用力相比如何？

解：与上题相比，两球的半径和带电导体球所带的电荷不变，只是增长了两球之间的距离，

即两球心距离由上题中的0.25 m增长为1 m。因此，计算方法与上题相同，只需将上题中的球心距离0.25 m换成本题中的1 m即可。故容易算出接地导体球内像电荷的偏心距$b_1 = 0.01$ m，带电导体球内替代电荷的偏心距$b_2 = 0.002$ m，而像电荷$Q' = -0.6\times10^{-5}$C。将算出的像电荷和像电荷与替代电荷的偏心距一并代入上题中力的计算公式，算得带电导体球与接地导体球的作用力$F = 3.32$ N。

如果不是带电导体球与接地导体球的作用，而是距接地导体球心1 m远处的等量点电荷与接地导体球的作用，或者说是带电导体球的半径趋于零时，球面电荷趋于球心处的点电荷与接地导体球的作用。此时，像电荷

$$Q' = -\frac{R_1}{a}Q = -\frac{0.1}{1}\times6\times10^{-5} = -0.6\times10^{-5}(\text{C})$$

像电荷到球心的距离

$$b = \frac{R_1^2}{a} = \frac{0.1^2}{1} = 0.01(\text{m})$$

故点电荷对接地导体球的作用力

$$\begin{aligned}F &= \frac{QQ'}{4\pi\varepsilon_0(a-b)^2}\\ &= \frac{-6\times0.6\times10^{-10}}{4\times3.14\times8.85\times10^{-12}\times(1-0.01)^2}\\ &\approx -3.30(\text{N})\end{aligned}$$

计算结果表明，当两球心距离足够长时，带电导体球对接地导体球的作用力近似等于球面电荷集中于球心处时的点电荷对接地导体球的作用力。或者说，当带电导体球与接地导体球的球心距离足够长时，带电导体球对接地导体球的作用力可用球心处的等量电荷对接地导体球的作用力代替。

37. 有两个大小相等的导体球，半径均为$R = 0.1$ m，其中一个接地，另一个带正电荷$Q = 6\times10^{-6}$C，当两球心距离 0.25 m 时，两球的作用力是多少？如果两球半径的减小为0.05 m时，两球的作用力又是多少？

解：因为两球半径相等，故接地导体球内像电荷的偏心距和带电导体球内替代电荷的偏心距相等，都用b表示为

$$\begin{aligned}b &= \frac{a-\sqrt{a^2-4R^2}}{2}\\ &= \frac{0.25-\sqrt{0.25^2-4\times0.1^2}}{2}\\ &= 0.05(\text{m})\end{aligned}$$

代入力的计算公式有

$$\begin{aligned}F&=-\frac{QQ'}{4\pi\varepsilon_0(a-2b)^2}\\&=-\frac{(R-b)Q^2}{4\pi\varepsilon_0(a-b-R)(a-2b)^2}\\&=-\frac{(0.1-0.05)\times6^2\times10^{-12}}{4\times3.14\times8.85\times10^{-12}\times(0.25-0.05-0.1)\times(0.25-2\times0.05)^2}\\&\approx-7.2(\mathrm{N})\end{aligned}$$

这就是带电导体球面上的正电荷与接地导体球面上的感应电荷的作用力，也是两导体球之间的作用力。如果两球的半径都减小一半，为 0.05 m，用同样的方法可算出两导体小球内像电荷和替代电荷到球心的距离$b=0.01\ \mathrm{m}$，代入力的计算公式后进一步算出两球的作用力为$F=-1.3\ \mathrm{N}$，力减小了。表明在带电导体球与接地导体球的作用中，尽管两球心距离和带电导体球所带电荷不变，但两导体球的大小变了，作用力也要随着改变，并且两球半径越大作用力越大，两球半径越小作用力越小。

38. 设有一带电导体球的半径$R_2=0.1\ \mathrm{m}$，带正电荷$Q=5\times10^{-4}\mathrm{C}$，其附近有另一半径$R_1=0.2\ \mathrm{m}$的中性导体球，两球心距离 0.6 m，则两球的作用力如何算出？大小是多少？

解：因为带电导体球与中性导体球电势不等，带电导体球要在中性导体球面上感应出负电荷，但由于中性导体球未接地，所以，球面上有感应负电荷，就必然要多出等量的正电荷，即感应正电荷。由于感应负电荷受到带电导体球面上正电荷的吸引而偏离球心被约束到靠近带电导体球一边，并且带电导体球面上的正电荷与中性导体球面上的感应负电荷在中性导体球面上的电势和为零。因此，感应正电荷均匀分布在球面上。所以，带电导体球与中性导体球之间的作用力就是带电导体球面上正电荷与中性导体球面上感应正负电荷的作用力之和，计算公式为

$$F=\frac{1}{4\pi\varepsilon_0}\left[-\frac{(R_1-b_1)Q^2}{(a-b_2-R_1)(a-b_1-b_2)^2}+\frac{(R_1-b_1)Q^2}{(a-b_2-R_1)(a-b_2)^2}\right]$$

故先算出中性导体球内像电荷的偏心距

$$\begin{aligned}b_1&=\frac{a^2+R_1^2-R_2^2}{2a}-\frac{1}{2}\sqrt{\left(\frac{a^2+R_1^2-R_2^2}{a}\right)^2-4R_1^2}\\&=\frac{0.6^2+0.2^2-0.1^2}{2\times0.6}-\frac{1}{2}\sqrt{\left(\frac{0.6^2+0.2^2-0.1^2}{0.6}\right)^2-4\times0.2^2}\\&=0.325-0.256\\&\approx0.069(\mathrm{m})\end{aligned}$$

带电导体球内替代电荷的偏心距

$$b_2 = \frac{a^2 + R_2^2 - R_1^2}{2a} - \frac{1}{2}\sqrt{\left(\frac{a^2 + R_1^2 - R_2^2}{a}\right)^2 - 4R_1^2}$$
$$= \frac{0.6^2 + 0.1^2 - 0.2^2}{2\times 0.6} - 0.256$$
$$\approx 0.019(\text{m})$$

将算出的 b_1 和 b_2 以及其他已知条件代入上面力的计算公式，可算出带电导体球与中性导体球的作用力为-659 N。

39. 有一带电导体球的半径 $R_2 = 0.2\ \text{m}$，带电荷 $Q = 6\times 10^{-4}\text{C}$，附近有另一半径 $R_1 = 0.1\ \text{m}$ 的中性导体球，两球心距离 $a = 1.5\ \text{m}$，问：两球的作用力是多少？与球心处的等量点电荷对中性导体球的作用力相比如何？

解：与上题相比，上题中的带电导体球，即施感球为较小的球，而中性导体球，即受感球为较大的球，这正好与本题相反。本题中由于受感球为半径较小的球，而施感球为半径较大的球，因此，受感球内像电荷到球心的距离 b_1 比施感球内替代电荷到球心的距离 b_2 小。即有受感球内像电荷到球心的距离

$$b_1 = \frac{a^2 + R_1^2 - R_2^2}{2a} - \frac{1}{2}\sqrt{\left(\frac{a^2 + R_1^2 - R_2^2}{a}\right)^2 - 4R_1^2}$$
$$= \frac{1.5^2 + 0.1^2 - 0.2^2}{2\times 1.5} - \frac{1}{2}\sqrt{\left(\frac{1.5^2 + 0.1^2 - 0.2^2}{1.5}\right)^2 - 2\times 0.1^2}$$
$$\approx 0.74 - 0.737$$
$$= 0.003(\text{m})$$

而带电导体球内替代电荷到球心的距离

$$b_2 = \frac{a^2 + R_2^2 - R_1^2}{2a} - \frac{1}{2}\sqrt{\left(\frac{a^2 + R_1^2 - R_2^2}{a}\right)^2 - 4R_1^2}$$
$$\approx \frac{1.5^2 + 0.2^2 - 0.1^2}{2\times 1.5} - 0.737$$
$$= 0.023(\text{m})$$

将 b_1 和 b_2 的值代入下面力的计算公式：

$$F = \frac{Q^2}{4\pi\varepsilon_0}\left[-\frac{R_1 - b_1}{(a - b_2 - R_1)(a - b_1 - b_2)^2} + \frac{R_1 - b_1}{(a - b_2 - R_1)(a - b_2)^2}\right]$$

可算出带电导体球面上所带正电荷与中性导体球面上感应正负电荷的作用力为-0.75 N，这就是带电导体球与中性导体球的作用力。如果带电导体球面上正的电荷都集中到球心处，则球心处点电荷在中性导体球内的像电荷

$$Q' = -\frac{R}{a}Q = -\frac{0.1}{1.5}\times 6\times 10^{-4} = -0.4\times 10^{-4}(\text{C})$$

像电荷到球心的距离

$$b=\frac{R^2}{a}=\frac{0.1^2}{1.5}=0.0067(\text{m})$$

故球心处点电荷与中性导体球的作用力

$$\begin{aligned}F&=\frac{1}{4\pi\varepsilon_0}\left[\frac{QQ'}{(a-b)^2}+\frac{Q(-Q')}{a^2}\right]\\&=\frac{10^{-8}}{4\times3.14\times8.85\times10^{-12}}\left[\frac{-6\times0.4}{(1.5-0.0067)^2}+\frac{6\times0.4}{1.5^2}\right]\\&=-96.82+95.96\\&=-0.86(\text{N})\end{aligned}$$

算出的结果表明，带电导体球与中性导体球的作用力大于球心处点电荷与中性导体球的作用力，但由于两球心距离比较远，而两球半径比较小，故二力的差别很小。

40. 在一半径 $R_1=0.3\text{ m}$ 的接地导体球附近有一点电荷 $Q=-5\times10^{-4}\text{C}$，当点电荷到球心的距离 $a=0.75\text{ m}$ 时，点电荷在球面上的感应电荷及其偏心距是多少？如果把点电荷换成带有等量负电荷的导体球，并且球半径 $R_2=0.15\text{ m}$，球心在点电荷所在位置，问：接地导体球面上的感应电荷及其偏心距又是多少？

解：因为点电荷和带电导体球面电荷都是负电荷，其电势都低于接地导体球的电势，因此，都要在接地导体球面上感应出正电荷，感应电荷的电量等于像电荷的电量。故有点电荷在接地导体球面上的感应电荷或像电荷

$$Q'=-\frac{R_1}{a}Q=-\frac{0.3}{0.75}\times(-5)\times10^{-4}=2\times10^{-4}(\text{C})$$

像电荷到球心的距离

$$b=\frac{R^2}{a}=\frac{0.3^2}{0.75}=0.12(\text{m})$$

如果把点电荷换成带电导体球，并且球面上电荷的电量等于点电荷的电量，则球面上的电荷在接地导体球面上的感应电荷或像电荷由下式算出，即

$$\begin{aligned}Q'&=-\frac{R_1-b_1}{a-b_2-R_1}Q\\&=-\frac{R_2^2-(a-R_1)^2+\sqrt{\left[(a+R_1)^2-R_2^2\right]\left[(a-R_1)^2-R_2^2\right]}}{(a-R_1)^2-R_2^2+\sqrt{\left[(a+R_1)^2-R_2^2\right]\left[(a-R_1)^2-R_2^2\right]}}Q\end{aligned}$$

将已知条件代入上式，算出带电导体球面上的电荷在接地导体球内的像电荷，也就是球面上的感应电荷为 $2.1\times10^{-4}\text{C}$。像电荷的偏心距

$$
\begin{aligned}
b_1 &= \frac{a^2+R_1^2-R_2^2}{2a}-\frac{1}{2}\sqrt{\left(\frac{a^2+R_1^2-R_2^2}{a}\right)^2-4R_1^2} \\
&= \frac{0.75^2+0.3^2-0.15^2}{2\times 0.75}-\frac{1}{2}\sqrt{\left(\frac{0.75^2+0.3^2-0.15^2}{0.75}\right)^2-4\times 0.3^2} \\
&\approx 0.42-0.294 \\
&= 0.126(\text{m})
\end{aligned}
$$

计算结果表明，带电导体球面上的电荷在接地导体球面上的感应电荷大于点电荷在接地导体球面上的感应电荷，但差别很小。

41．上题中点电荷和带电导体球对接地导体球的作用力各是多少？

解：将上题算出的点电荷在接地导体球内的像电荷和像电荷到球心的距离，以及题目中给出的点电荷和点电荷到球心的距离一并代入力的计算公式，可算出点电荷对接地导体球的作用力

$$
\begin{aligned}
F &= \frac{QQ'}{4\pi\varepsilon_0(a-b)^2} \\
&= \frac{-5\times 2\times 10^{-8}}{4\times 3.14\times 8.85\times 10^{-12}\times (0.75-0.12)^2} \\
&\approx -2266.66(\text{N})
\end{aligned}
$$

下面再计算带电导体球对接地导体球的作用力。先算出带电导体球内替代电荷到球心的距离

$$
\begin{aligned}
b_2 &= \frac{a^2+R_2^2-R_1^2}{2a}-\frac{1}{2}\sqrt{\left(\frac{a^2+R_1^2-R_2^2}{a}\right)^2-4R_1^2} \\
&= \frac{0.75^2+0.15^2-0.3^2}{2\times 0.75}-0.294 \\
&\approx 0.036(\text{m})
\end{aligned}
$$

这就是带电导体球内替代电荷的偏心距，式中第二项 0.294 与上题 b_1 中的第二项相同，故未做计算。将算出的 b_1 和 b_2 以及其他已知条件代入力的计算公式，有

$$
\begin{aligned}
F &= \frac{QQ'}{4\pi\varepsilon_0(a-b_1-b_2)^2} \\
&= \frac{-5\times 2.1\times 10^{-8}}{4\times 3.14\times 8.85\times 10^{-12}\times (0.75-0.126-0.036)^2} \\
&\approx -2732.13(\text{N})
\end{aligned}
$$

这就是带电导体球对接地导体球的作用力，它大于球心处的等量点电荷对接地导体球的作用力。

42. 如果 40 题中带电导体球与接地导体球的大小相等，半径均为 $R=0.3\ \text{m}$，而其他条件不变，则接地导体球面上的感应电荷或球内像电荷和像电荷的偏心距是多少？两球的作用力是多少？

解：当接地导体球与其附近带电导体球大小相等时，带电导体球面电荷在接地导体球内的像电荷由下式算出为

$$
\begin{aligned}
Q' &= -\frac{2R-a+\sqrt{a^2-4R^2}}{a-2R+\sqrt{a^2-4R^2}}Q \\
&= -\frac{2\times0.3-0.75+\sqrt{0.75^2-4\times0.3^2}}{0.75-2\times0.3+\sqrt{0.75^2-4\times0.3^2}}\times(-5)\times10^{-4} \\
&\approx 2.5\times10^{-4}(\text{C})
\end{aligned}
$$

像电荷到球心的距离由下式算出为

$$
b=\frac{a-\sqrt{a^2-4R^2}}{2}=\frac{0.75-\sqrt{0.75^2-4\times0.3^2}}{2}\approx 0.15(\text{m})
$$

由于带电导体球与接地导体球大小相等，故接地导体球内像电荷到球心的距离与带电导体球内替代电荷到球心的距离相等，所以，这也是带电导体球内替代电荷到球心的距离。算出替代电荷和像电荷的偏心距以及像电荷后，就可由力的计算公式算出带电导体球对接地导体球的作用力

$$
\begin{aligned}
F &= \frac{QQ'}{4\pi\varepsilon_0(a-2b)^2} \\
&= \frac{-5\times2.5\times10^{-4}}{4\times3.14\times8.85\times10^{-12}\times(0.75-2\times0.15)^2} \\
&\approx -5553.31(\text{N})
\end{aligned}
$$

这就是带电导体球与接地导体球的半径均为 0.3m 时，带电导体球面上的电荷对接地导体球面上感应电荷的作用力。

43. 如果把 40 题中的接地导体球换成大小相同的中性导体球，而其他条件不变，像电荷有无变化？两球之间的作用力有无变化？

解：根据题意，本题的条件只是把 40 题中接地导体球的接地线剪断，而其他条件都不变。此时，球外点电荷在中性导体球面上感应出的正电荷，也就是中性导体球内的像电荷由 40 题算出为 $2\times10^{-4}\text{C}$，像电荷到球心的距离为 0.12 m。另外，当点电荷换成半径为 0.15 m 的带电导体球时，带电导体球面上的负电荷同样要在中性导体球面上感应出正电荷，由于两球的半径和带电导体球所带的电荷以及两球心距离均与 40 题相同，所以，带电导体球在中性导体球面上感应出的正电荷也与 40 题中的相同。因为球面上的感应电荷与球内像电荷的电量相等，符号相同，已由 40 题算出像电荷为 $2.1\times10^{-4}\text{C}$，像电荷到球心的距离为 0.126 m。即把 40 题中接地导体球换成中性导体球后，球外点电荷和带电导体球

面上的电荷在接地导体球与中性导体球上的感应电荷，即像电荷是相同的，像电荷到球心的距离也是相同的。但由于中性导体球与地面绝缘，因此，当球面上有感应正电荷时，球面上要多出等量的感应负电荷，并且感应负电荷不受约束而均匀分布在球面上。故球外点电荷或带电导体球面上的电荷与中性导体球的作用力，不仅只是球外点电荷或带电导体球面上的电荷与中性导体球面上感应正电荷的作用力，而且还有与感应负电荷的作用力。

因此，球外负的点电荷对中性导体球的作用力

$$F=\frac{1}{4\pi\varepsilon_0}\left[\frac{QQ'}{(a-b)^2}+\frac{Q(-Q')}{a^2}\right]$$
$$=\frac{10^{-8}}{4\times3.14\times8.85\times10^{-12}}\times\left[\frac{-5\times2}{(0.75-0.12)^2}+\frac{5\times2}{0.75^2}\right]$$
$$\approx-2266.66+1599.35$$
$$=-667.31(\text{N})$$

这就是球外负的点电荷对其附近中性导体球的作用力。而导体球面上的负电荷对中性导体球的作用力由下式算出为

$$F=\frac{1}{4\pi\varepsilon_0}\left[\frac{QQ'}{(a-b_1-b_2)^2}+\frac{Q(-Q')}{(a-b_2)^2}\right]$$
$$=\frac{10^{-8}}{4\times3.14\times8.85\times10^{-12}}\times\left[\frac{-5\times2.1}{(0.75-0.126-0.036)^2}+\frac{5\times2.1}{(0.75-0.036)^2}\right]$$
$$\approx-2732.13+1852.93$$
$$=-879.20(\text{N})$$

与 41 题算出的点电荷和带电导体球对接地导体球的作用力相比，点电荷或带电导体球对中性导体球的作用力小于点电荷或带电导体球对接地导体球的作用力，即与 41 题相比作用力变小了，但二者都是引力。

44. 设一导体球半径 $R_2=0.5\ \text{m}$，带电荷为 $-25\times10^{-5}\text{C}$，其附近有另一中性导体球，半径 $R_1=0.2\ \text{m}$，两球心距离为 1 m，问：中性导体球面上的感应电荷是多少？电势是多少？

解：根据题意，两球之间有静电感应，带负电荷导体球在中性导体球面上感应出正电荷。感应电荷的电量等于球内像电荷的电量，感应电荷在球外的电场等于球内像电荷在球外的电场。因此，只要算出像电荷，就等于算出了球面上的感应电荷。带电导体球面上的负电荷在中性导体球内的像电荷由下面式子算出，即

$$Q'=-\frac{R_2^2-(a-R_1)^2+\sqrt{\left[(a+R_1)^2-R_2^2\right]\left[(a-R_1)^2-R_2^2\right]}}{(a-R_1)^2-R_2^2+\sqrt{\left[(a+R_1)^2-R_2^2\right]\left[(a-R_1)^2-R_2^2\right]}}Q$$

式中各物理量都是题中给出的已知量，所以，将各已知量代入上式，可算出中性导体球内的像电荷为 $6.80\times10^{-5}\text{C}$。这就是带电导体球面上的负电荷在中性导体球面上的感应正电

荷，它在球面上分布不均匀。对中性导体球而言，球面上有感应正电荷就有感应负电荷，并且感应负电荷均匀分布在球面上，即在静电平衡时，中性导体球仍保持为等势体，电势

$$\varphi=\frac{-Q'}{4\pi\varepsilon_0 R_1}=\frac{-6.80\times10^{-5}}{4\times3.14\times8.85\times10^{-12}\times0.2}=-3.05\times10^6(\mathrm{V})$$

这是原中性导体球，或者受感球在静电平衡时的球面电势，也是整个导体球的电势。它是负值，表明中性导体球在受到球外负电荷的静电感应后，电势降低。

45. 上题中带电导体球对中性导体球的作用力是多少？

解：上题中给出了带电导体球所带的电荷，同时还算出了中性导体球内的像电荷，但要算出带电导体球对中性导体球的作用力，还要算出像电荷和带电导体球内替代电荷到球心的距离。而像电荷到球心的距离由下式算出

$$\begin{aligned}b_1&=\frac{a^2+R_1^2-R_2^2}{2a}-\frac{1}{2}\sqrt{\left(\frac{a^2+R_1^2-R_2^2}{a}\right)^2-4R_1^2}\\&=\frac{1+0.2^2-0.5^2}{2\times1}-\frac{1}{2}\sqrt{\left(\frac{1+0.2^2-0.5^2}{1}\right)^2-4\times0.2^2}\\&=0.395-0.341\\&\approx0.054(\mathrm{m})\end{aligned}$$

这是中性导体球内像电荷到球心的距离，即像电荷的偏心距。另外，带电导体球内替代电荷的偏心距

$$\begin{aligned}b_2&=\frac{a^2+R_2^2-R_1^2}{2a}-\frac{1}{2}\sqrt{\left(\frac{a^2+R_1^2-R_2^2}{a}\right)^2-4R_1^2}\\&=\frac{1+0.5^2-0.2^2}{2\times1}-0.341\\&\approx0.264(\mathrm{m})\end{aligned}$$

把上题算出的像电荷和本题算出的像电荷与替代电荷到球心的距离一并代入力的计算公式

$$F=\frac{1}{4\pi\varepsilon_0}\left[\frac{QQ'}{(a-b_1-b_2)^2}+\frac{Q(-Q')}{(a-b_2)^2}\right]$$

后，可算出带负电荷导体球对中性导体球的作用力为−46.43 N。

46. 如果把 44 题中的带电导体球换成半径为 0.2 m 的小球，而把中性导体球换成半径为 0.5 m 的大球，所带电荷和球心距离都保持不变，则中性导体球上的感应电荷和球面电势又是多少？与上题相比较如何？

解：本题的条件与 44 题相比，只是把带电导体球和中性导体球作了对换。即把 44 题中的带电导体球换成了本题中的中性导体球，因此，本题中的中性导体球，即受感球的

半径 $R_1 = 0.5\ \text{m}$；而带电导体球，也是施感球的半径 $R_2 = 0.2\ \text{m}$。因此，在计算像电荷时，只需在 44 题像电荷的计算公式中把 R_1 和 R_2 代成本题给出的值即可，其他物理量均与 44 题相同。算得中性导体球(大球)内的像电荷为 $13.2\times10^{-5}\text{C}$，它是带负电荷导体球在中性导体球面上的感应正电荷。与 44 题算出的像电荷相比，本题算得的像电荷比 44 题算出的像电荷大，即本题带电导体球在中性导体球面上的感应电荷比 44 题带电导体球在中性导体球面上的感应电荷多。这是因为本题中的中性导体球(即受感球)半径大，故球面也大，能接收到的电力线多，因此，感应出的电荷也多。因为在中性导体球面感应出正电荷的同时，要多出等量的负电荷，即感应负电荷。由于感应正电荷与施感球面上的负电荷在中性导体球(即受感球)面上的电势和为零，故中性导体球面上的感应负电荷均匀分布在球面上，中性导体球为等势球。球面电势

$$
\begin{aligned}
\varphi &= \frac{-Q'}{4\pi\varepsilon_0 R_1} \\
&= \frac{-13.2\times10^{-5}}{4\times3.14\times8.85\times10^{-12}\times0.5} \\
&\approx -2.38\times10^{6}(\text{V})
\end{aligned}
$$

这是中性导体球在与带负电荷导体球发生静电感应时的球面电势，它比 44 题算出的中性导体球的电势高。

47. 上题中两球的作用力是多少？与 45 题结果相比如何？

解：上题中的条件是中性导体球的半径 $R_1 = 0.5\ \text{m}$，其附近带电导体球的半径 $R_2 = 0.2\ \text{m}$，这正好与 44 题中的条件相反，但带电导体球所带的电荷和两球心距离与 44 题相同。44 题中两球的作用力已由 45 题算出，而上题中两球的作用力由本题算出，所以，在计算上题中两球作用力时，为了简便，可以直接借用 45 题已算出的有关数据。与 45 题相同，由于两球之间有静电感应，并且带电导体球带的是负电荷，因此，带电导体球在中性导体球面上有感应正电荷，感应正电荷在球内的替代电荷，即像电荷已由上题算出为 $Q' = 13.2\times10^{-5}\text{C}$。由于本题中的中性导体球，也就是受感球半径与 45 题中带电导体球半径相同，因此，本题算出像电荷到球心的距离(用 b_1 表示)就等于 45 题算出的带电导体球内替代电荷到球心的距离(用 b_2 表示)，为 0.264 m，即本题像电荷到球心的距离 $b_1 = 0.264\ \text{m}$。同样，本题中带电导体球内替代电荷到球心的距离等于 45 题中像电荷到球心的距离，即 $b_2 = 0.054\ \text{m}$。既然带电导体球所带电荷和两球心距离已知，而像电荷和像电荷到球心的距离以及带电导体球内替代电荷到球心的距离也给出，那么，两球之间的作用力就可以由力的计算公式算出

$$
\begin{aligned}
F &= \frac{1}{4\pi\varepsilon_0}\left[\frac{QQ'}{(a-b_1-b_2)^2} + \frac{Q(-Q')}{(a-b_2)^2}\right] \\
&= \frac{10^{-10}}{4\times3.14\times8.85\times10^{-12}}\times\left[\frac{-25\times13.2}{(1-0.264-0.054)^2} + \frac{25\times13.2}{(1-0.054)^2}\right] \\
&\approx -638.28 + 331.74 \\
&= -306.54(\text{N})
\end{aligned}
$$

这就是上题中带电导体球半径为0.2 m，中性导体球半径为0.5 m时，带电导体球与中性导体球之间的作用力。与45题中带电导体球半径为0.5 m，中性导体球半径为0.2 m时，两球之间的作用力相比，本题算出的作用力比45题算出的作用力大。即在球心距离和球面电荷相同的条件下，小球带电荷对中性大球的作用力比大球带电荷对中性小球的作用力大。

四、带异性电荷导体球之间的作用力

48. 设有两个导体球，A 球半径 $R_1=0.12\ \text{m}$，带电荷 $q=-3.37\times10^{-5}\text{C}$，$B$ 球半径 $R_2=0.06\ \text{m}$，带电荷 $Q=8\times10^{-5}\text{C}$，当两球心距离为 0.3 m 时，两球的作用力如何算出？大小是多少？

解：由于两球都带电荷，且带的是异性电荷，所以，两球电势不等，两球面之间的电力线由高电势球面发出，到达低电势球面。即两球之间的电力线由 B 球面上的正电荷发出，到达并终止于 A 球面上的负电荷。故本题中选择 B 球为施感球，A 球为受感球，故像电荷在 A 球内，它到球心的距离

$$\begin{aligned}b_1&=\frac{a^2+R_1^2-R_2^2}{2a}-\frac{1}{2}\sqrt{\left(\frac{a^2+R_1^2-R_2^2}{a}\right)^2-4R_1^2}\\&=\frac{0.3^2+0.12^2-0.06^2}{2\times0.3}-\frac{1}{2}\sqrt{\left(\frac{0.3^2+0.12^2-0.06^2}{0.3}\right)^2-4\times0.12^2}\\&\approx0.168-0.118\\&=0.05(\text{m})\end{aligned}$$

而 B 球内替代电荷到球心的距离

$$\begin{aligned}b_2&=\frac{a^2+R_2^2-R_1^2}{2a}-\frac{1}{2}\sqrt{\left(\frac{a^2+R_1^2-R_2^2}{a}\right)^2-4R_1^2}\\&\approx\frac{0.3^2+0.06^2-0.12^2}{2\times0.3}-0.118\\&=0.014(\text{m})\end{aligned}$$

求出 b_1 和 b_2 后，就可以由下面的式子算出像电荷，即

$$\begin{aligned}Q'&=-\frac{R_1-b_1}{a-b_2-R_1}Q\\&=-\frac{0.12-0.05}{0.3-0.014-0.12}\times8\times10^{-5}\\&\approx-3.37\times10^{-5}(\text{C})\end{aligned}$$

像电荷是在有静电感应的情况下，人们把球面上感应电荷在球外的电场用球内假想的替代电荷在球外的电场代替，该假想电荷就是像电荷，其大小等于球面上的感应电荷。但在本题中，A 球面本来就带负电荷，并且所带负电荷的电量正好等于上面算出的像电荷的电量，所以，B 球对 A 球的作用，实际上就是 B 球面上的正电荷对 A 球面所带负电荷的直接作用。这种正负电荷的作用就如同 A 球接地时，B 球面上正电荷与 A 球面上感应负电荷的作用一样，并且 A 球面所带负电荷的分布也跟 A 球接地时的感应负电荷分布

相同。因此，在静电平衡时，A 球面上负电荷在球外的电场也可以用球内替代电荷在球外的电场代替，该替代电荷就等同于 A 球接地时 B 球在 A 球内像电荷，即 $q=Q'$。故两球的作用力

$$\begin{aligned}F&=\frac{Qq}{4\pi\varepsilon_0\left(a-b_1-b_2\right)^2}\\&=\frac{QQ'}{4\pi\varepsilon_0\left(a-b_1-b_2\right)^2}\\&=\frac{-8\times3.37\times10^{-10}}{4\times3.14\times8.85\times10^{-12}\times\left(0.3-0.05-0.014\right)^2}\\&\approx-435.47(\mathrm{N})\end{aligned}$$

这就是本题要求的两带电导体球的作用力。它是两球所带电荷的直接作用，没有静电感应过程，但仍可用电像法求出。事实上，也可以设想两球之间有静电感应，并且 A 球面上感应电荷量等于像电荷，为 $-3.37\times10^{-5}\mathrm{C}$，有感应负电荷就要多出等量的感应正电荷。而感应正电荷与 A 球面所带负电荷相互抵消后为零，球面上没有自由电荷，两球之间的作用力只是 B 球所带电荷与感应负电荷的作用力，故仍是上式算出的结果。

49. 如果上题中 A 球所带电荷 q 减小为 $-2\times10^{-5}\mathrm{C}$，而其他条件保持不变，问：两球之间有无静电感应？作用力是多少？

解：仍以 B 球为施感球，A 球为受感球。由于两球半径、球心距离以及 B 球所带电荷保持不变，仍与上题相同。故由 B 球面发出并到达 A 球面的电力线仍与上题相同，所以 A 球面上受到 B 球面上正电荷吸引的负电荷也与上题相同，为 $-3.37\times10^{-5}\mathrm{C}$。它大于本题给出的 A 球所带负电荷的电量，因此，在受到 B 球吸引的负电荷中，除了 A 球所带的负电荷外，还有感应负电荷，并且感应负电荷与 A 球所带负电荷之和必须等于受到 B 球面正电荷吸引的电荷。故容易算出 A 球面上的感应负电荷为 $-1.48\times10^{-5}\mathrm{C}$。既然 A 球面上有感应负电荷，那么，A 球面上就要多出等量的感应正电荷，由于 A 球面为等势面，感应正电荷将均匀布在球面上。因此，两带电导体球的作用力，就是 B 球面上所带正电荷与 A 球面上所带负电荷和感应正负电荷的作用力。A 球面所带负电荷和感应负电荷之和与上题中算出的像电荷相等，故两球之间的作用力

$$\begin{aligned}F&=\frac{1}{4\pi\varepsilon_0}\left[\frac{QQ'}{\left(a-b_1-b_2\right)^2}+\frac{Q\left(q-Q'\right)}{\left(a-b_2\right)^2}\right]\\&=\frac{10^{-10}}{4\times3.14\times8.85\times10^{-12}}\times\left[\frac{-8\times3.37}{\left(0.3-0.05-0.014\right)^2}+\frac{8\times\left(-2+3.37\right)}{\left(0.3-0.014\right)^2}\right]\\&\approx-435.47+120.54\\&=-314.93(\mathrm{N})\end{aligned}$$

和上题比较，两球之间的作用力减小了。这是因为 A 球面上不仅有负电荷，而且还有感应正电荷，两球之间的作用力既有引力又有斥力，为引力和斥力之和。

50. 如果上题中两球大小和所带电荷不变，但两球心距离由 0.3 m 增加为 0.8 m，两带电导体球的作用力是多少？与电荷在球心处时的作用力相比较如何？

解：根据题意，两带电导体球的大小和所带电荷均与上题相同，即两带电导体球中，A 球半径 $R_1=0.12\ \text{m}$，带电荷 $q=-2\times10^{-5}\text{C}$，$B$ 球半径 $R_2=0.06\ \text{m}$，带电荷 $Q=8\times10^{-5}\text{C}$，但两球心距离由上题中的 0.3 m 增加为 0.8 m。此时，两球之间的距离仍为有限值，两球面电荷之间仍有作用力。选取 B 球为施感球，像电荷在 A 球内，像电荷到球心的距离仍由 48 题中的公式算出，只需把 48 题计算像电荷偏心距公式里的两球心距离 a 由 0.3 m 换成 0.8 m 即可，算得本题中像电荷到球心的距离 $b_1=0.018\ \text{m}$。同样，把 48 题计算替代电荷偏心距公式里的两球心距离 a 由 0.3 m 换成 0.8 m，算得 B 球内替代电荷到球心的距离 $b_2=0.004\ \text{m}$。算出 b_1 和 b_2 后，A 球内的像电荷就容易由下式算出，即

$$
\begin{aligned}
Q' &= -\frac{R_1-b_1}{a-b_1-b_2}Q \\
&= -\frac{0.12-0.018}{0.8-0.004-0.018}\times8\times10^{-5} \\
&\approx -1.049\times10^{-5}(\text{C})
\end{aligned}
$$

进而算出两带电导体球之间的作用力

$$
\begin{aligned}
F &= \frac{1}{4\pi\varepsilon_0}\left[\frac{QQ'}{(a-b_1-b_2)^2}+\frac{Q(q-Q')}{(a-b_2)^2}\right] \\
&= \frac{10^{-10}}{4\times3.14\times8.85\times10^{-12}}\times\left[\frac{-8\times1.049}{(0.8-0.018-0.004)^2}+\frac{8\times(-2+1.049)}{(0.8-0.004)^2}\right] \\
&\approx -23.28(\text{N})
\end{aligned}
$$

这就是本题条件下两球面电荷之间的作用力，也是两带电导体球之间的作用力。如果两球半径减小为零，即两球面电荷为两球心处的点电荷，则容易算出球心处两点电荷的作用力为−22.5 N。比较两球面电荷的作用力和两球心处点电荷的作用力，两球面电荷的作用力大于两球心处点电荷的作用力，但相差不大，这是因为两球心距离比较远。如果两球心距离继续增加，则二力的差别还要进一步减小，直至最后趋于相等。

51. 如果让 49 题中两球半径分别各缩小为原来 $\frac{1}{2}$，而其他条件不变，则两球之间的作用力有何变化？与电荷位于球心处时的作用力相比如何？

解：根据题意，本题中的两带电导体球为 A 球和 B 球，A 球半径 $R_1=0.06\ \text{m}$，带电荷 $q=-2\times10^{-5}\text{C}$，$B$ 球半径 $R_2=0.03\ \text{m}$，带电荷 $Q=8\times10^{-5}\text{C}$，两球心距离为 0.3 m。与 49 题中的条件相比，两球所带电荷和两球心距离相同，只是两球的半径分别各自缩小为原来 $\frac{1}{2}$。因为在两带电导体球的作用中，作用力的大小不仅与两球所带电荷和球心距离有关，而且还与两球的大小有关。在两球所带电荷和两球心距离不变的情况下，两球之间的

作用力将随着两球半径减小而减小。因为两球半径减小，球面也就减小，施感球在受感球内的像电荷减小，像电荷到球心的距离以及施感球内替代电荷到球心的距离也要减小。所以，本题中仍以 B 球为施感球，像电荷在 A 球内，其到球心的距离

$$\begin{aligned}b_1&=\frac{a^2+R_1^2-R_2^2}{2a}-\frac{1}{2}\sqrt{\left(\frac{a^2+R_1^2-R_2^2}{a}\right)^2-4R_1^2}\\&=\frac{0.3^2+0.06^2-0.03^2}{2\times0.3}-\frac{1}{2}\sqrt{\left(\frac{0.3^2+0.06^2-0.03^2}{0.3}\right)^2-4\times0.06^2}\\&=0.1545-0.1424\\&\approx0.012(\mathrm{m})\end{aligned}$$

而 B 球内替代电荷到球心的距离

$$\begin{aligned}b_2&=\frac{a^2+R_2^2-R_1^2}{2a}-\frac{1}{2}\sqrt{\left(\frac{a^2+R_1^2-R_2^2}{a}\right)^2-4R_1^2}\\&=\frac{0.3^2+0.03^2-0.06^2}{2\times0.3}-0.1424\\&\approx0.003(\mathrm{m})\end{aligned}$$

像电荷

$$\begin{aligned}Q'&=-\frac{R_1-b_1}{a-b_2-R_1}Q\\&=-\frac{0.06-0.012}{0.3-0.003-0.06}\times8\times10^{-5}\\&\approx-1.62\times10^{-5}(\mathrm{C})\end{aligned}$$

这是 A 球内的像电荷，它是 A 球面所带负电荷受到 B 球面上正电荷吸引后偏离球心分布的电荷在球内的替代电荷，是假想的点电荷。算出像电荷和 b_1 与 b_2 后，将像电荷和 b_1 与 b_2 代入力的计算公式

$$F=\frac{1}{4\pi\varepsilon_0}\left[\frac{QQ'}{(a-b_1-b_2)^2}+\frac{Q(q-Q')}{(a-b_2)^2}\right]$$

算得两带电导体球之间的作用力为−174.55 N。与 49 题的结果相比，该力小于 49 题算出的力，表明在球面电荷和两球心距离相同的情况下，带电导体球越大作用力越大，带电导体球越小作用力越小。如果两球半径为零，两球面电荷变为两球心处的点电荷，作用力最小，由库仑定律算出为−159.9 N。

52. 如果上题中两球的大小和所带电荷的电量以及两球心距离都不变，只是把 A 球所带的负电荷换成正电荷，B 球所带的正电荷换成负电荷，问：两球之间的作用力有无变化？像电荷及其偏心距有无变化？谁是施感球？

解：根据题意，有 A、B 两导体球，A 球半径 $R_1=0.06\,\mathrm{m}$，带正电荷 $q=2\times10^{-5}\mathrm{C}$，而

B 球半径 $R_2 = 0.03\ \text{m}$，带负电荷 $Q = -8\times10^{-5}\text{C}$，并两球心距离仍为 0.3 m。此时，$A$ 球的电势高于 B 球的电势，两球之间的电力线是由 A 球面上正电荷发出到达 B 球表面并终止于负电荷。但由于 B 球表面电势的绝对值仍大于 A 球表面电势的绝对值，故选择 B 球为施感球，A 球为受感球，像电荷仍在 A 球内。因为两球半径和球心距离不变，即仍与上题相同，所以，像电荷到球心的距离也与上题像电荷到球心的距离相同，由上题算出 $b_1 = 0.012\ \text{m}$。同样，B 球内替代电荷到球心的距离也与上题相同，即 $b_2 = 0.003\ \text{m}$。算出 b_1 和 b_2 后，就可算出像电荷

$$
\begin{aligned}
Q' &= -\frac{R_1 - b_1}{a - b_2 - R_1} Q \\
&= -\frac{0.06 - 0.012}{0.3 - 0.003 - 0.06} \times (-8) \times 10^{-5} \\
&= 1.62 \times 10^{-5}(\text{C})
\end{aligned}
$$

这是本题条件下，B 球面的负电荷在 A 球内的像电荷，与上题的像电荷相比，大小相等符号相反。算出像电荷及其偏心距后，两带电导体球的作用力

$$
\begin{aligned}
F &= \frac{1}{4\pi\varepsilon_0}\left[\frac{QQ'}{(a - b_1 - b_2)^2} + \frac{Q(q - Q')}{(a - b_2)^2}\right] \\
&= \frac{10^{-10}}{111.156\times10^{-12}} \times \left[\frac{-8\times1.62}{(0.3 - 0.012 - 0.003)^2} + \frac{-8\times(2 - 1.62)}{(0.3 - 0.003)^2}\right] \\
&\approx -143.54 - 31 \\
&= -174.54(\text{N})
\end{aligned}
$$

这是本题条件下算出的两带电导体球的作用力，与上题算出的两球作用力完全相等。

53. 设有两个大小相等的相邻导体球，半径均为 $R = 0.25\ \text{m}$，其中 B 球带正电荷 $Q = 16\times10^{-5}\text{C}$，$A$ 球带负电荷 $q = -12\times10^{-5}\text{C}$，当两球心距离为 1.2 m 时两球的作用力是多少？

解：因为两导体球带的是异性电荷，且两球相距不远，故两球之间有引力。选择 B 球为施感球，则 B 球面上正电荷对 A 球面上负电荷的作用，就如同 A 球接地时，B 球面上正电荷对 A 球面上感应负电荷的作用一样。区别只是后者有静电感应，而前者没有静电感应。所以，在计算两个带异性电荷导体球作用力时，也可用电像法来计算力。像电荷在 A 球内，像电荷到球心的距离

$$
b = \frac{a - \sqrt{a^2 - 4R^2}}{2} = \frac{1.2 - \sqrt{1.2^2 - 4\times0.25^2}}{2} \approx 0.055(\text{m})
$$

这既是 A 球内像电荷到球心的距离，也是 B 球内替代电荷到球心的距离。故像电荷

$$
\begin{aligned}
Q' &= -\frac{R-b}{a-b-R}Q \\
&= -\frac{0.25-0.055}{1.2-0.055-0.25}\times 16\times 10^{-5} \\
&\approx -3.49\times 10^{-5}(\text{C})
\end{aligned}
$$

算出像电荷和它到球心的距离后，两导体球之间的作用力由下式算出

$$
\begin{aligned}
F &= \frac{1}{4\pi\varepsilon_0}\left[\frac{QQ'}{(a-2b)^2}+\frac{Q(q-Q')}{(a-b)^2}\right] \\
&= \frac{10^{-10}}{4\times 3.14\times 8.85\times 10^{-12}}\times\left[\frac{-16\times 3.49}{(1.2-2\times 0.055)^2}+\frac{16\times(-12+3.49)}{(1.2-0.055)^2}\right] \\
&\approx -42.28-93.44 \\
&= -135.72(\text{N})
\end{aligned}
$$

这就是本题要求的两个大小相等带异性电荷导体球的作用力。

54. 如果将上题中的两导体球换成半径为 $R=0.05$ m 的小球，而其他条件不变，则两球的作用力是多少？与球面电荷集中到球心处时的作用力相比如何？

解：与上题相比，只是带电导体球的半径减小了，而其他条件都不变，即 A 球带电荷 $q=-12\times 10^{-5}\text{C}$，$B$ 球带电荷 $Q=16\times 10^{-5}\text{C}$，两球心距离为 1.2 m。因此，在计算两球作用力时，与上题的方法完全相同。仍以 B 球为施感球，A 球为受感球，像电荷在 A 球内，它到球心的距离

$$
b=\frac{a-\sqrt{a^2-4R^2}}{2}=\frac{1.2-\sqrt{1.2^2-4\times 0.05^2}}{2}\approx 0.002(\text{m})
$$

这也是 B 球内替代电荷到球心的距离。算出 b 后可进一步求出像电荷

$$
\begin{aligned}
Q' &= -\frac{R-b}{a-b-R}Q \\
&= -\frac{0.05-0.002}{1.2-0.002-0.05}\times 16\times 10^{-5} \\
&\approx -0.67\times 10^{-5}(\text{C})
\end{aligned}
$$

故两带电导体球的作用力

$$
\begin{aligned}
F &= \frac{1}{4\pi\varepsilon_0}\left[\frac{QQ'}{(a-2b)^2}+\frac{Q(q-Q')}{(a-b)^2}\right] \\
&= \frac{10^{-10}}{111.156\times 10^{-12}}\times\left[\frac{-16\times 0.67}{(1.2-2\times 0.002)^2}+\frac{16\times(-12+0.67)}{(1.2-0.002)^2}\right] \\
&\approx -6.74-113.63 \\
&= -120.37(\text{N})
\end{aligned}
$$

如果让球面上的电荷都集中到球心处，则容易算出两球心处点电荷的作用力为 −119.95 N。即两球面电荷的作用力近似等于两球心处点电荷的作用力。

55. 设有一导体球半径 $R_1 = 0.6\,\text{m}$，带电荷 $q = -6\times10^{-4}\text{C}$，而另一导体球半径 $R_2 = 0.3\,\text{m}$，带电荷 $Q = 6\times10^{-4}\text{C}$，当两球心距离 1.5 m 时，两球的作用力是多少？

解：因为两球表面带异性电荷，并且两球面电势的大小不等，故选择小球即 B 球为施感球，大球即 A 球为受感球，像电荷在 A 球内，像电荷到球心的距离由下式算出，即

$$b_1 = \frac{a^2 + R_1^2 - R_2^2}{2a} - \frac{1}{2}\sqrt{\left(\frac{a^2 + R_1^2 - R_2^2}{a}\right)^2 - 4R_1^2}$$

将题目中给出的两球半径和球心距离代入上式，可算出像电荷到球心的距离 $b_1 = 0.25\,\text{m}$。而 B 球内替代电荷到球心的距离由下式算出，即

$$b_2 = \frac{a^2 + R_2^2 - R_1^2}{2a} - \frac{1}{2}\sqrt{\left(\frac{a^2 + R_1^2 - R_2^2}{a}\right)^2 - 4R_1^2}$$

将已知条件代入上式，容易算出 B 球内替代电荷到球心的距离 $b_2 = 0.07\,\text{m}$。算出 b_1 和 b_2 后，像电荷的计算为

$$\begin{aligned} Q' &= -\frac{R_1 - b_1}{a - b_2 - R_1}Q \\ &= -\frac{0.6 - 0.25}{1.5 - 0.07 - 0.6}\times 6\times10^{-4} \\ &= -2.53\times10^{-4}\,(\text{C}) \end{aligned}$$

进而由两带电导体球作用力的计算公式

$$F = \frac{1}{4\pi\varepsilon_0}\left[\frac{QQ'}{(a - b_1 - b_2)^2} + \frac{Q(q - Q')}{(a - b_2)^2}\right]$$

算得两个带异性电荷导体球的作用力为−1896.78 N。另外容易算出当球面电荷集中到球心处时，两球心处点电荷的作用力为−1439.42 N，小于两球面上电荷的作用力。

56. 如果把上题中的两球的半径各自缩小为原来的 $\frac{1}{5}$，即 A 球半径 $R_1 = 0.12\,\text{m}$，B 球半径 $R_2 = 0.06\,\text{m}$，而球面上的电荷和两球心距离均保持不变，两球的作用力是多少？与电荷在球心处时的作用力相比如何？

解：与上题相比，只是两带电导体球的半径变小了，而其他条件都没有改变。因此，A 球带电荷 $q = -6\times10^{-4}\text{C}$，$B$ 球带电荷 $Q = 6\times10^{-4}\text{C}$，两球心距离 1.5 m。由于 A 球内像电荷和 B 球内替代电荷到球心的距离都与两球半径有关，所以，像电荷到球心的距离和替代电荷到球心的距离都要重新计算。将本题给出的两球半径和球心距离一并代入上题像电荷到球心的距离公式，算得像电荷到球心的距离 $b_1 = 0.01\,\text{m}$。同样，把本题给出的两球半径和球心距离代入上题替代电荷到球心的距离公式，算得 B 球内替代电荷到球心的距离 $b_2 = 0.002\,\text{m}$。进而算出像电荷

$$
\begin{aligned}
Q' &= -\frac{R_1 - b_1}{a - b_2 - R_1} Q \\
&= -\frac{0.12 - 0.01}{1.5 - 0.002 - 0.12} \times 6 \times 10^{-4} \\
&\approx -0.479 \times 10^{-4} (\mathrm{C})
\end{aligned}
$$

将算出的 b_1 与 b_2 以及像电荷一并代入下式

$$
F = \frac{1}{4\pi\varepsilon_0}\left[\frac{QQ'}{(a - b_1 - b_2)^2} + \frac{Q(q - Q')}{(a - b_2)^2}\right]
$$

可算出两带电导体球的作用力为−1444.83 N。如果电荷不是分布在球面上，而是集中在球心处，则容易算出两球心处点电荷的作用力为−1439.42 N。两点电荷的作用力仍然小于两球面电荷的作用力，但由于带电导体球半径相对于两球心距离很小，所以，两球面电荷的作用力与两球心处点电荷的作用力近似相等。

57. 设有 A 和 B 两导体球，A 球半径 $R_1 = 0.12\ \mathrm{m}$，带电荷 $q = 3\times10^{-4}\mathrm{C}$，$B$ 球半径 $R_2 = 0.06\ \mathrm{m}$，带电荷 $Q=-6\times10^{-4}\mathrm{C}$，当两球心距离为 1.5 m 时，两球的作用力是多少？

解：因为两球大小不等，所带电荷也不相等，A 球半径 $R_1 = 0.12\ \mathrm{m}$，所带电荷 $q = 3\times10^{-4}\mathrm{C}$，$B$ 球半径 $R_2 = 0.06\ \mathrm{m}$，所带电荷 $Q = -6\times10^{-4}\mathrm{C}$，故 B 球电势的绝对值大于 A 球电势的绝对值。选 B 球为施感球，A 球为受感球，像电荷在 A 球内，由于本题中两球半径和球心距离均与上题相同，且施感球和受感球也与上题相同，故 A 球内像电荷和 B 球内替代电荷到球心的距离也与上题相同。所以，A 球内像电荷到球心的距离 $b_1 = 0.01\ \mathrm{m}$，B 球内替代电荷到球心的距离 $b_2 = 0.002\ \mathrm{m}$。故像电荷由下式算出

$$
\begin{aligned}
Q' &= -\frac{R_1 - b_1}{a - b_2 - R_1} Q \\
&= -\frac{0.12 - 0.01}{1.5 - 0.002 - 0.12} \times (-6) \times 10^{-4} \\
&\approx 0.479 \times 10^{-4} (\mathrm{C})
\end{aligned}
$$

进而可由力的公式算出两球的作用力，即

$$
\begin{aligned}
F &= \frac{1}{4\pi\varepsilon_0}\left[\frac{QQ'}{(a - b_1 - b_2)^2} + \frac{Q(q - Q')}{(a - b_2)^2}\right] \\
&= \frac{10^{-8}}{111.156\times10^{-12}} \times \left[\frac{-6\times0.479}{(1.5 - 0.01 - 0.002)^2} + \frac{-6\times(3 - 0.479)}{(1.5 - 0.002)^2}\right] \\
&\approx -116.78 - 606.41 \\
&= -723.19(\mathrm{N})
\end{aligned}
$$

这就是本题条件下两带电导体球的作用力。与电荷在球心处时的作用力−719.71 N 相比，相差不到 4 N。

58. 一导体球 A 的半径 $R_1=0.5\text{ m}$，带电荷 $q=-0.5\times10^{-5}\text{C}$，另一导体球 B 的半径 $R_2=0.2\text{ m}$，带电荷 $Q=48\times10^{-5}\text{C}$，两球心距离为 1.5 m，两球的作用力是多少？如果让 A 球不带电，则两球的作用力又是多少？

解：选 B 球为施感球，B 球面上电荷在 A 球内像电荷到球心的距离由下式算出，即

$$b_1=\frac{a^2+R_1^2-R_2^2}{2a}-\frac{1}{2}\sqrt{\left(\frac{a^2+R_1^2-R_2^2}{a}\right)^2-4R_1^2}$$

将题中给出的两球半径和球心距离代入上式，算出 A 球内像电荷到球心的距离 $b_1=0.17\text{ m}$。B 球内替代电荷到球心的距离由下式算出，即

$$b_2=\frac{a^2+R_2^2-R_1^2}{2a}-\frac{1}{2}\sqrt{\left(\frac{a^2+R_1^2-R_2^2}{a}\right)^2-4R_1^2}$$

将式中各物理量代入题中给出的已知数，算出替代电荷到球心的距离 $b_2=0.03\text{ m}$。算出 b_1 和 b_2 后，A 球内的像电荷

$$\begin{aligned}Q'&=-\frac{R_1-b_1}{a-b_2-R_1}Q\\&=-\frac{0.5-0.17}{1.5-0.03-0.5}\times48\times10^{-5}\\&\approx-16.33\times10^{-5}(\text{C})\end{aligned}$$

进而由下式算出两球的作用力，即

$$F=\frac{1}{4\pi\varepsilon_0}\left[\frac{QQ'}{(a-b_1-b_2)^2}+\frac{Q(q-Q')}{(a-b_2)^2}\right]$$

式中各物理量都是已知或已经算出的量，将各物理量的数值代入上式，算出两球面上电荷的作用力 $F=-100.92\text{ N}$，这就是两带电导体球的作用力。

如果让 A 球不带电，则 B 球面上正电荷在 A 球内的像电荷和像电荷到球心的距离以及 B 球内替代电荷到球心的距离均与上面算出的结果相同，不同的只是 A 球面上除了感应正负电荷外，没有别的电荷，即 $q=0$。所以，只需将 $q=0$ 代入上面力的计算公式，就可算出带电导体球 B 与接地导体球 A 的作用力为−90.93 N。即比两带电导体球的作用力略小，相差 10 N。

59. 如果把上题中 B 球面上的正电荷换成负电荷，A 球面上的负电荷换成正电荷，而电量和球半径以及球心距离均保持不变，问：两球的作用力有无变化？

解：此时仍然取 B 球为施感球，因此，A 球内像电荷到球心的距离仍与上题相同，为 $b_1=0.17\text{ m}$，B 球内替代电荷到球心的距离也与上题相同，为 $b_2=0.03\text{ m}$。另外，既然 b_1、b_2 和 A 球半径以及两球心距离都与上题相同，那么，算出像电荷的电量也与上题相同，但符号相反，为 $Q'=16.33\times10^{-5}\text{C}$，因此，两球之间的作用力由下式算出

$$F=\frac{1}{4\pi\varepsilon_0}\left[\frac{QQ'}{(a-b_1-b_2)^2}+\frac{Q(q-Q')}{(a-b_2)^2}\right]$$
$$=\frac{10^{-10}}{111.156\times10^{-12}}\times\left[\frac{-48\times16.33}{(1.5-0.17-0.03)^2}+\frac{-48(0.5-16.33)}{(1.5-0.03)^2}\right]$$
$$\approx-417.26+316.34$$
$$=-100.92(\text{N})$$

与上题算得的结果相同。这是因为本题与上题不同的只是改变了两球所带电荷的符号，而其他均没有改变，仍与上题相同，所以，两球的作用力也应与上题相同。

60. 若将上题中两球所带的电荷互换，而其他条件不变，问：作用力是多少？与上题相比如何？与电荷集中于球心处时的作用力相比如何？

解：根据题意，上题中的 A 球半径(用 R_2 表示)为 0.5 m，带电荷 $Q=-48\times10^{-5}\text{C}$，$B$ 球半径(用 R_1 表示)为 0.2 m，带电荷 $q=0.5\times10^{-5}\text{C}$，两球心距离也与上题相同为 $a=1.5$ m。因此，本题的条件与上题相比，只是交换了两球面上的电荷，而两球大小和位置都没有改变。这对于点电荷而言，两电荷交换位置不会改变作用力大小，但对于带电导体球而言，两球面上的电荷交换后，两球的作用力一般都要改变。只有在两导体球大小相等时，才能保证球面上的电荷交换后不会影响到两球之间的作用力大小。在本题中，两球面上的电荷交换后，应选择 A 球为施感球，B 球为受感球，这正好与上题相反。因此，像电荷在 B 球内，像电荷到球心的距离(用 b_1 表示)，就是上题中 B 球内替代电荷到球心的距离，即 $b_1=0.03$ m。而替代电荷在 A 球内，替代电荷到球心的距离(b_2 表示)就是上题中像电荷到球心的距离，即 $b_2=0.17$ m。因此，容易算出 B 球内的像电荷

$$Q'=-\frac{R_1-b_1}{a-b_2-R_1}Q$$
$$=-\frac{0.2-0.03}{1.5-0.17-0.2}\times(-48)\times10^{-5}$$
$$\approx7.22\times10^{-5}(\text{C})$$

算出像电荷后，就可以由下面力的公式算出两带电导体球的作用力

$$F=\frac{1}{4\pi\varepsilon_0}\left[\frac{QQ'}{(a-b_1-b_2)^2}+\frac{Q(q-Q')}{(a-b_2)^2}\right]$$
$$=\frac{10^{-10}}{111.156\times10^{-12}}\times\left[\frac{-48\times7.22}{(1.5-0.03-0.17)^2}+\frac{-48\times(0.5-7.22)}{(1.5-0.17)^2}\right]$$
$$\approx-20.43(\text{N})$$

这就是上题中两导体球面电荷交换以后的两球作用力。与上题相比力变小了，但仍大于球面电荷集中于球心处时两点电荷的作用力。

61. 有两个带有正负电荷的导体球，其中 A 球半径 $R_1=0.6\text{ m}$，带电荷 $q=-3\times10^{-5}\text{C}$，$B$ 球半径 $R_2=0.3\text{ m}$，带电荷 $Q=3\times10^{-5}\text{C}$，当两球心距离 1.6 m 时，两球的作用力是多少？与两球面电荷集中于球心处时的作用力相比较如何？

解：两球大小不等，而所带正负电荷的电量相等，此时选择小球为施感球，大球为受感球。故像电荷在大球内，像电荷到球心的距离由下式算出

$$\begin{aligned}b_1&=\frac{a^2+R_1^2-R_2^2}{2a}-\frac{1}{2}\sqrt{\left(\frac{a^2+R_1^2-R_2^2}{a}\right)^2-4R_1^2}\\&=\frac{1.6^2+0.6^2-0.3^2}{2\times1.6}-\frac{1}{2}\sqrt{\left(\frac{1.6^2+0.6^2-0.3^2}{1.6}\right)^2-4\times0.6^2}\\&\approx0.8844-0.6497\\&=0.235(\text{m})\end{aligned}$$

小球内替代电荷到球心的距离由下式算出

$$\begin{aligned}b_2&=\frac{a^2+R_2^2-R_1^2}{2a}-\frac{1}{2}\sqrt{\left(\frac{a^2+R_1^2-R_2^2}{a}\right)^2-4R_1^2}\\&=\frac{1.6^2+0.3^2-0.6^2}{2\times1.6}-0.6497\\&\approx0.066(\text{m})\end{aligned}$$

故像电荷由下式算出

$$\begin{aligned}Q'&=-\frac{R_1-b_1}{a-b_2-R_1}Q\\&=-\frac{0.6-0.235}{1.6-0.066-0.6}\times3\times10^{-5}\\&\approx-1.172\times10^{-5}(\text{C})\end{aligned}$$

求出 b_1，b_2 和像电荷后，就可以由力的公式算出力，即

$$\begin{aligned}F&=\frac{1}{4\pi\varepsilon_0}\left[\frac{QQ'}{(a-b_1-b_2)^2}+\frac{Q(q-Q')}{(a-b_2)^2}\right]\\&=\frac{10^{-10}}{111.156\times10^{-12}}\times\left[\frac{-3\times1.172}{(1.6-0.235-0.066)^2}+\frac{3\times(-3+1.172)}{(1.6-0.066)^2}\right]\\&\approx-3.97(\text{N})\end{aligned}$$

这就是本题条件下两带电导体球的作用力。如果让球面电荷集中到球心处，两球心处点电荷的作用力容易算出为−3.16 N，故电荷在球面上时的作用力比集中于球心处时的作用力大，但二者相差不到 1 N。

五、带同性正电荷不等势导体球的作用力

62. 两带正电荷导体球之间的作用力如何求出？如果已知 A 球半径 $R_1 = 0.2\text{ m}$，B 球半径 $R_2 = 0.1\text{ m}$，两球均带有相同电荷 $Q = 6\times10^{-5}\text{C}$，问：当两球心距离 0.5 m 时，两球的作用力是多少？

解：当两带电导体球都带正电荷时，两球的电势可以相等，也可以不相等。当两带电导体球的电势不相等时，两球之间有静电感应，两球之间的电力线由高电势球面发出到达低电势球面，因此，低电势球面上有感应负电荷。并且感应负电荷在电场力的作用下偏向高电势球一边分布，到静电平衡时，高电势球面上的正电荷与感应负电荷在低电势球面上的电势和为零。从而低电势球面上正电荷将均匀分布在球面上。因此，当两个带正电荷导体球的电势不相等时，两球之间的作用力仍可用电像法求出。如果两带正电荷导体球的电势相等时，两球之间的作用力就不能用电像法求出，而用其他的公式算出。

当两带正电荷导体球的半径和球心距离以及所带电荷已知，并如题目给出的条件时，由于 B 球的电势高于 A 球的电势，B 球面发出的电力线将有一部分要到达 A 球面，即 A 球面上有感应负电荷。故选择 B 球为施感球，A 球为受感球，像电荷在 A 球内。像电荷到球心的距离由下式算出

$$\begin{aligned}
b_1 &= \frac{a^2+R_1^2-R_2^2}{2a} - \frac{1}{2}\sqrt{\left(\frac{a^2+R_1^2-R_2^2}{a}\right)^2 - 4R_1^2} \\
&= \frac{0.5^2+0.2^2-0.1^2}{2\times0.5} - \frac{1}{2}\sqrt{\left(\frac{0.5^2+0.2^2-0.1^2}{0.5}\right)^2 - 4\times0.2^2} \\
&\approx 0.28 - 0.196 \\
&= 0.084(\text{m})
\end{aligned}$$

而 B 球为施感球，B 球内替代电荷到球心的距离则由下式算出

$$\begin{aligned}
b_2 &= \frac{a^2+R_2^2-R_1^2}{2a} - \frac{1}{2}\sqrt{\left(\frac{a^2+R_1^2-R_2^2}{a}\right)^2 - 4R_1^2} \\
&\approx \frac{0.5^2+0.1^2-0.2^2}{2\times0.5} - 0.196 \\
&= 0.024(\text{m})
\end{aligned}$$

像电荷

$$\begin{aligned}
Q' &= -\frac{R_1-b_1}{a-b_2-R_1}Q \\
&= -\frac{0.2-0.084}{0.5-0.024-0.2}\times6\times10^{-5} \\
&\approx -2.52\times10^{-5}(\text{C})
\end{aligned}$$

故可算出 B 球对 A 球的作用力

$$F=\frac{1}{4\pi\varepsilon_0}\left[\frac{QQ'}{(a-b_1-b_2)^2}+\frac{Q(Q-Q')}{(a-b_2)^2}\right]$$

$$=\frac{10^{-10}}{111.156\times10^{-12}}\times\left[\frac{-6\times2.52}{(0.5-0.084-0.024)^2}+\frac{6\times(6+2.52)}{(0.5-0.024)^2}\right]$$

$$\approx-88.52+202.98$$

$$=114.46(\mathrm{N})$$

这就是两个带正电荷导体球的作用力，为斥力。容易算出电荷集中在球心处时的作用力为 129.55 N。此时两球心处点电荷的作用力大于两球面上正电荷的作用力，这是因为球面上所带同性正电荷的作用力有引力和斥力，即两球的作用力为引力和斥力的合力，是变化的力。

63. 保持上题中两球所带电荷和球心距离不变，而后让两球半径各减小二分之一，则两球面电荷的作用力是多少？

解：根据题意，A 球半径 $R_1=0.1\ \mathrm{m}$，B 球半径 $R_2=0.05\ \mathrm{m}$。即两球半径都比上题减小一半，而球心距离不变，则 A 球内像电荷和 B 球内替代电荷到球心的距离都要减小。其中像电荷到球心的距离

$$b_1=\frac{a^2+R_1^2-R_2^2}{2a}-\frac{1}{2}\sqrt{\left(\frac{a^2+R_1^2-R_2^2}{a}\right)^2-4R_2^2}$$

$$=\frac{0.5^2+0.1^2-0.05^2}{2\times0.5}-\frac{1}{2}\sqrt{\left(\frac{0.5^2+0.1^2-0.05^2}{0.5}\right)^2-4\times0.1^2}$$

$$\approx0.2575-0.2373$$

$$\approx0.02(\mathrm{m})$$

B 球内替代电荷到球心的距离

$$b_2=\frac{a^2+R_2^2-R_1^2}{2a}-\frac{1}{2}\sqrt{\left(\frac{a^2+R_1^2-R_2^2}{a}\right)^2-4R_1^2}$$

$$=\frac{0.5^2+0.05^2-0.1^2}{2\times0.5}-0.2373$$

$$\approx0.005(\mathrm{m})$$

像电荷

$$Q'=-\frac{R_1-b_1}{a-b_2-R_1}Q$$

$$=-\frac{0.1-0.02}{0.5-0.005-0.1}\times6\times10^{-5}$$

$$\approx-1.215\times10^{-5}(\mathrm{C})$$

故 B 球面上电荷对 A 球面上电荷的作用力

$$F=\frac{1}{4\pi\varepsilon_0}\left[\frac{QQ'}{(a-b_1-b_2)^2}+\frac{Q(Q-Q')}{(a-b_2)^2}\right]$$
$$=\frac{10^{-10}}{111.156\times10^{-12}}\times\left[\frac{-6\times1.215}{(0.5-0.02-0.005)^2}+\frac{6\times(6+1.215)}{(0.5-0.005)^2}\right]$$
$$\approx-29.07+158.96$$
$$=129.9(\mathrm{N})$$

这就是上题中两球半径各减小一半时，两球面上正电荷的作用力，也是两带电导体球的作用力，比上题相比力增大了。

64. 设62题中两球的大小和所带电荷不变，而是将两球心距离由0.5 m增加到2 m，则两球的作用力有何变化？与两球面电荷集中在球心处时的库仑力相比如何？

解：既然两球的半径不变，那么，受感球内像电荷到球心的距离以及施感球内替代电荷到球心的距离只是两球心距离的函数，并随着球心距离的增加而减小，随着球心距离的缩短而增大。因此，当两球心距离由62题中的0.5m增加到本题中的2 m时，A球内像电荷到球心的距离和B球内替代电荷到球心的距离都要缩短。其中像电荷到球心的距离由下式算出，即

$$b_1=\frac{a^2+R_1^2-R_2^2}{2a}-\frac{1}{2}\sqrt{\left(\frac{a^2+R_1^2-R_2^2}{a}\right)^2-4R_1^2}$$

将62题给出的A球半径$R_1=0.2\ \mathrm{m}$和B球半径$R_2=0.1\ \mathrm{m}$以及两球心距离$a=2\ \mathrm{m}$一并代入上式，算出A球内像电荷到球心的距离$b_1=0.02\ \mathrm{m}$。同样，把上题给出的两球半径和本题给出的两球心距离一并代入替代电荷到球心的距离公式

$$b_2=\frac{a^2+R_2^2-R_1^2}{2a}-\frac{1}{2}\sqrt{\left(\frac{a^2+R_1^2-R_2^2}{a}\right)^2-4R_1^2}$$

算出B球内替代电荷到球心的距离$b_2=0.005\ \mathrm{m}$。算出b_1和b_2后，就可算出像电荷

$$Q'=-\frac{R_1-b_1}{a-b_2-R_1}Q$$
$$=-\frac{0.2-0.02}{2-0.005-0.2}\times6\times10^{-5}$$
$$\approx-0.602\times10^{-5}(\mathrm{C})$$

故两球的作用力

$$F=\frac{1}{4\pi\varepsilon_0}\left[\frac{QQ'}{(a-b_1-b_2)^2}+\frac{Q(Q-Q')}{(a-b_2)^2}\right]$$
$$=\frac{10^{-10}}{111.156\times10^{-12}}\times\left[\frac{-6\times0.602}{(2-0.02-0.005)^2}+\frac{6\times(6+0.602)}{(2-0.005)^2}\right]$$
$$\approx-0.83+8.95$$
$$=8.12(\mathrm{N})$$

这是 62 题中两球心距离增加到 2 m 时，两带电导体球的作用力。与 62 题相比，作用力变小了。另外，如果让球面上的电荷都集中到球心处，容易算出两球心处点电荷的作用力为 8.1 N，即与两球面上电荷的作用力近似相等。

65. 设 62 题中的 A 球半径不变，两球心距离和两球所带电荷也不变，只改变 B 球的大小，让 B 球的半径减小为 0.05 m 和零，问：两种情况下的作用力是多少？

解：根据题意，62 题中的 A 球半径 $R_1 = 0.2\text{ m}$，两球所带电荷 $Q = 6\times10^{-5}\text{C}$，球心距离 $a = 0.5$ m。但是改变了 B 球的大小，一是把 B 球换成一个半径为 0.05 m 的更小的球，二是让 B 球的半径继续减小为零。此时，仍以 B 球面电荷和球心处的电荷为施感电荷，A 球为受感球，因此，当 B 球半径 R_2 不为零，而是为 0.05 m 时，B 球在 A 球内的像电荷到球心的距离仍由下式算出，即

$$b_1 = \frac{a^2 + R_1^2 - R_2^2}{2a} - \frac{1}{2}\sqrt{\left(\frac{a^2 + R_1^2 - R_2^2}{a}\right)^2 - 4R_1^2}$$

将已知条件代入上式算出 A 球像电荷到球心的距离 $b_1 = 0.081\text{ m}$。而 B 球内替代电荷到球心的距离由下式算出，即

$$b_2 = \frac{a^2 + R_2^2 - R_1^2}{2a} - \frac{1}{2}\sqrt{\left(\frac{a^2 + R_1^2 - R_2^2}{a}\right)^2 - 4R_1^2}$$

代入已知条件后容易算出 B 球内替代电荷到球心的距离 $b_2 = 0.006\text{ m}$。进而由下式算出像电荷

$$\begin{aligned}Q' &= -\frac{R_1 - b_1}{a - b_2 - R_1}Q \\ &= -\frac{0.2 - 0.081}{0.5 - 0.006 - 0.2}\times 6\times10^{-5} \\ &\approx -2.43\times10^{-5}(\text{C})\end{aligned}$$

算出 b_1，b_2 和像电荷后，就可以由力的计算公式

$$F = \frac{1}{4\pi\varepsilon_0}\left[\frac{QQ'}{(a - b_1 - b_2)^2} + \frac{Q(Q - Q')}{(a - b_2)^2}\right]$$

算出两带电导体球的作用力为 109.56 N。

如果 B 球半径继续减小为零时，把 $R_2 = 0$ 代入像电荷的偏心距公式，则像电荷到球心的距离可由下面的简化公式算出，即

$$b_1 = \frac{R_1^2}{a} = \frac{0.2^2}{0.5} = 0.08(\text{m})$$

而 $b_2 = 0$，故像电荷为

$$Q' = -\frac{R_1}{a}$$
$$= -\frac{0.2}{0.5} \times 6 \times 10^{-5}$$
$$= -2.4 \times 10^{-5}(\text{C})$$

进一步算出球外点电荷对带电导体球的作用力

$$F = \frac{1}{4\pi\varepsilon_0}\left[\frac{QQ'}{(a-b_1)^2} + \frac{Q(Q-Q')}{a^2}\right]$$
$$= \frac{10^{-10}}{4\times 3.14\times 8.85\times 10^{-12}}\left[\frac{-6\times 2.4}{(0.5-0.08)^2} + \frac{6\times(6+2.4)}{0.5^2}\right]$$
$$\approx -73.44 + 181.37$$
$$= 107.93(\text{N})$$

比较两种情况下的作用力得出，当 B 球(即施感球)的半径很小时，它对 A 球的作用力与 B 球心处点电荷对 A 球的作用力相差很小，近似相等。

66. 如果 62 题中的两球心距离由 0.5 m 缩短为 0.35 m，而其他的条件不变，问：两球的作用力是多少？是斥力还是引力？

解：由 62 题中两球作用力的计算公式看出，两个带正电荷导体球的作用力由两项组成，第一项为引力，第二项为斥力，并且引力和斥力的大小都与两球半径和球心距离的长度有关。所以，当第一项的引力大于第二项的斥力时，两球的作用力为引力，反之，当第一项的引力小于第二项的斥力时，两球的作用力为斥力。在本题的条件中，A 球半径 $R_1 = 0.2\text{ m}$，B 球半径 $R_2 = 0.1\text{ m}$，两球均带有相同的正电荷 $Q = 6\times 10^{-5}\text{C}$，球心距离 $a = 0.35\text{ m}$。以 B 球为施感球，像电荷在 A 球内，像电荷到球心的距离

$$b_1 = \frac{a^2 + R_1^2 - R_2^2}{2a} - \frac{1}{2}\sqrt{\left(\frac{a^2 + R_1^2 - R_2^2}{a}\right)^2 - 4R_1^2}$$
$$= \frac{0.35^2 + 0.2^2 - 0.1^2}{2\times 0.35} - \frac{1}{2}\sqrt{\left(\frac{0.35^2 + 0.2^2 - 0.1^2}{0.35}\right)^2 - 4\times 0.2^2}$$
$$\approx 0.218 - 0.086$$
$$= 0.132(\text{m})$$

B 球内替代电荷到球心的距离

$$b_2 = \frac{a^2 + R_2^2 - R_1^2}{2a} - \frac{1}{2}\sqrt{\left(\frac{a^2 + R_1^2 - R_2^2}{a}\right)^2 - 4R_1^2}$$
$$= \frac{0.35^2 + 0.1^2 - 0.2^2}{2\times 0.35} - 0.086$$
$$\approx 0.046(\text{m})$$

像电荷

$$\begin{aligned}Q' &= -\frac{R_1 - b_1}{a - b_2 - R_1}Q \\ &= -\frac{0.2 - 0.132}{0.35 - 0.046 - 0.2} \times 6 \times 10^{-5} \\ &\approx -3.923 \times 10^{-5}(\text{C})\end{aligned}$$

求出像电荷和像电荷到球心的距离，以及施感球内替代电荷到球心的距离后，就可以由下式算出两带电导体球的作用力

$$\begin{aligned}F &= \frac{1}{4\pi\varepsilon_0}\left[\frac{QQ'}{(a - b_1 - b_2)^2} + \frac{Q(Q - Q')}{(a - b_2)^2}\right] \\ &= \frac{10^2}{111.156} \times \left[\frac{-6 \times 3.923}{(0.35 - 0.132 - 0.046)^2} + \frac{6 \times (6 + 3.923)}{(0.35 - 0.046)^2}\right] \\ &\approx -715.78 + 579.58 \\ &= -136.2(\text{N})\end{aligned}$$

这是 62 题中两球心距离缩短为 0.35m 时，两带电导体球的作用力，为引力。因为两球心距离缩短，两球面间的距离更近，B 球面上的正电荷在 A 球面感应出的负电荷更多，并且正负电荷之间的距离很近，所以，引力比斥力大，引力与斥力的合力为引力。

67. 如果 62 题中两球心距离 $a = 0.365$ m，而其他条件不变，则两球的作用力是多少？试说明该力与球心距离的关系如何？

解：与 62 题相比，或与上题相比，不同的只是两球心距离，上题中两球心距离为 0.35 m，而本题中的两球心距离为 0.365 m。其他条件完全与上题相同，即 A 球半径 $R_1 = 0.2$ m，B 球半径 $R_2 = 0.1$ m，两球所带电荷同为 6×10^{-5}C。所以，仍以 B 球为施感球，像电荷在 A 球内，像电荷到球心的距离由上题公式算出，只需把上题计算公式中的球心距离 0.35 换成本题给出的 0.365 m，就可算出 A 球内像电荷到球心的距离 $b_1 = 0.124$ m，B 球内替代电荷到球心的距离 $b_2 = 0.0414$ m，进而算出像电荷 $Q' = -3.68\times10^{-5}$C。给出上述物理量后，就可以算出两球的作用力

$$\begin{aligned}F &= \frac{1}{4\pi\varepsilon_0}\left[\frac{QQ'}{(a - b_1 - b_2)^2} + \frac{Q(Q - Q')}{(a - b_2)^2}\right] \\ &= \frac{10^2}{111.156} \times \left[\frac{-6 \times 3.68}{(0.365 - 0.124 - 0.0414)^2} + \frac{6 \times (6 + 3.68)}{(0.365 - 0.0414)^2}\right] \\ &\approx -498.6 + 498.9 \\ &= 0\end{aligned}$$

这是 62 题中两球心距离 $a = 0.365$ m 时，两球的作用力，近似等于零。表明两个带正电荷导体球的电势不相等时，两球的作用力为引力和斥力的合力。而引力和斥力的大小与两球半径和两球心距离以及球面所带电荷有关。当两球大小和所带电荷确定时，引力和斥力只是两球心距离的函数，随着两球心距离的缩短，引力增大斥力减小，反之，随着两球心距

离的增加，则引力减小斥力增大。所以，总有一个位置，正好引力和斥力相等，引力和斥力的合力为零，即两球的作用力为零。因此，两个不等势带正电荷导体球的作用力与两球心距离的关系是：当两球大小和球面电荷一定时，两球心距离最近则为引力最大，随着两球心距离逐渐增加，引力逐渐减小直至为零；当两球心距离继续增加时，两球的作用力又由零开始变成斥力，随着球心距离的继续增加，斥力也逐渐增大，到斥力为最大时，再增加两球心距离，斥力又逐渐减小，直到两球心距离为无穷大时，两球的作用力为零。

68. 如果把 62 题中 A 球所带电荷减小为 $q=1.2\times10^{-5}\text{C}$，而其他条件仍与 62 题相同，则两球的作用力又将如何？

解：在两带电导体球中，以 B 球为施感球，A 球为受感球，像电荷在 A 球内。因为两球半径和两球心距离均与 62 题相同，因此，像电荷到球心距离也与 62 题相同，故由 62 题算出像电荷到球心的距离 $b_1=0.084\text{ m}$，同样，B 球内替代电荷到球心的距离也与 62 题相同，故由 62 题算出 $b_2=0.024\text{ m}$。既然像电荷和替代电荷到球心的距离均与 62 题相同，那么，像电荷也一定与 62 题相同，已由 62 题算出 $Q'=-2.52\times10^{-5}\text{C}$。有了上述条件后，就可以算两带电导体球的作用力

$$
\begin{aligned}
F&=\frac{1}{4\pi\varepsilon_0}\left[\frac{QQ'}{(a-b_1-b_2)^2}+\frac{Q(q-Q')}{(a-b_2)^2}\right]\\
&=\frac{10^{-10}}{111.156\times10^{-12}}\times\left[\frac{-6\times2.52}{(0.5-0.084-0.024)^2}+\frac{6\times(1.2+2.52)}{(0.5-0.024)^2}\right]\\
&=-88.52+88.62\\
&\approx0
\end{aligned}
$$

即当保持 62 题中 A 球半径为 0.2 m，B 球半径为 0.1 m，两球心距离为 0.5 m，且 B 球所带电荷为 $6\times10^{-5}\text{C}$ 不变时，两球的作用力与 A 球所带正电荷的电量有关。当 A 球所带电荷与 B 球所带电荷相同，也是 $6\times10^{-5}\text{C}$ 时，则两球的作用力为 62 题算出的值，即 113.85 N，当 A 球所带电荷减小为本题目的条件时，则算出两球的作用力近似为零。

69. 保留上题中的其他条件不变，只将 A 球所带电荷略为增大和减小，分别为 $q=1.5\times10^{-5}\text{C}$ 和 $q=1\times10^{-5}\text{C}$，此时两球之间的作用力是多少？引力还是斥力？

解：由上题算出当 A 球带电荷 $q=1.2\times10^{-5}\text{C}$ 时，两球的作用力近似为零。那么，本题给出的 A 球所带电荷略大于和略小于上题 A 球所带电荷时，两球的作用力又将如何呢？下面将给出具体计算。选择 B 球为施感球，像电荷在 A 球内，替代电荷在 B 球内。由于两球半径和球心距离均与 62 题或者上题相同，则像电荷和替代电荷到球心距离也与 62 题或者上题相同，故由 62 题算出 A 球内像电荷到球心的距离 $b_1=0.084\text{ m}$，B 球内替代电荷到球心的距离 $b_2=0.024\text{ m}$。又因为施感球，即 B 球所带电荷与 62 题相同，故像电荷也与 62 题相同，为 $Q'=-2.52\times10^{-5}\text{C}$，进而可算出两球的作用力。当 A 球带电荷 $q=1.5\times10^{-5}\text{C}$ 时，两球之间的作用力

$$
\begin{aligned}
F&=\frac{1}{4\pi\varepsilon_0}\left[\frac{QQ'}{(a-b_1-b_2)^2}+\frac{Q(q-Q')}{(a-b_2)^2}\right]\\
&=\frac{10^{-10}}{111.156\times10^{-12}}\times\left[\frac{-6\times2.52}{(0.5-0.084-0.024)^2}+\frac{6\times(1.5+2.52)}{(0.5-0.024)^2}\right]\\
&\approx-88.52+95.77\\
&=7.25(\text{N})
\end{aligned}
$$

算出两球的作用力为斥力。而当 A 球所带电荷 $q=1\times10^{-5}\text{C}$ 时，同样由上式算出两球之间的作用力

$$
\begin{aligned}
F&=\frac{1}{4\pi\varepsilon_0}\left[\frac{QQ'}{(a-b_1-b_2)^2}+\frac{Q(q-Q')}{(a-b_2)^2}\right]\\
&=\frac{10^{-10}}{111.156\times10^{-12}}\times\left[\frac{-6\times2.52}{(0.5-0.084-0.024)^2}+\frac{6\times(1+2.52)}{(0.5-0.024)^2}\right]\\
&\approx-88.52+83.86\\
&=-4.66(\text{N})
\end{aligned}
$$

此时，算出两球的作用力为引力。由上题和本题的结果看出，当两导体球的半径和球心距离以及施感球所带电荷一定时，两带电导体球之间的作用力将随着受感球所带电荷的变化而变化。当受感球所带电荷为零时，即受感球为中性导体球时，两球之间的作用力有引力和斥力，但引力最大斥力最小，两球之间的合力为引力最大。随着受感球所带正电荷的逐渐增加，两球之间的引力逐渐减小，斥力逐渐增大，到受感球所带电荷增加到一定量时，引力和斥力相等，两球之间的作用力为零。随着受感球所带正电荷逐渐增大，两球之间的斥力大于引力，两球所受到的合力为斥力。

70. 设有两个大小相等的导体球，半径 $R=0.5\text{ m}$，其中 A 球带电荷 $q=3\times10^{-4}\text{C}$，B 球带电荷 $Q=5\times10^{-4}\text{C}$，问：两球之间的作用力如何算出？当两球心距离为 $a=2\text{ m}$ 时，两球的作用力是多少？

解：由于两球的电势不等，并且 B 球的电势高于 A 球的电势，故两球之间有静电感应，两球之间的作用力由电像法求出。选取 B 球为施感球，A 球为受感球，像电荷在 A 球内，替代电荷在 B 球内。由于两球半径相等，像电荷到球心的距离与替代电荷到球心的距离相等，用 b 表示，由下式算出

$$
b=\frac{a-\sqrt{a^2-4R^2}}{2}=\frac{2-\sqrt{2^2-4\times0.5^2}}{2}\approx0.134(\text{m})
$$

而像电荷

$$
\begin{aligned}
Q'&=-\frac{R-b}{a-b-R}Q\\
&=-\frac{0.5-0.134}{2-0.134-0.5}\times5\times10^{-4}\\
&\approx-1.34\times10^{-4}(\text{C})
\end{aligned}
$$

进而算出两带电导体球之间的作用力

$$
\begin{aligned}
F&=\frac{1}{4\pi\varepsilon_0}\left[\frac{QQ'}{(a-2b)^2}+\frac{Q(q-Q')}{(a-b)^2}\right]\\
&=\frac{10^{-8}}{111.156\times10^{-12}}\times\left[\frac{-5\times1.34}{(2-2\times0.134)^2}+\frac{5\times(3+1.34)}{(2-0.134)^2}\right]\\
&\approx-200.93+560.66\\
&=359.73(\mathrm{N})
\end{aligned}
$$

这就是本题中两个带电导体球的作用力，为斥力。

71. 把上题中的两球换成半径 $R=0.1\,\mathrm{m}$ 的小球，而其他条件均保持不变，则两球的作用力是多少？如果两球半径继续减小为零，两球心处点电荷的作用力又是多少？

解：根据题意，可直接算出 A 球内像电荷到球心的距离和 B 球内替代电荷到球心的距离

$$
b=\frac{a-\sqrt{a^2-4R^2}}{2}=\frac{2-\sqrt{2^2-4\times0.1^2}}{2}\approx0.005(\mathrm{m})
$$

而像电荷

$$
\begin{aligned}
Q'&=-\frac{R-b}{a-b-R}Q\\
&=-\frac{0.1-0.005}{2-0.005-0.1}\times5\times10^{-4}\\
&\approx-0.25\times10^{-4}(\mathrm{C})
\end{aligned}
$$

进而算出两带电导体球的作用力

$$
\begin{aligned}
F&=\frac{1}{4\pi\varepsilon_0}\left[\frac{QQ'}{(a-2b)^2}+\frac{Q(q-Q')}{(a-b)^2}\right]\\
&=\frac{10^{-8}}{111.156\times10^{-12}}\times\left[\frac{-5\times0.25}{(2-2\times0.005)^2}+\frac{5\times(3+0.25)}{(2-0.005)^2}\right]\\
&\approx-28.4+367.31\\
&=338.91(\mathrm{N})
\end{aligned}
$$

这是本题条件下，两带电导体小球的作用力，为斥力。如果让两球的半径继续减小为零，则两球心处点电荷的作用力由库仑定律算出

$$
F=\frac{Qq}{4\pi\varepsilon_0a^2}=\frac{5\times3\times10^{-8}}{4\times3.14\times8.85\times10^{-12}\times2^2}\approx337.36(\mathrm{N})
$$

与上面算出的两个带电小球的作用力近似相等。

72. 若把 70 题中两带电导体球换成半径 $R=0.9\,\mathrm{m}$ 的大球，而其他条件不变，问：两带电导体球之间是相互吸引还是相互排斥？

解：要回答题目中的问题，就要对两球的作用力作出计算。因为两球半径相等，所带

电荷仍与 70 题相同，故选 B 球为施感球，A 球为受感球，像电荷在 A 球内。因为两球心距离仍与 70 题相同，为 2 m，而两球半径相等，由题中给出，故像电荷到球心的距离和替代电荷到球心的距离相等，由下式算出

$$b=\frac{a-\sqrt{a^2-4R^2}}{2}=\frac{2-\sqrt{2^2-4\times0.9^2}}{2}\approx0.564(\mathrm{m})$$

而像电荷

$$\begin{aligned}Q'&=-\frac{R-b}{a-b-R}Q\\&=-\frac{0.9-0.564}{2-0.564-0.9}\times5\times10^{-4}\\&\approx-3.134\times10^{-4}(\mathrm{C})\end{aligned}$$

故两球之间的作用力

$$\begin{aligned}F&=\frac{1}{4\pi\varepsilon_0}\left[\frac{QQ'}{(a-b_1-b_2)^2}+\frac{Q(q-Q')}{(a-b_2)^2}\right]\\&=\frac{10^{-8}}{4\times3.14\times8.85\times10^{-12}}\times\left[\frac{-5\times3.134}{(2-2\times0.564)^2}+\frac{5\times(3+3.134)}{(2-0.564)^2}\right]\\&\approx-1853.97+1338.05\\&=-515.92(\mathrm{N})\end{aligned}$$

这就是 70 题中两球半径增加为 0.9 m 时，两导体球的作用力，为引力。故两导体球之间互相吸引。这与 70 题不同，70 题中两球半径为 0.5 m 时，两球之间的作用力为斥力，两球之间互相排斥。

73. 在 70 题中，如果受感球 A 不带电，则两球的作用力是多少？如果让 A 球也带电，电荷 $q=0.215\times10^{-4}\mathrm{C}$，两球的作用力又是多少？

解：由题意知，保持 70 题中两球半径和球心距离不变，B 球所带电荷也不变，而只是改变受感球 A 的表面电荷。此时，两球之间作用力的计算仍与 70 题相同，但结果必然不同。由于两球半径和两球心距离均与 70 题相同，故像电荷和替代电荷到球心的距离也与 70 题相同，已由 70 题算出 $b=0.134\ \mathrm{m}$。另外，由于施感球为 B 球，而 B 球所带的电荷没有改变，仍与 70 题相同，因此，像电荷也与 70 题的相同，已由 70 题算出 $Q'=-1.34\times10^{-4}\mathrm{C}$。所以，当受感球 A 带电荷 $q=0$ 时，两球之间的作用力

$$\begin{aligned}F&=\frac{1}{4\pi\varepsilon_0}\left[\frac{QQ'}{(a-2b)^2}+\frac{Q(q-Q')}{(a-b)^2}\right]\\&=\frac{10^{-8}}{4\times3.14\times8.85\times10^{-12}}\times\left[\frac{-5\times1.34}{(2-2\times0.134)^2}+\frac{5\times(0+1.34)}{(2-0.134)^2}\right]\\&\approx-200.92+173.1\\&=-27.82(\mathrm{N})\end{aligned}$$

这是 70 题中 A 球不带电时两球的作用力，为引力。如果让 A 球也带上题目中给出的正电荷，两球的作用力仍由上式算出，并且只需要把上题中的 q 代成 0.215×10^{-4}C 即可，算得两球的作用力 $F\approx0$。由本题算出的结果再结合 70 题的结果可看出，在两球的大小、两球心之间的距离以及施感球所带电荷不变的情况下，两个带正电荷导体球之间的作用力与受感球所带电荷有关。当受感球带电荷为零时，两球之间为引力大于斥力，合力为引力。随着受感球所带正电荷逐渐增加，两球之间的引力逐渐减小，斥力逐渐增大；受感球所带正电荷增大到一定量值时，两球之间的引力等于斥力，合力为零；若受感球所带电荷继续增大，则两球之间的斥力大于引力，合力为斥力。

74. 在 70 题中，保持两球大小和所带电荷不变，两球心距离增加为 10 m，则两球之间的作用力是多少？此时，如果让球面电荷集中在球心处时作用力又是多少？

解：虽然两带电导体球之间的距离比较远，但由于两球所带电荷也比较大，所以，两球之间仍有作用力。事实上，可由已知条件算出 A 球内像电荷到球心的距离

$$b=\frac{a-\sqrt{a^2-4R^2}}{2}=\frac{10-\sqrt{10^2-4\times0.5^2}}{2}\approx0.025(\text{m})$$

这是 B 球内替代电荷到球心的距离。而像电荷

$$Q'=-\frac{R-b}{a-b-R}Q=-\frac{0.5-0.025}{10-0.025-0.5}\times5\times10^{-4}\approx-0.251\times10^{-4}(\text{C})$$

进而算出两球的作用力

$$\begin{aligned}F&=\frac{1}{4\pi\varepsilon_0}\left[\frac{QQ'}{(a-2b)^2}+\frac{Q(q-Q')}{(a-b)^2}\right]\\&=\frac{10^{-8}}{4\times3.14\times8.85\times10^{-12}}\times\left[\frac{-5\times0.251}{(10-2\times0.025)^2}+\frac{5\times(3+0.251)}{(10-0.025)^2}\right]\\&\approx-1.14+14.7\\&=13.56(\text{N})\end{aligned}$$

这就是 70 题中两球心距离增加到 10 m 时，两带电导体球的作用力。如果让球面上的电荷都集中到球心处，则两球心处两点电荷的作用力可由库仑定律算出为 13.49 N，即与电荷在球面的作用力近似相等。这是因为两球心距离比较远。

75. 设导体球 A 半径 $R_1=0.5$ m，带电荷 $q=5\times10^{-4}$C，导体球 B 半径 $R_2=0.2$ m，带电荷 $Q=3\times10^{-4}$C，两球心距离为 1.5 m，两球的作用力是多少？谁是施感球？

解：两导体球的大小不等，所带电荷也不等，但容易看出两球的电势也不等，B 球的

电势高于 A 球的电势。故选 B 球为施感球，A 球为受感球。像电荷在 A 球内，像电荷到球心的距离由下式算出

$$\begin{aligned}b_1&=\frac{a^2+R_1^2-R_2^2}{2a}-\frac{1}{2}\sqrt{\left(\frac{a^2+R_1^2-R_2^2}{a}\right)^2-4R_1^2}\\&=\frac{1.5^2+0.5^2-0.2^2}{2\times1.5}-\frac{1}{2}\sqrt{\left(\frac{1.5^2+0.5^2-0.2^2}{1.5}\right)^2-4\times0.5^2}\\&\approx0.82-0.65\\&=0.17(\text{m})\end{aligned}$$

B 球内替代电荷(即施感电荷)到球心的距离

$$\begin{aligned}b_2&=\frac{a^2+R_2^2-R_1^2}{2a}-\frac{1}{2}\sqrt{\left(\frac{a^2+R_1^2-R_2^2}{a}\right)^2-4R_1^2}\\&\approx\frac{1.5^2+0.2^2-0.5^2}{2\times1.5}-0.65\\&=0.03(\text{m})\end{aligned}$$

算出 b_1 和 b_2 后，由下式算出像电荷

$$\begin{aligned}Q'&=-\frac{R_1-b_1}{a-b_2-R_1}Q\\&=-\frac{0.5-0.17}{1.5-0.03-0.5}\times3\times10^{-4}\\&\approx-1.021\times10^{-4}(\text{C})\end{aligned}$$

进而算出两带电导体球的作用力

$$\begin{aligned}F&=\frac{1}{4\pi\varepsilon_0}\left[\frac{QQ'}{(a-b_1-b_2)^2}+\frac{Q(q-Q')}{(a-b_2)^2}\right]\\&=\frac{10^{-8}}{111.156\times10^{-12}}\times\left[\frac{-3\times1.021}{(1.5-0.17-0.03)^2}+\frac{3\times(5+1.021)}{(1.5-0.03)^2}\right]\\&\approx-163.05+752.01\\&=588.96(\text{N})\end{aligned}$$

这就是满足本题条件的两个大小不等带正电荷导体球的作用力，为斥力。

76. 如果上题中 B 球半径减小为 0.1 m，而保留其他条件不变，问：两球的作用力是多少？如果 B 球半径继续减小为零，结果又如何？

解：根据题意，上题中的 A 球半径、两球心距离以及两球所带电荷都不改变，只减小了 B 球(即施感球)的半径。因此，在计算两带电导体球的作用力时，所用的方法和公式都与上题相同。所以，像电荷到球心的距离仍由上题用到的公式算出，只需把公式中的 R_2 代成 0.1 m 即可，算得像电荷到球心距离 $b_1=0.1675\text{ m}$。同样，把 $R_2=0.1\text{ m}$ 代入上题中的替代电荷偏心距公式里，算得 B 球内替代电荷到球心的距离 $b_2=0.0075\text{ m}$。算出 b_1 和

b_2后，像电荷由下式算出为

$$\begin{aligned} Q' &= -\frac{R_1 - b_1}{a - b_2 - R_1} Q \\ &= -\frac{0.5 - 0.1675}{1.5 - 0.0075 - 0.5} \times 3 \times 10^{-4} \\ &\approx -1.005 \times 10^{-4} (\text{C}) \end{aligned}$$

从而算出两球的作用力

$$\begin{aligned} F &= \frac{1}{4\pi\varepsilon_0} \left[\frac{QQ'}{(a - b_1 - b_2)^2} + \frac{Q(q - Q')}{(a - b_2)^2} \right] \\ &= \frac{10^{-8}}{111.156 \times 10^{-12}} \times \left[\frac{-3 \times 1.005}{(1.5 - 0.1675 - 0.0075)^2} + \frac{3 \times (5 + 1.005)}{(1.5 - 0.0075)^2} \right] \\ &\approx -154.5 + 727.57 \\ &= 573.07 (\text{N}) \end{aligned}$$

这就是上题中的B球半径减小为0.1 m时，两带电导体球的作用力。如果B球半径继续减小为零，则两带电导体球的作用力问题就变成了球外点电荷对带电导体球的作用力问题。此时，球内像电荷到球心的距离

$$b = \frac{R_1^2}{a} = \frac{0.5^2}{1.5} = 0.1667 (\text{m})$$

像电荷

$$Q' = -\frac{R_1}{a} Q = -\frac{0.5}{1.5} \times 3 \times 10^{-4} = -1 \times 10^{-4} (\text{C})$$

故球外点电荷对带电导体球的作用力

$$\begin{aligned} F &= \frac{1}{4\pi\varepsilon_0} \left[\frac{QQ'}{(a - b)^2} + \frac{Q(q - Q')}{a^2} \right] \\ &= \frac{10^{-8}}{4 \times 3.14 \times 8.85 \times 10^{-12}} \times \left[\frac{-3 \times 1}{(1.5 - 0.1667)^2} + \frac{3 \times (5 + 1)}{1.5^2} \right] \\ &\approx -151.82 + 719.71 \\ &= 567.89 (\text{N}) \end{aligned}$$

算出结果表明，当施感球半径很小时，它对受感球的作用力近似等于电荷集中于球心处时点电荷对受感球的作用力。

77. 在75题中，让A球所带电荷q减小为0.2×10^{-4}C，而其他条件不变，问：两球之间的作用力是斥力还是引力？如果A球所带电荷为0.2845×10^{-4}C，两球之间是否有力的作用？为什么？

解；根据题意，本题仍保持75题中两球大小和球心距离不变，施感球B所带电荷也不变，只是减小了受感球A所带的电荷，为$q = 0.2 \times 10^{-4}$C。因此，施感球仍然是B球，A球面上有感应负电荷，感应负电荷在球外的电场用球内假想点电荷在球外的电场代替，该

假想点电荷就是 B 球面电荷在 A 球内的像电荷。像电荷到球心距离仍由 75 题中的公式算出。由于本题中的两球就是 75 题中的两球，两球的位置也没有改变，所以，像电荷到球心的距离与 75 题相同，为$b_1=0.17\text{ m}$。同样，B 球内替代电荷到球心的距离也与 75 题相同，为 $b_2=0.03\text{ m}$。而且由于施感球 B 所带的电荷也没有改变，与 75 题相同，所以，像电荷也与 75 题相同，为 $Q'=-1.021\times10^{-4}\text{C}$。故两球之间的作用力由下式算出为

$$\begin{aligned}F&=\frac{1}{4\pi\varepsilon_0}\left[\frac{QQ'}{(a-b_1-b_2)^2}+\frac{Q(q-Q')}{(a-b_2)^2}\right]\\&=\frac{10^{-8}}{111.156\times10^{-12}}\times\left[\frac{-3\times1.021}{(1.5-0.17-0.03)^2}+\frac{3\times(0.2+1.021)}{(1.5-0.03)^2}\right]\\&\approx-163.06+152.50\\&=-10.56(\text{N})\end{aligned}$$

与 75 题相比，75 题为斥力，而本题则是引力。如果让 A 球所带电荷略有增大，为 $q=0.2845\times10^{-4}\text{C}$ 时，则将上式中的 q 代成 $0.2845\times10^{-4}\text{C}$，就可算出两球的作用力 $F=0$。两球的作用力为零，并非两球之间没有作用，而是由于受感球面上既有感应负电荷，又有正电荷，因此，两球之间的作用力是施感球上正电荷对受感球上正负电荷的作用力。所以，两球之间的作用力既有引力又有斥力，当引力等于斥力时，两球的作用力，即合力为零。

78. 如果把 75 题中两球所带电荷进行交换，则两球之间的作用力会不会有变化?

解：两带电导体球之间的作用，实际上是两球面上所带电荷的作用，因此，两带电导体球之间的作用力就是两球面上电荷的作用力。而两带电导体球之间的作用力不仅与球面上电荷有关，而且还与带电导体球大小有关，所以，当两球面电荷交换以后，虽然电量没有变化，球心距离也没有变化。但是由于原来施感球上的电荷变成了现在受感球上的电荷，而原来受感球上的电荷又变成了现在施感球上的电荷，所以，当两球面电荷交换以后，两球的作用力一般都不相等。将 75 题中两球面电荷交换以后，A 球带电荷 $q=3\times10^{-4}\text{C}$，B 球带电荷 $Q=5\times10^{-4}\text{C}$，仍以 B 球为施感球，像电荷在 A 球内，像电荷到球心的距离和 B 球内替代电荷到球心的距离均与 75 题相同，为 $b_1=0.17\text{ m}$，$b_2=0.03\text{ m}$。所以，像电荷

$$\begin{aligned}Q'&=-\frac{R_1-b_1}{a-b_2-R_1}Q\\&=-\frac{0.5-0.17}{1.5-0.03-0.5}\times5\times10^{-4}\\&\approx-1.701\times10^{-4}(\text{C})\end{aligned}$$

比 75 题中的像电荷大。故两球的作用力

$$
\begin{aligned}
F&=\frac{1}{4\pi\varepsilon_0}\left[\frac{QQ'}{(a-b_1-b_2)^2}+\frac{Q(q-Q')}{(a-b_2)^2}\right]\\
&=\frac{10^{-8}}{111.156\times10^{-12}}\times\left[\frac{-5\times1.701}{(1.5-0.17-0.03)^2}+\frac{5\times(3+1.701)}{(1.5-0.03)^2}\right]\\
&\approx-452.75+978.57\\
&=525.82(\mathrm{N})
\end{aligned}
$$

与 75 题相比，两球交换电荷后的作用力与交换电荷前的作用力不相等。

79. 如果把上题和 75 题中的两球心距离都增加为 5 m，两题算出的力有没有差别？与球心处点电荷的作用力相比较如何？

解：因为上题和 75 题的差别只是两球所带电荷作了交换，而其他条件完全相同。所以，两题中的像电荷到球心的距离相同，由下式算出为

$$
\begin{aligned}
b_1&=\frac{a^2+R_1^2-R_2^2}{2a}-\frac{1}{2}\sqrt{\left(\frac{a^2+R_{12}^2-R_2^2}{a}\right)^2-4R_1^2}\\
&=\frac{5^2+0.5^2-0.2^2}{2\times5}-\frac{1}{2}\sqrt{\left(\frac{5^2+0.5^2-0.2^2}{5}\right)^2-4\times0.5^2}\\
&\approx2.521-2.471\\
&=0.05(\mathrm{m})
\end{aligned}
$$

而两题中替代电荷到球心的距离也相同，由下式算出为

$$
\begin{aligned}
b_2&=\frac{a^2+R_2^2-R_1^2}{2a}-\frac{1}{2}\sqrt{\left(\frac{a^2+R_1^2-R_2^2}{a}\right)^2-4R_1^2}\\
&\approx\frac{5^2+0.2^2-0.5^2}{2\times5}-2.471\\
&=0.008(\mathrm{m})
\end{aligned}
$$

算出像电荷和替代电荷的偏心距后，就可以计算出像电荷。因为上题和 75 题中的施感球都是 B 球，而两题中 B 球所带的电荷不同，所以，像电荷也不同。其中，75 题中 B 球带电荷 $Q=3\times10^{-4}\mathrm{C}$，故像电荷

$$
\begin{aligned}
Q'&=-\frac{R_1-b_1}{a-b_2-R_1}Q\\
&=-\frac{0.5-0.05}{5-0.008-0.5}\times3\times10^{-4}\\
&\approx-0.3\times10^{-4}(\mathrm{C})
\end{aligned}
$$

而上题中 B 球带电荷 $Q=5\times10^{-4}\mathrm{C}$，故像电荷

$$Q' = -\frac{R_1 - b_1}{a - b_2 - R_1}Q$$
$$= -\frac{0.5 - 0.05}{5 - 0.008 - 0.5} \times 5 \times 10^{-4}$$
$$\approx -0.501 \times 10^{-4}(\text{C})$$

进而可由下式算出两带电导体球的作用力。即

$$F = \frac{1}{4\pi\varepsilon_0}\left[\frac{QQ'}{(a - b_1 - b_2)^2} + \frac{Q(q - Q')}{(a - b_2)^2}\right]$$

将75题中A、B两球所带电荷和上面算出的像电荷代入上式，算出两球的作用力为54.08 N。同样，把上题中A、B球所带电荷和算出的像电荷代入上式，算出两球的作用力为54 N。如果让球面电荷集中到球心处时，可由库仑定律算出两球心处点电荷的作用力为53.98 N，即三力近似相等。

80. 设有两个导体球 A 和 B，A 球半径 $R_1 = 0.2\ \text{m}$，带电荷 $q = 2\times10^{-4}\text{C}$，$B$ 球半径 $R_2 = 0.4\ \text{m}$，带电荷 $Q = 5\times10^{-4}\text{C}$，当两球心距离 $a = 1.6\ \text{m}$ 时，两球的作用力是多少？

解：本题中A球半径小于B球半径，A球所带的电荷也小于B球所带的电荷，并且B球的电势高于A球的电势。故选择B球为施感球，A球为受感球，像电荷在A球内，其偏心距

$$b_1 = \frac{a^2 + R_1^2 - R_2^2}{2a} - \frac{1}{2}\sqrt{\left(\frac{a^2 + R_1^2 - R_2^2}{a}\right)^2 - 4R_1^2}$$
$$= \frac{1.6^2 + 0.2^2 - 0.4^2}{2\times1.6} - \frac{1}{2}\sqrt{\left(\frac{1.6^2 + 0.2^2 - 0.4^2}{1.6}\right)^2 - 4\times0.2^2}$$
$$\approx 0.7625 - 0.7358$$
$$= 0.027(\text{m})$$

而B球内替代电荷的偏心距

$$b_2 = \frac{a^2 + R_2^2 - R_1^2}{2a} - \frac{1}{2}\sqrt{\left(\frac{a^2 + R_1^2 - R_2^2}{a}\right)^2 - 4R_1^2}$$
$$\approx \frac{1.6^2 + 0.4^2 - 0.2^2}{2\times1.6} - 0.7358$$
$$= 0.102(\text{m})$$

A球内的像电荷

$$Q' = -\frac{R_1 - b_1}{a - b_2 - R_1}Q$$
$$= -\frac{0.2 - 0.027}{1.6 - 0.102 - 0.2} \times 5 \times 10^{-4}$$
$$= -0.67 \times 10^{-4}(\text{C})$$

进一步算出两球的作用力

$$
\begin{aligned}
F&=\frac{1}{4\pi\varepsilon_0}\left[\frac{QQ'}{(a-b_1-b_2)^2}+\frac{Q(q-Q')}{(a-b_2)^2}\right]\\
&=\frac{10^{-8}}{111.156\times10^{-12}}\times\left[\frac{-5\times0.67}{(1.6-0.027-0.102)^2}+\frac{5\times(2+0.67)}{(1.6-0.102)^2}\right]\\
&=-139.28+535.21\\
&=395.93(\mathrm{N})
\end{aligned}
$$

这就是满足本题条件的两带电导体球的作用力。

81. 设上题中两球所带电荷和球心距离不变，但两球的半径各自缩小为原来的$\frac{1}{4}$，即 A 球半径 $R_1=0.05\ \mathrm{m}$，B 球半径 $R_2=0.1\ \mathrm{m}$，则两球的作用力是多少？与电荷集中在球心处时的作用力相比较如何？

解：先算出像电荷和替代电荷的偏心距。取 B 球为施感球，像电荷在 A 球内，像电荷的偏心距

$$
\begin{aligned}
b_1&=\frac{a^2+R_1^2-R_2^2}{2a}-\frac{1}{2}\sqrt{\left(\frac{a^2+R_1^2-R_2^2}{a}\right)^2-4R_1^2}\\
&=\frac{1.6^2+0.05^2-0.1^2}{2\times1.6}-\frac{1}{2}\sqrt{\left(\frac{1.6^2+0.05^2-0.1^2}{1.6}\right)^2-4\times0.05^2}\\
&\approx0.798-0.796\\
&=0.002(\mathrm{m})
\end{aligned}
$$

替代电荷在 B 球内，其偏心距

$$
\begin{aligned}
b_2&=\frac{a^2+R_2^2-R_1^2}{2a}-\frac{1}{2}\sqrt{\left(\frac{a^2+R_1^2-R_2^2}{a}\right)^2-4R_1^2}\\
&\approx\frac{1.6^2+0.1^2-0.05^2}{2\times1.6}-0.796\\
&=0.006(\mathrm{m})
\end{aligned}
$$

像电荷

$$
\begin{aligned}
Q'&=-\frac{R_1-b_1}{a-b_2-R_1}Q\\
&=-\frac{0.05-0.002}{1.6-0.006-0.05}\times5\times10^{-4}\\
&\approx-0.155\times10^{-4}(\mathrm{C})
\end{aligned}
$$

故两球的作用力

$$F=\frac{1}{4\pi\varepsilon_0}\left[\frac{QQ'}{(a-b_1-b_2)^2}+\frac{Q(q-Q')}{(a-b_2)^2}\right]$$
$$=\frac{10^{-8}}{111.156\times10^{-12}}\times\left[\frac{-5\times0.155}{(1.6-0.002-0.006)^2}+\frac{5\times(2+0.155)}{(1.6-0.006)^2}\right]$$
$$\approx-27.51+381.51$$
$$=354(\mathrm{N})$$

这就是本题要求的两球作用力。如果电荷不在球面上，而是在球心处的点电荷，则两球心处点电荷的作用力由库仑定律算出 $F=351.42\ \mathrm{N}$。可见两球面上电荷的作用力与球心处点电荷的作用力不相等，但相差很小。这是因为两带电导体球很小，且球心距离比较长。

82. 设有导体球 A，半径 $R_1=1\ \mathrm{m}$，带电荷 $q=1\times10^{-4}\mathrm{C}$，其附近有另一导体球 B，半径 $R_2=0.1\ \mathrm{m}$，带电荷 $Q=12\times10^{-4}\mathrm{C}$，当两球心距离 $a=5\ \mathrm{m}$ 时，两球的作用力是多少？如果电荷不是在球面上，而是在球心处，此时两电荷的作用力又是多少？

解：本题的特点是一个较大的带电导体球与另一个很小的带电导体球的相互作用问题，并且小球所带电荷大于大球所带电荷。显然小球电势高于大球电势，故小球 B 为施感球，大球 A 为受感球，像电荷在 A 球内，其偏心距

$$b_1=\frac{a^2+R_1^2-R_2^2}{2a}-\frac{1}{2}\sqrt{\left(\frac{a^2+R_1^2-R_2^2}{a}\right)^2-4R_1^2}$$
$$=\frac{5^2+1-0.1^2}{2\times5}-\frac{1}{2}\sqrt{\left(\frac{5^2+1-0.1^2}{5}\right)^2-4\times1}$$
$$\approx2.6-2.4$$
$$=0.2(\mathrm{m})$$

替代电荷在 B 球内，其偏心距

$$b_2=\frac{a^2+R_2^2-R_1^2}{2a}-\frac{1}{2}\sqrt{\left(\frac{a^2+R_1^2-R_2^2}{a}\right)^2-4R_1^2}$$
$$=\frac{5^2+0.1^2-1}{2\times5}-\frac{1}{2}\sqrt{\left(\frac{5^2+1-0.1^2}{5}\right)^2-4\times1}$$
$$\approx2.401-2.4$$
$$=0.001(\mathrm{m})$$

像电荷

$$Q'=-\frac{R_1-b_1}{a-b_2-R_1}Q$$
$$=-\frac{1-0.2}{5-0.001-1}\times12\times10^{-4}$$
$$\approx-2.4\times10^{-4}(\mathrm{C})$$

故两带电导体球的作用力

$$
\begin{aligned}
F&=\frac{1}{4\pi\varepsilon_0}\left[\frac{QQ'}{(a-b_1-b_2)^2}+\frac{Q(q-Q')}{(a-b_2)^2}\right]\\
&=\frac{10^{-8}}{111.156\times10^{-12}}\times\left[\frac{-12\times2.4}{(5-0.2-0.001)^2}+\frac{12\times(1+2.4)}{(5-0.001)^2}\right]\\
&=-112.50+146.88\\
&=34.38(\mathrm{N})
\end{aligned}
$$

这就是本题中大、小两个带电导体球的作用力，也正是球面上电荷的作用力。如果电荷在球心处，则球心处点电荷的作用力由库仑定律算出为 43.18 N。显然两球的作用力小于两球心处点电荷的作用力，这是因为两球的作用力为引力和斥力的合力。而本题中由于受感球表面比较大，所以，尽管两球心距离比较远，但仍有较多的由 B 球发出的电力线能够到达 A 球面上。因此，A 球面上的感应负电荷仍比较多，而感应负电荷在靠近 B 球一边分布，所以，感应负电荷对两球作用力的贡献比较大。

83. 设上题中 A 球的半径由 1 m 减小为 0.3 m，而其他条件不变，则情况又将如何？

解：由题意要求，这里只是减小了上题中受感球 A 的半径，而其他条件均未做改动。因此，本题的条件是两导体球中，A 球半径 $R_1=0.3\ \mathrm{m}$，带电荷 $q=1\times10^{-4}\mathrm{C}$，$B$ 球半径 $R_2=0.1\ \mathrm{m}$，带电荷 $Q=12\times10^{-4}\mathrm{C}$，并且两球心距离 5 m。由于本题中改变了 A 球的半径，因此，A 球中像电荷到球心的距离与上题不同，但计算公式相同，仍由上题用到的公式算出，只需把上题像电荷偏心距公式里的 R_1 代成 0.3 m 即可，算得像电荷到球心的距离 $b_1=0.018\ \mathrm{m}$。同样，把上题计算替代电荷偏心距公式里的 A 球半径 R_1 代成 0.3 m，就可算出 B 球内替代电荷到球心距离 $b_2=0.002\ \mathrm{m}$，与上题相同。算出 b_1 和 b_2 后就很容易算出像电荷 $Q'=-0.72\times10^{-4}\mathrm{C}$。进而由下式算出两球的作用力

$$
\begin{aligned}
F&=\frac{1}{4\pi\varepsilon_0}\left[\frac{QQ'}{(a-b_1-b_2)^2}+\frac{Q(q-Q')}{(a-b_2)^2}\right]\\
&=\frac{10^{-8}}{4\times3.14\times8.85\times10^{-12}}\times\left[\frac{-12\times0.72}{(5-0.018-0.002)^2}+\frac{12\times(1+0.72)}{(5-0.002)^2}\right]\\
&\approx-31.34+74.33\\
&=42.99(\mathrm{N})
\end{aligned}
$$

和上题算出两球心处点电荷的库仑力 43.18N 相比，二者近似相等。

84. 如果把 82 题中两球所带的电荷互相交换，而保持其他条件不变，问：两球的作用力是多少？谁是施感球？

解：根据题意，本题的条件是：A 球半径 $R_1=1\ \mathrm{m}$，所带电荷 $q=12\times10^{-4}\mathrm{C}$，$B$ 球半径 $R_2=0.1\ \mathrm{m}$，所带电荷 $Q=1\times10^{-4}\mathrm{C}$，并且两球心距离 $a=5$ m。此时，容易看出 A 球的电势高于 B 球的电势，故选 A 球为施感球，B 球为受感球，像电荷在 B 球内。因此，像

电荷到球心的距离就是 82 题中替代电荷到球心的距离，即本题中像电荷到球心的距离 $b_2 = 0.001\ \mathrm{m}$。同样，A 球内替代电荷到球心的距离就是 82 题中像电荷到球心的距离，故本题中替代电荷到球心的距离 $b_1 = 0.2\ \mathrm{m}$。故像电荷

$$
\begin{aligned}
Q' &= -\frac{R_2 - b_2}{a - b_1 - R_2} q \\
&= -\frac{0.1 - 0.001}{5 - 0.2 - 0.1} \times 12 \times 10^{-4} \\
&\approx -0.25 \times 10^{-4}(\mathrm{C})
\end{aligned}
$$

两球的作用力

$$
\begin{aligned}
F &= \frac{1}{4\pi\varepsilon_0}\left[\frac{qQ'}{(a - b_1 - b_2)^2} + \frac{q(Q - Q')}{(a - b_1)^2}\right] \\
&= \frac{10^{-8}}{111.156 \times 10^{-12}} \times \left[\frac{-12 \times 0.25}{(5 - 0.2 - 0.002)^2} + \frac{12 \times (1 + 0.25)}{(5 - 0.2)^2}\right] \\
&\approx -11.72 + 58.57 \\
&= 46.85(\mathrm{N})
\end{aligned}
$$

这就是 82 题中两球面电荷互相交换后两球的作用力。

85. 设上题中 A 球半径 R_1 趋于零，而其他条件不变，则 A 球心处点电荷对 B 球的作用力是多少？如果 A 球大小不变，而让 B 球半径趋于零，则 B 球心处点电荷对 A 球的作用力又是多少？若 B 球半径不是趋于零，而是减小为 0.05 m，问：两球的作用力为多少？谁是施感球？

解：显然，当 A 球半径趋于零，而 B 球半径不变时，问题就变成了点电荷对带电导体球的作用力问题。而带电导体球为 B，其半径 $R = 0.1\ \mathrm{m}$，带有电荷 $Q = 1 \times 10^{-4}\mathrm{C}$，球外点电荷 $q = 12 \times 10^{-4}\mathrm{C}$，点电荷到 B 球球心的距离 $a = 5\ \mathrm{m}$。此时，点电荷 q 的电势高于 B 球的电势，点电荷在 B 球面上有感应负电荷，故在 B 球内有像电荷。像电荷

$$
Q' = -\frac{R}{a} q = -\frac{0.1}{5} \times 12 \times 10^{-4} = -0.24 \times 10^{-4}(\mathrm{C})
$$

像电荷到球心的距离

$$
b = \frac{R^2}{a} = \frac{0.1^2}{5} = 0.002(\mathrm{m})
$$

故 A 球球心处点电荷 q 对带电导体球 B 的作用力

$$
\begin{aligned}
F &= \frac{1}{4\pi\varepsilon_0}\left[\frac{qQ'}{(a - b)^2} + \frac{q(Q - Q')}{a^2}\right] \\
&= \frac{10^{-8}}{4 \times 3.14 \times 8.85 \times 10^{-12}} \times \left[\frac{-12 \times 0.24}{(5 - 0.002)^2} + \frac{12 \times (1 + 0.24)}{5^2}\right] \\
&\approx -10.37 + 53.55 \\
&= 43.18(\mathrm{N})
\end{aligned}
$$

这就是上题中 A 球半径趋于零时，A 球心处点电荷对 B 球的作用力，它小于上题带电导体球 A 对球 B 的作用力。

如果上题中 A 球大小不变，而是让 B 球半径趋于零，则仍是球外点电荷对带电导体球的作用力问题。但点电荷在 B 球球心处，受感球是 A 球，像电荷在 A 球内，像电荷到球心的距离

$$b=\frac{R^2}{a}=\frac{1^2}{5}=0.2(\mathrm{m})$$

像电荷

$$Q'=-\frac{R}{a}Q=-\frac{1}{5}\times1\times10^{-4}=-0.2\times10^{-4}(\mathrm{C})$$

B 球心处点电荷对 A 球的作用力

$$\begin{aligned}F&=\frac{1}{4\pi\varepsilon_0}\left[\frac{QQ'}{(a-b)^2}+\frac{Q(q-Q')}{a}\right]\\&=\frac{10^{-8}}{4\times3.14\times8.85\times10^{-12}}\times\left[\frac{-1\times0.2}{(5-0.2)^2}+\frac{1\times(12+0.2)}{5^2}\right]\\&\approx-0.78+43.9\\&=43.12(\mathrm{N})\end{aligned}$$

计算结果表明，上题中 B 球球面上的电荷集中于球心处时，B 球心处点电荷对带电导体球 A 的作用力，与 A 球球面上电荷集中于球心处时，A 球心处点电荷对 B 球的作用力近似相等。

若 B 球半径不是趋于零，而是减小为 0.05m，此时的问题仍属于两带电导体球的相互作用力问题。由于 A 球半径 $R_1=1\ \mathrm{m}$，带电荷 $q=12\times10^{-4}\mathrm{C}$，而 B 球半径 $R=0.05\ \mathrm{m}$，带电荷 $Q=1\times10^{-4}\mathrm{C}$。故容易看出 B 球的电势高于 A 球的电势，以 B 球为施感球，A 球为受感球，像电荷在 A 球内。像电荷到球心的距离

$$\begin{aligned}b_1&=\frac{a^2+R_1^2-R^2}{2a}-\frac{1}{2}\sqrt{\left(\frac{a^2+R_1^2-R^2}{a}\right)^2-4R_1^2}\\&=\frac{5^2+1-0.05^2}{2\times5}-\frac{1}{2}\sqrt{\left(\frac{5^2+1-0.05^2}{5}\right)^2-4\times1}\\&\approx2.5998-2.3997\\&\approx0.2(\mathrm{m})\end{aligned}$$

B 球内替代电荷到球心的距离

$$
\begin{aligned}
b_2 &= \frac{a^2+R^2-R_1^2}{2a} - \frac{1}{2}\sqrt{\left(\frac{a^2+R_1^2-R^2}{a}\right)^2 - 4R_1^2} \\
&= \frac{5^2+0.05^2-1}{2\times 5} - 2.3997 \\
&\approx 2.4003 - 2.3997 \\
&= 0.0006(\mathrm{m})
\end{aligned}
$$

A 球内的像电荷

$$
\begin{aligned}
Q' &= -\frac{R_1-b_1}{a-b_2-R_1}Q \\
&= -\frac{1-0.2}{5-0.0006-1}\times 1\times 10^{-4} \\
&= -0.2\times 10^{-4}(\mathrm{C})
\end{aligned}
$$

进一步算出两带电导体球的作用力

$$
\begin{aligned}
F &= \frac{1}{4\pi\varepsilon_0}\left[\frac{QQ'}{(a-b_1-b_2)^2} + \frac{Q(q-Q')}{(a-b_2)^2}\right] \\
&= \frac{10^{-8}}{111.156\times 10^{-12}}\times\left[\frac{-1\times 0.2}{(5-0.2-0.0006)^2} + \frac{1\times(12+0.2)}{(5-0.0006)^2}\right] \\
&\approx -0.78 + 43.91 \\
&= 43.13(\mathrm{N})
\end{aligned}
$$

此时算出两带电导体球的作用力与 B 球半径为零时，B 球心处点电荷对 A 球的作用力趋于相等。即当施感球半径很小，且两球心距离又比较大时，施感球面上的电荷对较远处带电导体球的作用力可近似用球心处点电荷对带电导体球的作用力代替。

六、带同性负电荷不等势导体球的作用力

86. 两个带负电荷导体球之间的作用力能否算出，如何计算？设导体球 A 的半径 $R_1=0.12\text{ m}$，另一导体球 B 的半径 $R_2=0.06\text{ m}$，都带有相同电量的负电荷 $Q=-3\times10^{-4}\text{C}$，当两球心距离 $a=0.5\text{ m}$ 时，两球之间有没有静电感应？谁是施感球？像电荷和像电荷与替代电荷的偏心距是多少？

解：当两导体球都带同性负电荷时，两球的电势都小于零，为负值。但仍有两种情况，一是两球面电势相等，二是两球面电势不相等。当两球面电势相等时，两球之间没有静电感应，两球的作用力只有斥力没有引力，所以，两球之间的作用力不能用电像法求出，要用其他的方法求出。但如果两球面电势不相等时，则两球之间有静电感应，低电势导体球上的负电荷在高电势导体球面上感应出正电荷，因此，受感球面上就有正负两种电荷。既然不等势带电导体球之间有静电感应，那么，两球之间的作用力就可以用电像法算出，所以，两个带负电荷不等势导体球之间的作用力是可以计算的，方法仍是电像法。

两导体球中，已知 A 球半径 $R_1=0.12\text{ m}$，B 球半径 $R_2=0.06\text{ m}$，并且两球所带负电荷相同，为 $Q=-3\times10^{-4}\text{C}$，容易看出 B 球的电势低于 A 球的电势。故选 B 球为施感球，A 球为受感球，像电荷在 A 球内，当两球心距离 $a=0.5\text{ m}$ 时，像电荷到球心的距离

$$
\begin{aligned}
b_1&=\frac{a^2+R_1^2-R_2^2}{2a}-\frac{1}{2}\sqrt{\left(\frac{a^2+R_1^2-R_2^2}{a}\right)^2-4R_1^2}\\
&=\frac{0.5^2+0.12^2-0.06^2}{2\times0.5}-\frac{1}{2}\sqrt{\left(\frac{0.5^2+0.12^2-0.06^2}{0.5}\right)^2-4\times0.12^2}\\
&\approx0.2608-0.2316\\
&=0.029(\text{m})
\end{aligned}
$$

B 球内替代电荷到球心的距离

$$
\begin{aligned}
b_2&=\frac{a^2+R_2^2-R_1^2}{2a}-\frac{1}{2}\sqrt{\left(\frac{a^2+R_1^2-R_2^2}{a}\right)^2-4R_1^2}\\
&\approx\frac{0.5^2+0.06^2-0.12^2}{2\times0.5}-0.2316\\
&=0.008(\text{m})
\end{aligned}
$$

故有像电荷

$$
\begin{aligned}
Q'&=-\frac{R_1-b_1}{a-b_2-R_1}Q\\
&=-\frac{0.12-0.029}{0.5-0.008-0.12}\times(-3)\times10^{-4}\\
&\approx0.734\times10^{-4}(\text{C})
\end{aligned}
$$

这就是本题条件下选择 B 球为施感球时，A 球内像电荷和像电荷到球心的距离，以及 B 球内替代电荷到球心的距离。

87. 上题中两球的作用力是多少？如果是选择 A 球为施感球，会出现怎样的问题？

解：当选择 B 球为施感球时，上题已经算出 A 球内的像电荷 $Q'=0.734\times10^{-4}\text{C}$，像电荷到球心的距离 $b_1=0.029\text{ m}$，而 B 球内替代电荷到球心的距离 $b_2=0.008\text{ m}$。故将上题给出两球所带电荷和球心距离以及像电荷和替代电荷偏离球心的距离一并代入力的计算公式，算出两球的作用力

$$\begin{aligned}F&=\frac{1}{4\pi\varepsilon_0}\left[\frac{QQ'}{(a-b_1-b_2)^2}+\frac{Q(q-Q')}{(a-b_2)^2}\right]\\&=\frac{10^{-8}}{111.156\times10^{-12}}\times\left[\frac{-3\times0.734}{(0.5-0.029-0.008)^2}+\frac{-3\times(-3-0.734)}{(0.5-0.008)^2}\right]\\&\approx-924.11+4163.25\\&=3239.14(\text{N})\end{aligned}$$

这就是上题中两带电导体球的作用力。如果不是选 B 球为施感球，而是选 A 球为施感球，则像电荷在 B 球内，像电荷到球心的距离就是上题 B 球内替代电荷到球心的距离，为 $b_2=0.008\text{ m}$。替代电荷在 A 球内，替代电荷到球心距离就是上题 A 球内像电荷到球心的距离，为 $b_1=0.029\text{ m}$。故可算出像电荷

$$\begin{aligned}Q'&=-\frac{R_2-b_2}{a-b_1-R_2}Q\\&=-\frac{0.06-0.008}{0.5-0.029-0.06}\times(-3)\times10^{-4}\\&\approx0.38\times10^{-4}(\text{C})\end{aligned}$$

这就是上题中如果选择 A 球为施感球时，施感球在 B 球内的像电荷，为正电荷。由于像电荷就是 A 球面上负电荷在 B 球面上感应电荷在球内的替代电荷，所以，像电荷为正电荷，则表明 B 球面上的感应电荷也是正电荷，这显然是不可能的。因为题目给出的条件是 B 球面的电势低于 A 球面的电势，所以电力线应该是由 A 球面发出到达 B 球面，而不是相反。但算得 B 球面上的感应电荷为正电荷，那么，由感应电荷发出的电力线就是从 B 球面指向 A 球面，即由低电势指向高电势，这显然不合理。所以，上题中应选 B 球为施感球，而不是 A 球为施感球。

88. 设 86 题中的 B 球半径缩小为零，而其他条件不变，则 B 球心处点电荷 Q 在 A 球面上的感应电荷是多少？点电荷对 A 球的作用力是多少？与上题两球的作用力相比如何？

解：当 86 题中 B 球半径缩小为零时，B 球面上的电荷就集中到了球心处，并且为负的点电荷。由于点电荷和带电导体球 A 上的电荷都是负电荷，所以，仍然是点电荷的电势低于 A 球的电势，故以点电荷为施感电荷。像电荷在 A 球内，像电荷由下式算出为

$$Q'=-\frac{R_1}{a}Q=-\frac{0.12}{0.5}\times(-3)\times10^{-4}=0.72\times10^{-4}(\text{C})$$

像电荷偏离球心的距离

$$b=\frac{R_1^2}{a}=\frac{0.12^2}{0.5}=0.0288(\mathrm{m})$$

故球外点电荷对 A 球的作用力

$$\begin{aligned}F&=\frac{1}{4\pi\varepsilon_0}\left[\frac{QQ'}{(a-b)^2}+\frac{Q(q-Q')}{a^2}\right]\\&=\frac{10^{-8}}{4\times3.14\times8.85\times10^{-12}}\times\left[\frac{-3\times0.72}{(0.5-0.0288)^2}+\frac{-3\times(-3-0.72)}{0.5^2}\right]\\&\approx-875.21+4015.98\\&=3140.77(\mathrm{N})\end{aligned}$$

这就是 86 题中 B 球半径缩小为零时，球心处点电荷对带电导体球 A 的作用力。与 86 题相比，86 题中算出的 B 球在 A 球内的像电荷略大于本题算出的点电荷在 A 球内的像电荷，86 题中算出的像电荷到球心的距离也略大于本题算出的像电荷到球心的距离，但差别都很小，这是因为 B 球很小。和上题相比，上题算出的两带电导体球的作用力大于本题算出的点电荷对带电导体球的作用力，但相差不大。

89. 在保留 86 题中其他条件不变的情况下，让两球心距离减小为 0.3 m，问：此时两球之间的作用力是引力还是斥力？如果两球心距离再减小为 0.2 m，情况又将如何？

解：当 86 题中只减小两球心距离时，并不影响两球之间的作用关系，故仍选择 B 球为施感球，A 球为受感球，像电荷在 A 球内。当两球心距离减小为 0.3 m，而其他条件不变时，像电荷到球心的距离

$$\begin{aligned}b_1&=\frac{a^2+R_1^2-R_2^2}{2a}-\frac{1}{2}\sqrt{\left(\frac{a^2+R_1^2-R_2^2}{a}\right)^2-4R_1^2}\\&=\frac{0.3^2+0.12^2-0.06^2}{2\times0.3}-\frac{1}{2}\sqrt{\left(\frac{0.3^2+0.12^2-0.06^2}{0.3}\right)^2-4\times0.12^2}\\&\approx0.168-0.118\\&=0.05(\mathrm{m})\end{aligned}$$

而替代电荷在 B 球内，替代电荷到球心的距离

$$\begin{aligned}b_2&=\frac{a^2+R_2^2-R_1^2}{2a}-\frac{1}{2}\sqrt{\left(\frac{a^2+R_1^2-R_2^2}{a}\right)^2-4R_1^2}\\&=\frac{0.3^2+0.06^2-0.12^2}{2\times0.3}-0.118\\&=0.014(\mathrm{m})\end{aligned}$$

故有像电荷

$$
\begin{aligned}
Q' &= -\frac{R_1 - b_1}{a - b_2 - R_1} Q \\
&= -\frac{0.12 - 0.05}{0.3 - 0.014 - 0.12} \times (-3) \times 10^{-4} \\
&\approx 1.265 \times 10^{-4} (\mathrm{C})
\end{aligned}
$$

将算出的 b_1 和 b_2 以及像电荷和其他的已知条件一并代入下面力的计算公式

$$
F = \frac{1}{4\pi\varepsilon_0}\left[\frac{QQ'}{(a-b_1-b_2)^2} + \frac{Q(q-Q')}{(a-b_2)^2}\right]
$$

算出两球的作用力 $F = 7942.5\ \mathrm{N}$，为斥力。而当两球心距离再减小为 0.2 m 时，则只需将以上各式中的球心距离 a 换成 0.2 m，就可算出 A 球内像电荷到球心的距离 $b_1 = 0.085\ \mathrm{m}$，B 球内替代电荷到球心的距离 $b_2 = 0.031\ \mathrm{m}$，像电荷 $Q' = 2.143 \times 10^{-4}\mathrm{C}$。再将 b_1、b_2 和像电荷代入上面力的计算公式后，算得两球的作用力 $F = -33321.8\ \mathrm{N}$。比较球心距离为 0.3 m 时两球的作用力和球心距离为 0.2 m 时两球的作用力看出，前者是斥力，后者是引力。表明在两个带同性电荷导体球的作用中，在两球大小和所带电荷不变的情况下，两球的作用力只是球心距离的函数，当球心距离很小时一定是引力，随着球心距离逐渐增加，两球的作用力就会由引力转变成斥力。

90. 设有导体球 A 和 B，A 球半径 $R_1 = 0.6\ \mathrm{m}$，B 球半径 $R_2 = 0.3\ \mathrm{m}$，并带有相同电荷 $Q = -3 \times 10^{-4}\mathrm{C}$，当两球心距离为 2.5m 时，两球作用力是多少？像电荷是多少？谁是施感球？

解：本题的条件实际上就是把 86 题中的两球换成更大一点的球，并且两球半径和球心距离都分别是 86 题中两球半径和球心距离的 5 倍，而 86 题中的其他条件均未作改变。因此，施感球仍与 86 题相同，为 B 球，受感球为 A 球，像电荷在 A 球内，像电荷到球心的距离由下式算出，即

$$
b_1 = \frac{a^2 + R_1^2 - R_2^2}{2a} - \frac{1}{2}\sqrt{\left(\frac{a^2 + R_1^2 - R_2^2}{a}\right)^2 - 4R_1^2}
$$

将两球半径和球心距离代入上式算出 b_1=0.146 m。B 球内替代电荷到球心的距离由下式算出，即

$$
b_2 = \frac{a^2 + R_2^2 - R_1^2}{2a} - \frac{1}{2}\sqrt{\left(\frac{a^2 + R_1^2 - R_2^2}{a}\right)^2 - 4R_1^2}
$$

将两球半径和球心距离代入上式算出替代电荷到球心的距离 $b_2 = 0.038\ \mathrm{m}$。进而由公式

$$
Q' = -\frac{R_1 - b_1}{a - b_2 - R_1} Q
$$

算出像电荷 $Q' = 0.731 \times 10^{-4}\mathrm{C}$。算出 b_1、b_2 和像电荷后，就可以由下式算出两球的作用力，即

$$
F = \frac{1}{4\pi\varepsilon_0}\left[\frac{QQ'}{(a-b_1-b_2)^2} + \frac{Q(Q-Q')}{(a-b_2)^2}\right]
$$

式中各物理量均为已知数，代入后算出两球心距离为 2.5 m 时，两球之间有引力为−36.78 N，斥力为 166.13 N，合力为 129.35 N。和 86 题相比，当两球半径和球心距离都增加 5 倍时，两球之间的作用力减小了，并且 86 题中的作用力约为本题中作用力的 25(即 5^2)倍。此时，如果让两球面电荷集中在球心处，则容易算出两球心处点电荷的作用力为 129.55 N，与两带电导体球的作用力相比，二力近似相等。

91. 比较上题中两球心距离分别为 1.1 m 和 1.09 m 时，两球的作用力有何不同？

解：先算出两球心距离为 1.1 m 时两球的作用力。由于两球半径和所带电荷均与上题相同，故施感球也与上题相同，为 B 球，受感球为 A 球。像电荷在 A 球内，像电荷到球心的距离由上题公式算出，在上题中的像电荷偏心距公式里 $R_1 = 0.6$ m，$R_2 = 0.3$ m，而球心距为 1.1 m，算得像电荷到球心的距离 $b_1 = 0.368\ \text{m}$。同样，将 $R_1 = 0.6\ \text{m}$，$R_2 = 0.3\ \text{m}$ 和 $a = 1.1\ \text{m}$ 代入上题中的替代电荷偏心距公式里，就可算出 B 球内替代电荷到球心的距离 $b_2 = 0.123\ \text{m}$。进而算出像电荷

$$
\begin{aligned}
Q' &= -\frac{R_1 - b_1}{a_1 - b_2 - R_1} Q \\
&= -\frac{0.6 - 0.368}{1.1 - 0.123 - 0.6} \times (-3) \times 10^{-4} \\
&= 1.85 \times 10^{-4}(\text{C})
\end{aligned}
$$

算出像电荷与像电荷和替代电荷偏心距后，就可以由力的公式算出两带电导体球的作用力

$$
\begin{aligned}
F &= \frac{1}{4\pi\varepsilon_0}\left[\frac{QQ'}{(a - b_1 - b_2)^2} + \frac{Q(Q - Q')}{(a - b_2)^2}\right] \\
&= \frac{10^{-8}}{111.156 \times 10^{-12}} \times \left[\frac{-3 \times 1.85}{(1.1 - 0.368 - 0.123)^2} + \frac{-3 \times (-3 - 1.85)}{(1.1 - 0.123)^2}\right] \\
&\approx -1346.25 + 1371.33 \\
&= 25.08(\text{N})
\end{aligned}
$$

这就是上题中两球心距离为 1.1 m 时两带电导体球的作用力，也是两球面上电荷的作用力，为斥力。

当两球心距离再减小 1 cm，为 1.09 m 时，用同样的方法算出 A 球内像电荷到球心的距离 $b_1 = 0.373\ \text{m}$，B 球内替代电荷到球心的距离 $b_2 = 0.125\ \text{m}$，进一步算出像电荷 $Q' = 1.866 \times 10^{-4}\text{C}$。故两带电导体球的作用力由下式算出为

$$
\begin{aligned}
F &= \frac{1}{4\pi\varepsilon_0}\left[\frac{QQ'}{(a - b_1 - b_2)^2} + \frac{Q(Q - Q')}{(a - b_2)^2}\right] \\
&= \frac{10^{-8}}{111.156 \times 10^{-12}} \times \left[\frac{-3 \times 1.866}{(1.09 - 0.373 - 0.125)^2} + \frac{-3 \times (-3 - 1.866)}{(1.09 - 0.125)^2}\right] \\
&= -1437 + 1410.3 \\
&= -26.7(\text{N})
\end{aligned}
$$

这就是上题中两球半径为 1.09 m 时，两导体球的作用力，为引力。

计算结果表明，由于两个带同性电荷导体球的作用力为引力和斥力的合力，故当两球心距离变动到某一位置时，引力刚好等于斥力，合力为零。而在零力位附近，两球心距离稍有增加或减小，力的性质就会发生改变，即由引力变成斥力。

92. 在 90 题中，两球心距离为多少时，两球之间的合力为零？

解：在两个带有同性电荷导体球之间，只要两球的电势不相等，两球之间就有静电感应。如果两球都带负电荷，则施感球在受感球面上就要感应出正电荷，有感应正电荷，就要多出等量的负电荷(即感应负电荷)。感应正电荷因受到施感球上负电荷吸引而分布在靠近施感球一边，多出的负电荷和导体球面上原有的负电荷为自由电荷，均匀分布在球面上。所以，在静电平衡时，受感球面上分布着正负两种电荷，两球的作用力是施感球面上的负电荷对受感球面上正负两种电荷的作用力。因此，两个带负电荷导体球的作用力，必然有引力和斥力，并且引力和斥力都将随着两球心距离的变化而变化。当两球靠得很近时，两球之间的引力大于斥力，合力为引力。两球逐渐分开，引力减小斥力增大，到引力等于斥力时，两球的合力为零。若再继续增加两球之间的距离，则斥力开始大于引力，两球的合力为斥力。所以，根据上题的计算，90 题中当两球心距离为 1.09 m 时，两球的作用力为引力，而当两球心距离为 1.1 m 时，两球的作用力为斥力。所以，要引力等于斥力，即两球的合力为零，那么，两球心距离只能是大于 1.09 m 且小于 1.1 m。事实上，当选取两球心距离为 1.095 m 时，可由像电荷的偏心距公式算出 A 球内像电荷到球心的距离 $b_1=0.371\ \mathrm{m}$，而 B 球内替代电荷到球心的距离 $b_2=0.124\ \mathrm{m}$，故可进一步算出像电荷 $Q'=1.852\times10^{-4}\mathrm{C}$。把 b_1 和 b_2 以及像电荷一并代入力的计算公式算出两球的作用力

$$\begin{aligned}F&=\frac{1}{4\pi\varepsilon_0}\left[\frac{QQ'}{(a-b_1-b_2)^2}+\frac{Q(Q-Q')}{(a-b_2)^2}\right]\\&=\frac{10^{-8}}{111.156\times10^{-12}}\times\left[\frac{-3\times1.852}{(1.095-0.371-0.124)^2}+\frac{-3\times(-3-1.852)}{(1.095-0.124)^2}\right]\\&\approx-1388.44+1388.9\\&=0\end{aligned}$$

即 90 题中两球之间合力为零时的球心距离约为 1.095 m。

93. 有两个大小相等的导体球，半径 R 均为 0.2 m，其中 A 球带电荷 $q=-2\times10^{-4}\mathrm{C}$，$B$ 球带电荷 $Q=-4\times10^{-4}\mathrm{C}$，当两球心距离 $a=0.48\ \mathrm{m}$ 时，两球的作用力是多少？是引力还是斥力？

解：因为两球大小相等，并带有同性负电荷，并且两球所带电量不等，故两球电势不等，并且 B 球的电势低于 A 球的电势。选 B 球为施感球，A 球为受感球，B 球在 A 球面上感应出正电荷，像电荷在 A 球内。像电荷到球心的距离由下式算出为

$$b=\frac{a-\sqrt{a^2-4R^2}}{2}=\frac{0.48-\sqrt{0.48^2-4\times0.2^2}}{2}\approx0.107(\mathrm{m})$$

这也是 B 球内替代电荷到球心的距离。像电荷

$$
\begin{aligned}
Q' &= -\frac{R-b}{a-b-R}Q \\
&= -\frac{0.2-0.107}{0.48-0.107-0.2}\times(-4)\times10^{-4} \\
&\approx 2.15\times10^{-4}(\mathrm{C})
\end{aligned}
$$

故两导体球的作用力

$$
\begin{aligned}
F &= \frac{1}{4\pi\varepsilon_0}\left[\frac{QQ'}{(a-2b)^2}+\frac{Q(q-Q')}{(a-b)^2}\right] \\
&= \frac{10^{-8}}{111.156\times10^{-12}}\times\left[\frac{-4\times2.15}{(0.48-2\times0.107)^2}+\frac{-4\times(-2-2.15)}{(0.48-0.107)^2}\right] \\
&\approx -10934.58+10733.90 \\
&= -200.68(\mathrm{N})
\end{aligned}
$$

这就是本题要求的两个大小相等、带电量不同的导体球的作用力，为引力。表明在带电导体球的相互作用中，两球虽然带的是同性电荷，但两球的作用力同样会出现引力的情况，即两个带同性电荷导体球之间也有相互吸引的情况，这与点电荷的相互作用完全不同。

94. 若上题中两球心距离分别为 0.5 m 和 1 m 时，两球的作用力是多少？

解：根据题意，上题中两球大小和所带电荷都保持不变，只是把两球心距离增加，一次的球心距离增加为 0.5 m，另一次的球心距离增加为 1 m。既然两球心距离变化了，那么，像电荷和像电荷到球心的距离都要随着变化。由于两球大小和所带电荷不变，故仍然是 B 球的电势低于 A 球的电势，以 B 球为施感球，像电荷在 A 球内。当两球心距离 0.5 m 时，A 球内像电荷到球心的距离

$$
b=\frac{a-\sqrt{a^2-4R^2}}{2}=\frac{0.5-\sqrt{0.5^2-4\times0.2^2}}{2}=0.1(\mathrm{m})
$$

这也是 B 球内替代电荷到球心的距离。而像电荷

$$
\begin{aligned}
Q' &= -\frac{R-b}{a-b-R}Q \\
&= -\frac{0.2-0.1}{0.5-0.1-0.2}\times(-4)\times10^{-4} \\
&= 2\times10^{-4}(\mathrm{C})
\end{aligned}
$$

所以，两球的作用力

$$
\begin{aligned}
F &= \frac{1}{4\pi\varepsilon_0}\left[\frac{QQ'}{(a-2b)^2}+\frac{Q(q-Q')}{(a-b)^2}\right] \\
&= \frac{10^{-8}}{4\times3.14\times8.85\times10^{-12}}\times\left[\frac{-4\times2}{(0.5-2\times0.1)^2}+\frac{-4\times(-2-2)}{(0.5-0.1)^2}\right] \\
&\approx -7996.77+8996.37 \\
&= 999.6(\mathrm{N})
\end{aligned}
$$

这就是上题中两带电导体球心距离为 0.5 m 时，两球的作用力，为斥力。

如果两球心距离增加到 1 m 时，用同样的方法和相同的公式可算出 A 球内像电荷到球心的距离 $b = 0.042\ \text{m}$，这也是 B 球内替代电荷到球心的距离。像电荷 $Q' = 0.834\times10^{-4}\text{C}$，进而由下式算出两球的作用力

$$\begin{aligned}F &= \frac{1}{4\pi\varepsilon_0}\left[\frac{QQ'}{(a-2b)^2}+\frac{Q(q-Q')}{(a-b)^2}\right]\\&=\frac{10^{-8}}{111.156\times10^{-12}}\times\left[\frac{-4\times0.834}{(1-2\times0.042)^2}+\frac{-4\times(-2-0.834)}{(1-0.042)^2}\right]\\&\approx -357.69+1111.21\\&=753.52(\text{N})\end{aligned}$$

这就是上题中两球心距离为 1 m 时，两球的作用力，也是斥力，但比两球心距离 0.5 m 时的作用力小。

95. 如果让 93 题中两球半径减小为 0.05 m，而其他条件不变，则两球的作用力是多少？与电荷在两球心处时的作用力相比较如何？

解：因为题意只是减小两球的半径，而其他条件不变，因此，A 球带电荷 q，B 球带电荷 Q，且 Q 大于 q，所以，以 B 球为施感球，A 球为受感球，像电荷在 A 球内。像电荷和替代电荷到球心的距离由下式算出，即

$$b=\frac{a-\sqrt{a^2-4R^2}}{2}=\frac{0.48-\sqrt{0.48^2-4\times0.05^2}}{2}\approx0.005(\text{m})$$

像电荷

$$\begin{aligned}Q' &= -\frac{R-b}{a-b-R}Q\\&=-\frac{0.05-0.005}{0.48-0.005-0.05}\times(-4)\times10^{-4}\\&\approx0.424\times10^{-4}(\text{C})\end{aligned}$$

故两带电导体球的作用力

$$\begin{aligned}F &= \frac{1}{4\pi\varepsilon_0}\left[\frac{QQ'}{(a-2b)^2}+\frac{Q(q-Q')}{(a-b)^2}\right]\\&=\frac{10^{-8}}{111.156\times10^{-12}}\times\left[\frac{-4\times0.424}{(0.48-2\times0.005)^2}+\frac{-4\times(-2-0.424)}{(0.48-0.005)^2}\right]\\&\approx -690.71+3866.09\\&=3175.38(\text{N})\end{aligned}$$

如果两球面上的电荷集中到球心处，两球心处点电荷的作用力可由库仑定律算出为 3123.74 N。比较球面上电荷的作用力和球心处点电荷的作用力得出，二力不相等，并且球面上电荷的作用力大于球心处点电荷的作用力，但二力相差不大。

96. 把 93 题中 A 球所带电荷 q 换成 $-2.078\times10^{-4}\text{C}$，两球的引力和斥力各是多少？合力是多少？

解：根据题意，93 题中的两导体球大小和球心距离不变，半径 $R=0.2\text{ m}$，两球心距离 $a=0.48\text{ m}$，并且 B 球所带电荷也不变，只是 A 球所带电荷略有增大，为 $q=-2.078\times10^{-4}\text{C}$。此时，仍然是 B 球的电势低于 A 球的电势，故在两球电势均为负值的情况下，仍以 B 球为施感球，A 球为受感球。像电荷在 A 球内，并由于两球半径和球心距离均与 93 题相同，故有像电荷和替代电荷到球心的距离也与 93 题相同，已由 93 题算出 $b=0.107\text{ m}$。另外，因为 B 球是施感球，B 球所带的电荷也与 93 题相同，所以，像电荷也与 93 题相同，同样已由 93 题算出为 $Q'=2.15\times10^{-4}\text{C}$。故两导体球的引力

$$
\begin{aligned}
F&=\frac{1}{4\pi\varepsilon_0}\left[\frac{QQ'}{(a-2b)^2}\right]\\
&=\frac{10^{-8}}{4\times3.14\times8.85\times10^{-12}}\times\left[\frac{-4\times2.15}{(0.48-2\times0.107)^2}\right]\\
&\approx-10934.58(\text{N})
\end{aligned}
$$

这就是本题要求的两带电导体球的引力。它是 B 球所带负电荷和它在 A 球面上感应正电荷的作用力，或者说是 B 球内替代电荷和 A 球内像电荷的作用力。而两球的斥力由下式求出为

$$
\begin{aligned}
F&=\frac{1}{4\pi\varepsilon_0}\left[\frac{Q(q-Q')}{(a-b)^2}\right]\\
&=\frac{10^{-8}}{4\times3.14\times8.85\times10^{-12}}\times\left[\frac{-4\times(-2.078-2.15)}{(0.48-0.107)^2}\right]\\
&\approx10935.6(\text{N})
\end{aligned}
$$

这就是两带电导体球的斥力。它是 B 球所带负电荷与 A 球面上原有负电荷和感应负电荷(它们均匀分布于球面上)的作用力。两球的合力就是上面算出的引力与斥力之和，近似等于零。

97. 设有两个大小不等的带电导体球，其中 A 球半径 $R_1=0.2\text{ m}$，带电荷 $q=-2\times10^{-4}\text{C}$，$B$ 球半径 $R_2=0.15\text{ m}$，带电荷 $Q=-3\times10^{-4}\text{C}$，当两球心距离 $a=0.6\text{ m}$ 时，两球作用力是多少？

解：虽然两球都带同性负电荷，但因为两球电势不相等，两球之间有静电感应。又因为两球的电势都是负电势，小于零，所以，选电势更低的带电导体球 B 为施感球。像电荷在 A 球内，像电荷到球心的距离

$$b_1=\frac{a^2+R_1^2-R_2^2}{2a}-\frac{1}{2}\sqrt{\left(\frac{a^2+R_1^2-R_2^2}{a}\right)^2-4R_1^2}$$
$$=\frac{0.6^2+0.2^2-0.15^2}{2\times0.6}-\frac{1}{2}\sqrt{\left(\frac{0.6^2+0.2^2-0.15^2}{0.6}\right)^2-4\times0.2^2}$$
$$\approx 0.3146-0.2428$$
$$=0.072(\mathrm{m})$$

B 球内替代电荷到球心的距离

$$b_2=\frac{a^2+R_2^2-R_1^2}{2a}-\frac{1}{2}\sqrt{\left(\frac{a^2+R_1^2-R_2^2}{a}\right)^2-4R_1^2}$$
$$=\frac{0.6^2+0.15^2-0.2^2}{2\times0.6}-0.2428$$
$$\approx 0.043(\mathrm{m})$$

像电荷

$$Q'=-\frac{R_1-b_1}{a-b_2-R_1}Q$$
$$=-\frac{0.2-0.072}{0.6-0.043-0.2}\times(-3)\times10^{-4}$$
$$\approx 1.076\times10^{-4}(\mathrm{C})$$

进一步求出两球的作用力

$$F=\frac{1}{4\pi\varepsilon_0}\left[\frac{QQ'}{(a-b_1-b_2)^2}+\frac{Q(q-Q')}{(a-b_2)^2}\right]$$
$$=\frac{10^{-8}}{111.156\times10^{-12}}\times\left[\frac{-3\times1.076}{(0.6-0.072-0.043)^2}+\frac{-3\times(-2-1.076)}{(0.6-0.043)^2}\right]$$
$$=-1234.57+2675.87$$
$$=1441.3(\mathrm{N})$$

这就是本题要求的两带电导体球的作用力，为斥力。

98. 设上题中 B 球半径减小为零和 0.05m 时，两球的作用力是多少？

解：由题意知，上题中 A 球大小不变，所带电荷也不变，只是 B 球半径减小为零，即 B 球所带电荷变成了球心处的点电荷，且点电荷到 A 球球心距离等于上题中两球心距离。这实际上就是带电导体球外点电荷对带电导体球的作用力问题。点电荷在球内的像电荷

$$Q'=-\frac{R_1}{a}Q=-\frac{0.2}{0.6}\times(-3)\times10^{-4}\approx 1\times10^{-4}(\mathrm{C})$$

像电荷到球心的距离

$$b=\frac{R_1^2}{a}=\frac{0.2^2}{0.6}\approx 0.067(\mathrm{m})$$

故球外点电荷 Q 对带电导体球的作用力

$$F=\frac{1}{4\pi\varepsilon_0}\left[\frac{QQ'}{(a-b)^2}+\frac{Q(q-Q')}{a^2}\right]$$
$$=\frac{10^{-8}}{111.156\times10^{-12}}\times\left[\frac{-3\times1}{(0.6-0.067)^2}+\frac{-3\times(-2-1)}{0.6^2}\right]$$
$$\approx-950+2249.1$$
$$=1299.1(\mathrm{N})$$

这就是上题中 B 球半径为零时，球心处点电荷对带电导体球 A 的作用力。如果 B 球半径不为零，而是减小为 0.05 m，则上题中仍然是两带电导体球的作用力问题。把上题中像电荷偏心距公式里的 B 球半径 R_2 换成 0.05 m，求得像电荷到球心的距离 $b_1=0.067\ \mathrm{m}$，同样把上题中替代电荷偏心距公式里的 R_2 代成 0.05 m，求得 B 球内替代电荷到球心的距离 $b_2=0.0047\ \mathrm{m}$，而像电荷 $Q'=0.777\times10^{-4}\mathrm{C}$。进而算出两带电导体球的作用力 $F=1440.8\ \mathrm{N}$。

99. 设 97 题中两球心距离分别为 0.45 m 和 0.4 m 时，试比较两球的作用力有何不同？

解：根据题意，97 题中的两球大小和所带电荷均保持不变，只是减小了两球心之间的距离，一次是由 97 题中的 0.6 m 减小为 0.45 m，另一次是由 97 题中的 0.6 m 减小为 0.4 m。既然球心距离不同，作用力就一定不同，但两球之间作用力的计算方法和计算公式相同。仍以 B 球为施感球，当两球心距离为 0.45 m 时，A 球内像电荷到球心的距离

$$b_1=\frac{a^2+R_1^2-R_2^2}{2a}-\frac{1}{2}\sqrt{\left(\frac{a^2+R_1^2-R_2^2}{a}\right)^2-4R_1^2}$$
$$=\frac{0.45^2+0.2^2-0.15^2}{2\times0.45}-\frac{1}{2}\sqrt{\left(\frac{0.45^2+0.2^2-0.15^2}{0.45}\right)^2-4\times0.2^2}$$
$$\approx0.244-0.141$$
$$=0.103(\mathrm{m})$$

B 球内替代电荷到球心的距离

$$b_2=\frac{a^2+R_2^2-R_1^2}{2a}-\frac{1}{2}\sqrt{\left(\frac{a^2+R_1^2-R_2^2}{a}\right)^2-4R_1^2}$$
$$=\frac{0.45^2+0.15^2-0.2^2}{2\times0.45}-0.141$$
$$\approx0.065(\mathrm{m})$$

像电荷

$$Q'=-\frac{R_1-b_1}{a-b_2-R_1}Q$$
$$=-\frac{0.2-0.103}{0.45-0.065-0.2}\times(-3)\times10^{-4}$$
$$\approx1.573\times10^{-4}(\mathrm{C})$$

故两球之间的作用力

$$F=\frac{1}{4\pi\varepsilon_0}\left[\frac{QQ'}{(a-b_1-b_2)^2}+\frac{Q(q-Q')}{(a-b_2)^2}\right]$$
$$=\frac{10^4}{111.156}\times\left[\frac{-3\times1.573}{(0.45-0.103-0.065)^2}+\frac{-3\times(-2-1.573)}{(0.45-0.065)^2}\right]$$
$$\approx-5338.50+6505.79$$
$$=1167.29(\text{N})$$

这就是 97 题中两球心距离为 0.45 m 时，两球的作用力，为斥力。

如果两球心距离再减小为 0.4 m，用上面相同的公式算出 A 球内像电荷的偏心距 $b_1=0.126\ \text{m}$，B 球内替代电荷的偏心距 $b_2=0.082\ \text{m}$，像电荷 $Q'=1.881\times10^{-4}\text{C}$，进而算出两球的作用力 $F=-3367.5\ \text{N}$，此时算出的力为引力。所以，97 题中当两球心距离分别为 0.45m 和 0.4m 时，两球的作用力性质不同，前者为斥力，后者则为引力。

100. 把 97 题中两球面电荷互相交换后，两球的作用力有无变化？施感球如何选择？

解：把 97 题中两球面上电荷交换后，则题目变成 A 球半径 $R_2=0.2\ \text{m}$，带电荷 $Q=-3\times10^{-4}\text{C}$，$B$ 球半径 $R_1=0.15\ \text{m}$，带电荷 $q=-2\times10^{-4}\text{C}$。且两球心距离不变，$a=0.6\ \text{m}$。此时，因为 A 球的电势低于 B 球的电势，故在两球电势均为负值的情况下，选择电势更低的 A 球为施感球，B 球为受感球。所以，像电荷在 B 球内，像电荷到球心的距离(用 b_1 表示)就是 97 题中 B 球内替代电荷到球心的距离，即 $b_1=0.043\ \text{m}$。而替代电荷在 A 球内，替代电荷到球心的距离(用 b_2 表示)就是 97 题中 A 球内像电荷到球心的距离，即 $b_2=0.072\ \text{m}$。故 B 球内像电荷

$$Q'=-\frac{R_1-b_1}{a-b_2-R_1}Q$$
$$=-\frac{0.15-0.043}{0.6-0.072-0.15}\times(-3)\times10^{-4}$$
$$=0.849\times10^{-4}(\text{C})$$

进而可算出两球的作用力

$$F=\frac{1}{4\pi\varepsilon_0}\left[\frac{QQ'}{(a-b_1-b_2)^2}+\frac{Q(q-Q')}{(a-b_2)^2}\right]$$
$$=\frac{10^4}{111.156}\times\left[\frac{-3\times0.849}{(0.6-0.043-0.072)^2}+\frac{-3\times(-2-0.849)}{(0.6-0.072)^2}\right]$$
$$\approx-974.12+2758.12$$
$$=1784(\text{N})$$

这就是 97 题中两球交换电荷以后的作用力。与 97 题算出的力相比，本题算出的力比 97 题算出的力要大，即两球半径不等时，两球交换电荷后的作用力与交换前的作用力一般不相等。

101. 如果把 97 题中 A 球所带的负电荷换成等量的正电荷，而其他条件不变，问：两球的作用力是多少？谁是施感球？

解：如果 97 题中改成 A 球带正电荷，而其他条件不变，即 B 球仍带负电荷，此时，A，B 两球为带异性电荷导体球。带异性电荷导体球的作用力问题，前面已做过解答，为了比较，这里再次涉及。由于两球带的是异性电荷，故两球之间可能有静电感应，也可能没有静电感应。如果没有静电感应，则两球的作用就是两球面上所带异性电荷的直接作用，两球的作用力就是两球面上异性电荷的直接吸引力。在本题中由于 A 球所带正电荷大于 B 球在 A 球内的像电荷，故两球之间没有静电感应，但仍可以用电像法求解两球的作用力。选 B 球为施感球，像电荷(即 A 球面上受到吸引而分布不均匀电荷在球内的替代点电荷)在 A 球内。因为两球大小和球心距离均与 97 题相同，故像电荷到球心距离也与 97 题相同，已由 97 题算出 $b_1 = 0.072\ \text{m}$，B 球内替代电荷到球心的距离也与 97 题相同，为 $b_2 = 0.043\ \text{m}$。算出像电荷和替代电荷偏离球心的距离后就可以算出像电荷，但由于施感球 B 所带的电荷没有变化，仍与 97 题相同，所以，像电荷也与 97 题相同，为 $Q' = 1.076\times10^{-4}\text{C}$。有了像电荷、像电荷到球心的距离，以及 A 球所带电荷 $q = 2\times10^{-4}\text{C}$ 后，就可以由下式算出两球的作用力

$$
\begin{aligned}
F &= \frac{1}{4\pi\varepsilon_0}\left[\frac{QQ'}{(a-b_1-b_2)^2}+\frac{Q(q-Q')}{(a-b_2)^2}\right] \\
&= \frac{10^{-8}}{111.156\times10^{-12}}\times\left[\frac{-3\times1.076}{(0.6-0.072-0.043)^2}+\frac{-3\times(2-1.076)}{(0.6-0.043)^2}\right] \\
&\approx -2038.38(\text{N})
\end{aligned}
$$

这就是 97 题中 A 球带正电荷时两球的作用力。与 97 题相比，97 题因两球都带同性负电荷，故两球的作用力为斥力，而本题中因两球带的是异性电荷，故两球的作用力为引力，并且本题的引力大于 97 题的斥力。

102. 设有一导体球 A，半径 $R_1 = 0.6\ \text{m}$，球面上带电荷 $q = -1\times10^{-4}\text{C}$，而另一导体球 B 半径 $R_2 = 0.06\ \text{m}$，球面上带电荷 $Q = -6\times10^{-4}\text{C}$，当两球心距离 $a = 3\ \text{m}$ 时，两球的作用力是多少？与电荷在球心处时的作用力相比较如何？

解：容易看出 B 球的电势低于 A 球的电势，故在两球电势都小于零的情况下，以 B 球为施感球，A 球为受感球。所以，像电荷在 A 球内，像电荷到球心的距离

$$
\begin{aligned}
b_1 &= \frac{a^2+R_1^2-R_2^2}{2a}-\frac{1}{2}\sqrt{\left(\frac{a^2+R_1^2-R_2^2}{a}\right)^2-4R_1^2} \\
&= \frac{3^2+0.6^2-0.06^2}{2\times3}-\frac{1}{2}\sqrt{\left(\frac{3^2+0.6^2-0.06^2}{3}\right)^2-4\times0.6^2} \\
&\approx 1.559-1.439 \\
&= 0.12(\text{m})
\end{aligned}
$$

而替代电荷在 B 球内，替代电荷到球心的距离

$$b_2=\frac{a^2+R_2^2-R_1^2}{2a}-\frac{1}{2}\sqrt{\left(\frac{a^2+R_1^2-R_2^2}{a}\right)^2-4R_1^2}$$
$$=\frac{3^2+0.06^2-0.6^2}{2\times3}-1.439$$
$$\approx0.002(\text{m})$$

像电荷

$$Q'=-\frac{R_1-b_1}{a-b_2-R_1}Q$$
$$=-\frac{0.6-0.12}{3-0.002-0.6}\times(-6)\times10^{-4}$$
$$=1.201\times10^{-4}(\text{C})$$

故两球的作用力

$$F=\frac{1}{4\pi\varepsilon_0}\left[\frac{QQ'}{(a-b_1-b_2)^2}+\frac{Q(q-Q')}{(a-b_2)^2}\right]$$
$$=\frac{10^{-8}}{111.156\times10^{-12}}\times\left[\frac{-6\times1.201}{(3-0.12-0.002)^2}+\frac{-6\times(-1-1.201)}{(3-0.002)^2}\right]$$
$$\approx-78.27+132.18$$
$$=53.91(\text{N})$$

如果电荷不是分布在球面上，而是集中在球心处，则容易算出两球心处点电荷的作用力为 60 N。与带电导体球的作用力相比，二力不相等，而是球心处点电荷的作用力大于两球的作用力，即大于两球面上电荷的作用力。

103. 设有导体球 A 半径 $R_1=1\text{ m}$，导体球 B 半径 $R_2=0.1\text{ m}$，均带有相同的负电荷 $Q=-5\times10^{-5}\text{C}$，问：两球心距离为 2 m 时，两球的作用力是多少？

解：这是一个带电大球与带电小球的作用力问题。由于两球大小不等，而所带电荷相等，并且都带负电荷，故显然是小球 B 的电势低于大球 A 的电势。选择 B 球为施感球，A 球为受感球，像电荷在 A 球内。像电荷到球心的距离

$$b_1=\frac{a^2+R_1^2-R_2^2}{2a}-\frac{1}{2}\sqrt{\left(\frac{a^2+R_1^2-R_2^2}{a}\right)^2-4R_1^2}$$
$$=\frac{2^2+1^2-0.1^2}{2\times2}-\frac{1}{2}\sqrt{\left(\frac{2^2+1^2-0.1^2}{2}\right)^2-4\times1}$$
$$\approx1.248-0.746$$
$$=0.502(\text{m})$$

B 球内替代电荷到球心的距离

$$
\begin{aligned}
b_2 &= \frac{a^2+R_2^2-R_1^2}{2a}-\frac{1}{2}\sqrt{\left(\frac{a^2+R_1^2-R_2^2}{a}\right)^2-4R_1^2} \\
&\approx \frac{2^2+0.1^2-1^2}{2\times 2}-0.746 \\
&= 0.007(\mathrm{m})
\end{aligned}
$$

像电荷

$$
\begin{aligned}
Q' &= -\frac{R_1-b_1}{a-b_2-R_1}Q \\
&= -\frac{1-0.502}{2-0.007-1}\times(-5)\times 10^{-5} \\
&\approx 2.508\times 10^{-5}(\mathrm{C})
\end{aligned}
$$

故 B 球对 A 球的作用力

$$
\begin{aligned}
F &= \frac{1}{4\pi\varepsilon_0}\left[\frac{QQ'}{(a-b_1-b_2)^2}+\frac{Q(Q-Q')}{(a-b_2)^2}\right] \\
&= \frac{10^{-10}}{111.156\times 10^{-12}}\times\left[\frac{-5\times 2.508}{(2-0.502-0.007)^2}+\frac{-5\times(-5-2.508)}{(2-0.007)^2}\right] \\
&\approx -5.07+8.5 \\
&= 3.43(\mathrm{N})
\end{aligned}
$$

这就是本题中带电小球 B 对带电大球 A 的作用力，为斥力。

104. 如果上题中 B 球半径减小为零，而其他条件不变，则 B 球球心处点电荷对 A 球的作用力是多少？与上题相比较如何？

解：根据题意，带电导体球 A 的半径 $R=1\ \mathrm{m}$，带电荷 $Q=-5\times 10^{-5}\mathrm{C}$，球外有一与球面电荷相同的点电荷，点电荷到球心的距离 $a=2\ \mathrm{m}$，要求出点电荷对带电导体球的作用力。此类问题前面已经做过解答，这里只是为了比较而再次出现。施感电荷为点电荷，像电荷在 A 球内，像电荷到球心的距离

$$
b=\frac{R^2}{a}=\frac{1^2}{2}=0.5(\mathrm{m})
$$

像电荷

$$
Q'=-\frac{R}{a}Q=-\frac{1}{2}\times(-5)\times 10^{-5}=2.5\times 10^{-5}(\mathrm{C})
$$

故球外点电荷对带电导体球 A 的作用力

$$F=\frac{1}{4\pi\varepsilon_0}\left[\frac{QQ'}{(a-b)^2}+\frac{Q(Q-Q')}{a^2}\right]$$
$$=\frac{10^{-10}}{4\times3.14\times8.85\times10^{-12}}\times\left[\frac{-5\times2.5}{(2-0.5)^2}+\frac{-5\times(-5-2.5)}{2^2}\right]$$
$$\approx-5+8.43$$
$$=3.43(\mathrm{N})$$

这就是上题中 B 球半径为零时，球心处点电荷对 A 球的作用力。与上题相比较，点电荷在 A 球内的像电荷略小于上题中 B 球面电荷在 A 球内的像电荷，本题中像电荷到球心的距离也略小于上题中像电荷到球心的距离。所以，本题中算出的点电荷对 A 球的作用力也略小于上题中 B 球对 A 球的作用力。但相差都不是很大。

105. 如果把 103 题中 A 球所带的电荷换成等量的正电荷，而保持其他条件不变，此时，两带电导体球的作用力有无变化？谁是施感球？

解：如果把 103 题中 A 球所带的负电荷换成等量的正电荷，则 A 球和 B 球带的是等量异性电荷。由于 B 球的半径比 A 球的半径小，所以，B 球电势的绝对值比 A 球电势的绝对值大，故选择 B 球为施感球。像电荷在 A 球内，并由于两球半径和球心距离均与 103 题相同，故像电荷到球心的距离也与 103 题相同，已由 103 题算出 $b_1=0.502\ \mathrm{m}$。同样，B 球内替代电荷到球心的距离也与 103 题相同，由 103 题算出 $b_2=0.007\ \mathrm{m}$。既然像电荷和替代电荷到球心的距离都与 103 题相同，且施感球 B 所带电荷也与 103 题相同，那么，B 球面电荷在 A 球内的像电荷也与 103 题相同，已由 103 题算出 $Q'=2.508\times10^{-5}\mathrm{C}$。由以上数据可算出两球的作用力

$$F=\frac{1}{4\pi\varepsilon_0}\left[\frac{QQ'}{(a-b_1-b_2)^2}+\frac{Q(q-Q')}{(a-b_2)^2}\right]$$
$$=\frac{10^{-10}}{111.156\times10^{-12}}\times\left[\frac{-5\times2.508}{(2-0.502-0.007)^2}+\frac{-5\times(5-2.508)}{(2-0.007)^2}\right]$$
$$=-5.07-2.82$$
$$=-7.89(\mathrm{N})$$

这就是 103 题中把 A 球所带负电荷换成等量的正电荷后，B 球对 A 球的作用力，为引力。和 103 题相比，不仅力的性质不同，而且大小也不相等。这是因为一个是带同性电荷导体球的作用，另一个是带异性电荷导体球的作用，带同性电荷导体球的作用力为引力与斥力的合力，而带异性电荷导体球的作用力为引力与引力的合力。

七、等势等大带电导体球作用力的近似计算

106. 有两个大小相等的导体球，半径均为 R，带有电量相等的同性电荷 Q，当两球心距离为 c，c 大于 $2R$ 时，两球的作用力可否求出？

解：两个大小相等，带有等量同性电荷的导体球，其球面电势必然相等，因此，两带电导体球之间没有静电感应，无引力，两球之间的作用力不能直接用电像法求出。但为了便于借用电像法求出力，可以将其中的任一导体球作"移位变号"。如将图 7-1 中 A 球从 B 球的一边移动到另一边，并将移位后的球面电荷进行变号。这样一来，移位后的 A 球(用 A' 球表示)与 B 球大小相等，带有等量的异性电荷，因此，两球之间的作用力可以用电像法求出。只要能够找到一个合适的 A' 球与 B 球的球心距离，使得移位前两球的斥力等于移位后两球的引力，此时，移位前两球内替代电荷的偏心距和移位后 A' 球在 B 球内像电荷的偏心距相等。从而就可以由移位后两球的作用(用电像法)求出像电荷的偏心距 b，它也是移位前两球内替代电荷的偏心距。既然偏心距能求出，那么，移位前 A、B 两球的斥力就能求出。

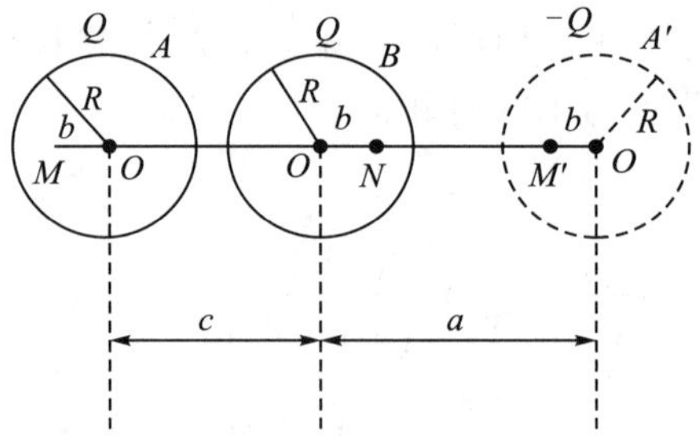

图 7-1　A 球"移位变号"

以上只是给出了求解两个等势等大带电导体球之间作用力的思路，但实际做起来还比较麻烦。主要是如何确定移位前和移位后两球心距离的关系问题。因为题目中给出的是移位前两个带同性电荷导体球的球心距离 c，而移位后两个带异性电荷导体球的球心距离 a 并不知道；并且移位前两个带同性电荷导体球的作用力是斥力，而移位后两个带异性电荷导体球的作用力是引力，要斥力等于引力，显然移位前和移位后的球心距离 $c \neq a$，并且引力时的球心距离大于斥力时的球心距离。由以上讨论得出，两个大小相同，带有等量同性电荷导体球的作用力，即斥力是可以求出来的，并且在计算力的过程中，同样要用到电像法知识。

107. 上题中两带电导体球的作用力公式如何确定？

解：设上题图 7-1 中 A、B 两导体球带的是正电荷，由于两球大小相等，带电荷也相

等，则两球面电势相等。所以，两球之间没有静电感应，两球之间的作用力只有斥力没有引力。既然两球之间没有引力，只有斥力，那么，两球面上的电荷在各自对方斥力的作用下都要向外移动而偏离球心。故球面上电荷在球外的电场就不能用球心处假想的替代电荷在球外的电场代替，而是用向外偏离球心处的替代电荷在球外的电场代替。若球面电荷为 Q，则球内替代电荷也是 Q，设 A 球面电荷在球内的替代电荷 Q 位于 M 点处，B 球面电荷在球内的替代电荷 Q 位于 N 点处，并且 M 和 N 到各自球心的距离相等，用 b 表示。故两导体球的作用力，也就是两球面电荷的作用力，可以用两球内替代点电荷的作用力代替，由下式给出

$$F=\frac{Q^2}{4\pi\varepsilon_0\left(c+2b\right)^2}$$

因为式中 b 是未知数，力不能算出。故下面要进一步求出 b，为此，给出上题图 7-1 中 A' 球与 B 球的引力

$$F'=-\frac{Q^2}{4\pi\varepsilon_0}\left\{\frac{R-b}{a-b-R}\left[-\frac{1}{\left(a-2b\right)^2}+\frac{1}{\left(a-b\right)^2}\right]-\frac{1}{\left(a-b\right)^2}\right\}$$

式中，a 是 A'、B 两球心距离；b 是 A' 球和 B 球内像电荷和替代电荷到球心的距离；当 A、B 球的斥力与 A'、B 球的引力相等时，两式中的 b 也相等。并有

$$b=\frac{1}{2}\left(a-\sqrt{a^2-4R^2}\right)$$

为方便计算，先对 A'、B 之间的引力 F' 计算进行化简，F' 满足

$$\frac{Q^2}{4\pi\varepsilon_0\left(a-b\right)^2}<F'<\frac{Q^2}{4\pi\varepsilon_0\left(a-2b\right)^2}$$

故 F' 可简写成

$$F'=-\frac{Q^2}{4\pi\varepsilon_0\left(a-kb\right)^2}$$

当上题图 7-1 中 A、B 两球的斥力等于 A'、B 两球的引力时，联立各式得出 b 与 c 的关系为

$$b=\frac{-c+\sqrt{c^2+4\left(1+k\right)R^2}}{2\left(1+k\right)}$$

这就是 b 和 c 与 R 的关系。式中 k 是一个常数，其大小与 a 和 R 有关，并满足 $1\leqslant k\leqslant 1.4$。虽然 k 是一个常数，但由于其变化范围很小，相对于 c 的变化对力的影响非常有限。实际计算表明，在计算精度要求不是很高时，k 的变化对力的影响可以忽略不计。因此，上式中的 k 可取常数 1.4，将 $k=1.4$ 代入上式，再把上式代入 F 中，则上题中两个等势等大带电导体球的作用力公式为

$$F=\frac{5.76Q^2}{4\pi\varepsilon_0\left(1.4c+\sqrt{c^2+9.6R^2}\right)}$$

这就是两个半径为 R，带等量同性电荷 Q，并且两球心相距为 c 时，两带电导体球之间作用力的计算公式。

108. 有两个大小相等的导体球，半径 $R=0.2\,\text{m}$，带有等量正电荷 $Q=5\times10^{-5}\text{C}$，问：当两球心距离 $c=0.6\,\text{m}$ 时，两球的作用力是多少？

解：因为两球大小相等，带的电荷也相等，故两球的电势相等。因为两球电势相等，两球面电荷发出的电力线都不能到达另一个导体球面，所以，两球之间没有静电感应，两球的作用力就是两球面上正电荷的直接作用力，为斥力。该力由球内替代点电荷的作用力代替，而替代点电荷到球心的距离由下式算出为

$$b=\frac{-c+\sqrt{c^2+4(1+k)R^2}}{2(1+k)}$$

$$=\frac{-0.6+\sqrt{0.6^2+4\times(1+1.4)\times0.2^2}}{2\times(1+1.4)}$$

$$\approx0.0547(\text{m})$$

将算出的 b 代入两带电导体球的斥力公式，两球的作用力

$$F=\frac{Q^2}{4\pi\varepsilon_0(c+2b)^2}$$

$$=\frac{5^2\times10^{-10}}{4\times3.14\times8.85\times10^{-12}\times(0.6+2\times0.0547)^2}$$

$$\approx44.69(\text{N})$$

这就是本题要求的两带电导体球的作用力。另外，也可以直接用下面的斥力公式算出，即

$$F=\frac{5.76Q^2}{4\pi\varepsilon_0\left(1.4c+\sqrt{c^2+9.6R^2}\right)^2}$$

$$=\frac{5.76\times5^2\times10^{-10}}{4\times3.14\times8.85\times10^{-12}\times\left(1.4\times0.6+\sqrt{0.6^2+9.6\times0.2^2}\right)^2}$$

$$\approx44.69(\text{N})$$

用两种方法算出的结果完全相同。

109. 比较上题中两球半径减小为 $R=0.05\,\text{m}$ 和 $R=0$ 时，两球的作用力和球内替代电荷到球心的距离如何？

解：当两球半径减小时，两球内替代电荷到球心的距离也要减小，替代电荷到球心的距离减小，则两球内替代电荷之间的距离就要减小，两替代电荷之间的距离减小，那么，它们之间的作用力就要增大。当两球半径 $R=0.05\,\text{m}$ 时，两球内替代电荷到球心的距离

$$b=\frac{-c+\sqrt{c^2+4(1+k)R^2}}{2(1+k)}$$

$$=\frac{-0.6+\sqrt{0.6^2+4\times(1+1.4)\times0.05^2}}{2\times(1+1.4)}$$

$$\approx0.004(\text{m})$$

两球的作用力

$$F=\frac{Q^2}{4\pi\varepsilon_0(c+2b)^2}$$
$$=\frac{5^2\times10^{-10}}{4\times3.14\times8.85\times10^{-12}\times(0.6+2\times0.004)^2}$$
$$\approx60.84(\text{N})$$

这就是上题中两球半径为 0.05 m 时，两带电导体球的作用力。

当两球半径 $R=0$ 时，两球面电荷就集中在球心处，替代电荷到球心的距离必然为零。事实上这也可以由公式算出，即

$$b=\frac{-c+\sqrt{c^2+4(1+k)R^2}}{2(1+k)}=\frac{-c+c}{2(1+k)}=0$$

此时两球的作用力就变成了两球心处点电荷的作用力，实际上也可以用两球的斥力公式算出

$$F=\frac{Q^2}{4\pi\varepsilon_0(c+2b)^2}$$
$$=\frac{Q^2}{4\pi\varepsilon_0c^2}$$
$$=\frac{5^2\times10^{-10}}{4\times3.14\times8.85\times10^{-12}\times0.6^2}$$
$$\approx62.47(\text{N})$$

这就是两球半径为零时，两球心处点电荷的作用力，它也可以由两球的斥力公式算出。计算结果表明，两球心处点电荷的作用力比两球半径为 0.05m 时作用力略大。表明两球心处点电荷的作用力(即斥力)要比两球面上电荷的作用力(即斥力)大。

110. 如果 108 题中的两球半径和所带电荷不变，而只是将两球心距离分别增加 2 倍和 4 倍，即 1.2 m 和 2.4 m，则两球的作用力是多少？与电荷在球心处时的作用力相比如何？

解：两个等势等大带电导体球的作用力可以用两种方法求出，但一般情况都是直接由两个等势等大带电导体球的斥力公式计算。当 108 题中两球半径不变，$R=0.2$ m，球面所带电荷也不变，$Q=5\times10^{-5}$C 时，取两球心距离 $c=1.2$ m，则将题目给出的已知条件代入两带电导体球的斥力公式，得出两球的作用力

$$F=\frac{5.76Q^2}{4\pi\varepsilon_0\left(1.4c+\sqrt{c^2+9.6R^2}\right)^2}$$
$$=\frac{5.76\times5^2\times10^{-10}}{4\times3.14\times8.85\times10^{-12}\times\left(1.4\times1.2+\sqrt{1.2^2+9.6\times0.2^2}\right)^2}$$
$$\approx14.11(\text{N})$$

如果两球面上的电荷都集中到球心处，则两球心处点电荷的作用力由库仑定律算出为

$$F=\frac{Q^2}{4\pi\varepsilon_0c^2}=\frac{5^2\times10^{-10}}{4\times3.14\times8.85\times10^{-12}\times1.2^2}\approx15.62(\mathrm{N})$$

与上面算出的两带电导体球的作用力相比，球心处点电荷的作用力比两带电导体球的作用力大，二者相差10%左右。

两球心距离为2.4 m时，则两带电导体球的作用力

$$\begin{aligned}F&=\frac{5.76Q^2}{4\pi\varepsilon_0\left(1.4c+\sqrt{c^2+9.6R^2}\right)^2}\\&=\frac{5.76\times5^2\times10^{-10}}{4\times3.14\times8.85\times10^{-12}\times\left(1.4\times2.4+\sqrt{2.4^2+9.6\times0.2^2}\right)^2}\\&\approx3.8(\mathrm{N})\end{aligned}$$

此时，如果让两球面电荷集中于球心处，则两球心处点电荷的作用力可由库仑定律算出为$F=3.9\ \mathrm{N}$。与两球面电荷的作用力，即两带电导体球作用力3.8 N相比，仍然是球心处点电荷的作用力大于球面电荷的作用力，但相差很小。

111. 如果将108题中两球所带的电荷换成异性电荷，而电量不变，问：当两球的引力与108题中的斥力相等时，两球心距离是多少？与108题中的两球心距离c有何关系？

解：根据题意，有两个导体球A和B，半径均与108题相同，为$R=0.2\ \mathrm{m}$，其中一球带正电荷，另一球带负电荷，电量都是$5\times10^{-5}\mathrm{C}$，并且两球的引力与108题的斥力相等，为44.69 N，试求出两球心距离a及其与108题中两球心距离c的关系。这实际上就是计算106题图中A、B两球的斥力与A'、B两球的引力相等时，两球心距离a和c的关系。既然106题图7-1中两球作“移位变号”前的斥力等于“移位变号”后的引力，那么，两球面电荷相互排斥时偏离球心的距离与两球面电荷相互吸引时偏离球心的距离相等，已由108题算出$b=0.0547\ \mathrm{m}$。将$b=0.0547\ \mathrm{m}$和球半径$R=0.2\ \mathrm{m}$代入下式，就可求出a，即

$$b=\frac{a-\sqrt{a^2-4R^2}}{2}$$

故有

$$a=\frac{R^2+b^2}{b}=\frac{0.2^2+0.0547^2}{0.0547}\approx0.786(\mathrm{m})$$

这就是108题中两球面电荷换成异性电荷，并且引力等于108题中的斥力时，两球心的距离。另外，因为两球带同性正电荷时的斥力与两球带异性电荷时的引力大小相等，即

$$\frac{Q^2}{4\pi\varepsilon_0(a-kb)^2}=\frac{Q^2}{4\pi\varepsilon_0(c+2b)^2}$$

由上式解得

$$a=c+(2+k)b$$

这就是两个大小相等的导体球，带有等量同性电荷时的斥力等于带有等量异性电荷时的引力时，两球心距离的关系。

112. 设有两导体球 A 和 B，半径均为 $R=0.5$ m，两球心距离 $a=3$ m，试求(1)当两球带有电量同为 5×10^{-4}C 的异性电荷时，两球的作用力是多少？(2)当把两球所带的异性电荷换成电量相同的同性电荷时，两球的作用力又是多少？

解：(1)当两球带异性电荷时，两球之间的作用力为引力。设 A 球带负电荷，用 q 表示，B 球带正电荷，用 Q 表示。以 B 球为施力球或施感球，像电荷在 A 球内，A 球内像电荷和 B 球内替代电荷到球心的距离

$$b=\frac{a-\sqrt{a^2-4R^2}}{2}=\frac{3-\sqrt{3^2-4\times0.5^2}}{2}\approx0.086(\text{m})$$

A 球内的像电荷

$$\begin{aligned}Q'&=-\frac{R-b}{a-b-R}Q\\&=-\frac{0.5-0.086}{3-0.086-0.5}\times5\times10^{-4}\\&\approx-0.857\times10^{-4}(\text{C})\end{aligned}$$

故两球的引力

$$\begin{aligned}F&=\frac{1}{4\pi\varepsilon_0}\left[\frac{QQ'}{(a-2b)^2}+\frac{Q(q-Q')}{(a-b)^2}\right]\\&=\frac{10^{-8}}{111.156\times10^{-12}}\times\left[\frac{-5\times0.857}{(3-2\times0.086)^2}+\frac{5\times(-5+0.857)}{(3-0.086)^2}\right]\\&\approx-48.2-219.47\\&=-267.67(\text{N})\end{aligned}$$

这就是两导体球带异性电荷时的作用力，为引力。

(2)当两球带同性电荷，球心距离也是 3 m 时，两球的斥力由下式算出，为

$$\begin{aligned}F&=\frac{5.76Q^2}{4\pi\varepsilon_0\left(1.4c+\sqrt{c^2+9.6R^2}\right)^2}\\&=\frac{5.76\times5^2\times10^{-8}}{4\times3.14\times8.85\times10^{-12}\times\left(1.4\times3+\sqrt{3^2+9.6\times0.5^2}\right)^2}\\&\approx225.69(\text{N})\end{aligned}$$

这就是两球带同性电荷时，两球的作用力。比较两球带异性电荷时的引力和两球带同性电荷时的斥力大小得出，在相同球心距离的情况下，引力大于斥力。

113. 如果将上题中两球心距离增加到 8 m，而其他条件不变，则情况又将如何？

解：由题意，上题中的两球半径和球面所带电荷均不变，只是将两球心距离由上题中的 3 m 增加到 8 m。

(1)当两球带的是异性电荷时，选择带正电荷的 B 球为施感球，像电荷在 A 球内。像电荷到球心的距离由下式算出为

$$b=\frac{a-\sqrt{a^2-4R^2}}{2}=\frac{8-\sqrt{8^2-4\times0.5^2}}{2}\approx0.0314(\mathrm{m})$$

这也是 B 球内替代电荷到球心的距离。而 A 球内像电荷由下式算出为

$$\begin{aligned}Q'&=-\frac{R-b}{a-b-R}Q\\&=-\frac{0.5-0.0314}{8-0.0314-0.5}\times5\times10^{-4}\\&\approx-0.314\times10^{-4}(\mathrm{C})\end{aligned}$$

故两球的引力

$$\begin{aligned}F&=\frac{1}{4\pi\varepsilon_0}\left[\frac{QQ'}{(a-2b)^2}+\frac{Q(q-Q')}{(a-b)^2}\right]\\&=\frac{10^{-8}}{111.156\times10^{-12}}\times\left[\frac{-5\times0.314}{(8-2\times0.0314)^2}+\frac{5\times(-5+0.314)}{(8-0.0314)^2}\right]\\&\approx-2.24-33.2\\&=-35.44(\mathrm{N})\end{aligned}$$

这就是上题中两球心距离 8 m，并带有异性电荷时两球的作用力，为引力。

(2) 当两球面带同性正电荷时，两球的作用力由斥力公式算出为

$$\begin{aligned}F&=\frac{5.76Q^2}{4\pi\varepsilon_0\left(1.4c+\sqrt{c^2+9.6R^2}\right)^2}\\&=\frac{5.76\times5^2\times10^{-8}}{4\times3.14\times8.85\times10^{-12}\times\left(1.4\times8+\sqrt{8^2+9.6\times0.5^2}\right)^2}\\&\approx34.6(\mathrm{N})\end{aligned}$$

这就是上题中两球心距离 8 m，并且两球都带同性正电荷时两球的作用力，为斥力。比较引力和斥力得出，两球带异性电荷时的引力仍然大于两球带同性电荷时的斥力，但由于两球心距离较远，故二力的差别不是很大。

114. 如果 112 题中两球所带电荷和两球心距离不变，但两球半径减小为 0.1 m，问：两球带异性电荷和同性电荷时的作用力各是多少？与电荷在球心处时的作用力相比较如何？

解：与 112 题相比，本题的条件只是把 112 题中的两带电导体球换成了更小的球，而别的条件都没有改变，因此，计算力的方法和公式都与 112 题相同。

(1) 当两球带异性电荷时，A 球内像电荷和 B 球内替代电荷到球心的距离由等大导体球的偏心距公式算出

$$b=\frac{a-\sqrt{a^2-4R^2}}{2}=\frac{3-\sqrt{3^2-4\times0.1^2}}{2}\approx0.0033(\mathrm{m})$$

像电荷

$$Q' = -\frac{R-b}{a-b-R}Q$$
$$= -\frac{0.1-0.0033}{3-0.0033-0.1} \times 5 \times 10^{-4}$$
$$= -0.167 \times 10^{-4} (\text{C})$$

故两球的作用力

$$F = \frac{1}{4\pi\varepsilon_0}\left[\frac{QQ'}{(a-2b)^2} + \frac{Q(q-Q')}{(a-b)^2}\right]$$
$$= \frac{10^{-8}}{111.156 \times 10^{-12}} \times \left[\frac{-5 \times 0.167}{(3-2\times 0.0033)^2} + \frac{5 \times (-5+0.167)}{(3-0.0033)^2}\right]$$
$$\approx -250.47(\text{N})$$

这就是两球带异性电荷时的引力。

(2) 当两球都带同性正电荷时，则两球的作用力由斥力公式算出为

$$F = \frac{5.76Q^2}{4\pi\varepsilon_0\left(1.4c + \sqrt{c^2 + 9.6R^2}\right)^2}$$
$$= \frac{5.76 \times 5^2 \times 10^{-8}}{4 \times 3.14 \times 8.85 \times 10^{-12} \times \left(1.4 \times 3 + \sqrt{3^2 + 9.6 \times 0.1^2}\right)^2}$$
$$\approx 248.79(\text{N})$$

这就是 112 题中两球半径减小为 0.1m，并都带同性正电荷时两带电导体球的斥力。

如果电荷不在球面上而在球心处，则球心处两点电荷的作用力

$$F = \frac{Q^2}{4\pi\varepsilon_0 a^2} = \frac{5^2 \times 10^{-8}}{4 \times 3.14 \times 8.85 \times 10^{-12} \times 3^2} \approx 249.90(\text{N})$$

比较上面算出的三种力，两球带异性电荷时的引力最大，而两球带同性电荷时的斥力最小，若电荷不在球面上而在球心处时的作用力居中。但由于两球半径很小，所以，三个力的大小虽有差别，但差别很小。

115. 设有两个半径 $R = 0.02$ m 的金属小球，带有相同的正电荷 $Q = 2\times 10^{-6}$C，当两球心距离 $c = 0.041$ m 时，问：两球内替代电荷的偏心距是多少？两球的作用力是多少？

解：两个金属小球很小，带电量也很小，并且两球相距很近，两球面的最近距离只有 1 mm。因此，两球面电荷的作用力，也就是两带电小球的作用力接近最大值，球内替代电荷偏离球心的距离也接近最大值。由下式算出

$$b = \frac{-c + \sqrt{c^2 + 9.6R^2}}{4.8}$$
$$= \frac{-0.041 + \sqrt{0.041^2 + 9.6 \times 0.02^2}}{4.8}$$
$$\approx 0.0069(\text{m})$$

这就是在本题条件下两带电小球内替代电荷偏离球心的距离。代入两球的斥力公式有

$$
\begin{aligned}
F&=\frac{Q^2}{4\pi\varepsilon_0\left(c+2b\right)^2}\\
&=\frac{2^2\times10^{-12}}{4\times3.14\times8.85\times10^{-12}\times\left(0.041+2\times0.0069\right)^2}\\
&\approx11.98(\mathrm{N})
\end{aligned}
$$

这就是本题要求的两带电导体小球的作用力，为斥力。它接近于本题条件下的两个带电小球的最大作用力。该力还可以由两球的另一斥力公式

$$F=\frac{5.76Q^2}{4\pi\varepsilon_0\left(1.4c+\sqrt{c^2+9.6R^2}\right)^2}$$

求出，为 11.95 N，近似相等。

116. 把上题中任一小球所带的正电荷换成等量的负电荷，即两小球带等量异性电荷，而两球大小不变，问：当两小球的引力与上题中斥力相等，也是 11.98 N 时，两小球的球心距离是多少？与上题中两小球的球心距离相比如何？

解：根据题意，把上题中两个金属小球所带的同性正电荷换成电量相等的异性电荷，而小球的大小不变，并且两球的作用力，即引力与上题中的斥力大小相等，为 11.98 N。此时，由于上题中两球带同性电荷，两球的作用力为斥力，两球面上的电荷在斥力作用下向两边偏离球心，因此，增加了两球面上电荷之间的距离。同时也增加了两球内替代电荷之间的距离。而本题中两球带异性电荷，两球的作用力为引力，两球面上电荷在引力的作用下向内偏离球心，因此，减小了两球面上电荷之间的距离，同时也减小了两球内替代电荷之间的距离。在这两种情况下，若要引力等于斥力，必然是两球吸引时的球心距离大于两球排斥时的球心距离，也就是本题中的两球心距离大于上题中的两球心距离，即 $a>c$。由于两球带同性电荷时的斥力等于两球带异性电荷时的引力，故有两球带同性电荷时球内替代电荷的偏心距等于两球带异性电荷时球内像电荷的偏心距。因此，把上题中算出替代电荷的偏心距 $b=0.0069\ \mathrm{m}$ 代入像电荷的偏心距公式

$$b=\frac{a-\sqrt{a^2-4R^2}}{2}$$

解出

$$a=\frac{R^2+b^2}{b}=\frac{0.02^2+0.0069^2}{0.0069}\approx0.065(\mathrm{m})$$

这就是把上题中两球所带同性正电荷换成异性电荷后，两球引力为 11.98 N 时，两带异性电荷小球的球心距离。它大于上题中两个带同性电荷小球的球心距离 $c=0.041\ \mathrm{m}$，并满足关系式 $a=c+\left(2+k\right)b$。事实上将 $c=0.041\ \mathrm{m}$，$b=0.0069\ \mathrm{m}$ 和 $k=1.4$ 代入该式有

$$
\begin{aligned}
a&=c+\left(2+k\right)b\\
&=0.041+\left(2+1.4\right)\times0.0069\\
&\approx0.0645(\mathrm{m})
\end{aligned}
$$

两种方法算出的结果近似相等。计算结果表明，上题中两金属小球带同性电荷时的斥力与

带异性电荷时的引力大小相等时，两种情况下的球心距离不同，带异性电荷时的球心距离大于带同性电荷时的球心距离。

117. 若 115 题中金属小球的球心距离增加到 0.2 m 时，两球的作用力是多少？与电荷集中在球心处时的作用力相比较如何？

解：根据题意，本题中金属小球的大小与 115 题中的一致，半径 $R = 0.02$ m，两球面上的电荷也不变，仍是 $Q = 2\times10^{-6}\text{C}$ 。此时当两球心距离 c 由 115 题中的 0.041 m 增加到 0.2 m 时，两球之间的作用力直接由带电导体球的斥力公式算出为

$$F = \frac{5.76Q^2}{4\pi\varepsilon_0\left(1.4c+\sqrt{c^2+9.6R^2}\right)^2}$$
$$= \frac{5.76\times2^2\times10^{-12}}{4\times3.14\times8.85\times10^{-12}\times\left(1.4\times0.2+\sqrt{0.2^2+9.6\times0.02^2}\right)^2}$$
$$\approx 0.87(\text{N})$$

这就是 115 题中两金属小球的球心距离增加到 0.2 m 时，两球的作用力，为斥力。如果电荷不是分布在小球球面上，而是在球心处，则两球心处点电荷的作用力应由库仑定律算出，为

$$F = \frac{Q^2}{4\pi\varepsilon_0 c^2} = \frac{2^2\times10^{-12}}{4\times3.14\times8.85\times10^{-12}\times0.2^2} \approx 0.9(\text{N})$$

比较电荷分布在球面上时的作用力和电荷集中在球心处时的作用力得出，分布在球面上的作用力小于集中在球心处的作用力，但由于两带电导体球很小，所带电荷也小，所以二力相差也很小。

118. 设有 A、B 两导体球，大小相等，半径均为 $R = 0.5$ m，两球心距离 $c = 1.6$ m。试求：(1) 当两球带等量的同性正电荷 $Q = 4\times10^{-4}\text{C}$ 时，两球的作用力是多少？(2) 如果把 A 球所带电荷换成负电荷 $q = -4\times10^{-4}\text{C}$ 时，两球的作用力又是多少？

解：(1) 当两球带同性正电荷时，两球的作用力

$$F = \frac{5.76Q^2}{4\pi\varepsilon_0\left(1.4c+\sqrt{c^2+9.6R^2}\right)^2}$$
$$= \frac{5.76\times4^2\times10^{-8}}{4\times3.14\times8.85\times10^{-12}\times\left(1.4\times1.6+\sqrt{1.6^2+9.6\times0.5^2}\right)^2}$$
$$\approx 415.49(\text{N})$$

这就是两球带同性正电荷时，两球的作用力，为斥力。

(2) 当其中的 A 球带负电荷时，则两球带异性电荷，两球的作用力为引力。取 B 球为施力球，则像电荷在 A 内，像电荷到球心的距离

$$b = \frac{a-\sqrt{a^2-4R^2}}{2} = \frac{1.6-\sqrt{1.6^2-4\times0.5^2}}{2} \approx 0.176(\text{m})$$

这也是 B 球内替代电荷到球心的距离。而像电荷

$$
\begin{aligned}
Q' &= -\frac{R-b}{a-b-R}Q \\
&= -\frac{0.5-0.176}{1.6-0.176-0.5}\times 4\times 10^{-4} \\
&\approx -1.403\times 10^{-4}(\mathrm{C})
\end{aligned}
$$

故两球的作用力

$$
\begin{aligned}
F &= \frac{1}{4\pi\varepsilon_0}\left[\frac{QQ'}{(a-2b)^2}+\frac{Q(q-Q')}{(a-b)^2}\right] \\
&= \frac{10^{-8}}{111.156\times 10^{-12}}\times\left[\frac{-4\times 1.403}{(1.6-2\times 0.176)^2}+\frac{4\times(-4+1.403)}{(1.6-0.176)^2}\right] \\
&\approx -324.16-460.87 \\
&= -785.03(\mathrm{N})
\end{aligned}
$$

这就是两球带异性电荷时的引力。比较以上算出的引力和斥力，当两球大小和球心距离以及两球所带电荷的电量相等，并且两球心距离不是很远时，两球带异性电荷时的引力比两球带同性电荷时的斥力要大，而且相差较大。

119. 如果上题中两导体球都带正电荷时的斥力为 785.03 N，即与上题中两导体球带异性电荷时的引力大小相等，则两球心距离是多少？是增加还是减小？

解：根据题意，上题中的两球大小和所带电荷都不变，只是把两球都带正电荷时的斥力由上题算出的 415.5 N 增大为 785.03 N，即与上题中两球带异性电荷时的引力大小相等。显然两个带同性电荷导体球的斥力增大了，那么，在两球大小和所带电荷不变的情况下，两球心距离必然要减小。可由下式算出

$$
F = \frac{Q^2}{4\pi\varepsilon_0(c+2b)^2} = 785.03(\mathrm{N})
$$

式中 b 由上题算出为 0.176 m，Q 由题中给出，因此，上式中只有 c 是未知数，故容易解出 $c=1.002\ \mathrm{m}$。另外，由于题中给出的条件是两球带同性电荷时的斥力等于上题中两球带异性电荷时的引力，故斥力和引力作用下球内替代电荷的偏心距相等。即本题中两球带同性电荷时球内替代电荷的偏心距等于上题算出的两球带异性电荷时像电荷的偏心距，为 $b=0.176\ \mathrm{m}$。将其代入斥力作用下球内替代电荷的偏心距公式，有

$$
b = 0.176 = \frac{-c+\sqrt{c^2+9.6R^2}}{4.8}
$$

式中 R 已知，为 0.5 m，只有 c 是未知数，故容易解出未知数 $c=1.002\ \mathrm{m}$。除前面的两种方法外，还可以由下式求出，即

$$
c = a-(2+k)b
$$

式中，$a=1.6\ \mathrm{m}$；$b=0.176\ \mathrm{m}$；$k=1.4$，代入后算出 $c=1.002\ \mathrm{m}$。即用三种方法算出的结

果相同。

120. 设有两个半径 $R=0.3\ \text{m}$ 的导体球，分别带有相同的正电荷 $Q=6\times10^{-5}\text{C}$，当两球心距离 $c=0.601\ \text{m}$ 时，两球的作用力是多少？两球心距离与球半径的关系如何？

解：由于两球大小相等，所带电荷也相等，故两球为等势球。两球的作用力就是两球面上电荷的斥力，其大小直接由两个等势等大带电导体球的斥力公式算出为

$$F=\frac{5.76Q^2}{4\pi\varepsilon_0\left(1.4c+\sqrt{c^2+9.6R^2}\right)^2}$$

$$=\frac{5.76\times6^2\times10^{-10}}{4\times3.14\times8.85\times10^{-12}\times\left(1.4\times0.601+\sqrt{0.601^2+9.6\times0.3^2}\right)^2}$$

$$\approx48.97(\text{N})$$

这就是本题要求的两带电导体球的作用力。因为两带电导体球之间的球心距离 $c=0.601\ \text{m}$，而两球半径 $R=0.3\ \text{m}$，故两球心距离 c 和两球半径 R 的关系为 $c\approx2R$，即两球心之间的距离已经接近了最小值 $2R$(因为球心距离不能取 $2R$，否则两球面的最近距离为零)。既然两球心之间的距离已经接近最小值，那么，两球之间的作用力 49.15 N，就是本题条件下两球作用力的最大值。

121. 如果将上题中两导体球所带电荷换成异性电荷，两球心距离为 0.96m，而电量和两球半径与上题相同，问：两球的作用力是多少？与上题相比如何？此时的两球心距离 a 与上题中两球心距离 c 的关系如何？

解：既然两带电导体球带的是异性电荷，并且两球面电荷的电量都大于有静电感应时的感应电荷，即像电荷的电量，故两球之间没有静电感应，两球的作用力就是两球面上正负电荷的直接作用力。任取其中一球为施感球都不影响作用力的大小。但为了便于表述，仍选 A 球带负电荷 q，B 球带正电荷 Q，并且电量相等，即 $-q=Q=6\times10^{-5}\text{C}$。选 B 球为施感球，像电荷在 A 球内，像电荷到球心的距离

$$b=\frac{a-\sqrt{a^2-4R^2}}{2}=\frac{0.96-\sqrt{0.96^2-4\times0.3^2}}{2}\approx0.1053(\text{m})$$

这也是施感球 B 内替代电荷到球心的距离。像电荷

$$Q'=-\frac{R-b}{a-b-R}Q$$

$$=-\frac{0.3-0.1053}{0.96-0.1053-0.3}\times6\times10^{-5}$$

$$\approx-2.106\times10^{-5}(\text{C})$$

故两球的作用力

$$\begin{aligned}F&=\frac{1}{4\pi\varepsilon_0}\left[\frac{QQ'}{(a-2b)^2}+\frac{Q(q-Q')}{(a-b)^2}\right]\\&=\frac{10^{-10}}{111.156\times10^{-12}}\times\left[\frac{-6\times2.106}{(0.96-2\times0.1053)^2}+\frac{6\times(-6+2.106)}{(0.96-0.1053)^2}\right]\\&\approx-20.24-28.77\\&=-49.01(\mathrm{N})\end{aligned}$$

这就是把上题中两导体球所带同性电荷换成等量异性电荷，并且两球心距离为 0.96 m(即 3.2 R)时，两球的作用力，为引力。和上题两球的斥力相比，本题算出两球的引力大小与上题算出两球的斥力大小在计算误差范围内相等。这就是说，两个大小相等，带有等量同性电荷导体球的最大斥力与两个相同导体球带有等量异性电荷时的最大引力相等时，两球心之间的距离并不相同，而是两球带异性电荷时的球心距离大于两球带同性电荷时的球心距离，即两球作用力为引力时的球心距离大于两球作用力为斥力时的球心距离。并且二者之间有如下关系，因为$a=3.2R$，而$c\approx2R$，所以，$a\approx1.6c$。这就是两个大小相等导体球带同性电荷时的最大斥力与带异性电荷时的最大引力相等时，两球心距离的关系。

122. 设 120 题中两个带正电荷导体球的球心距离由 0.601 m 增加到 3m 时，两球的斥力是多少？如果保持两球心距离为 3 m 不变，把其中任一球的正电荷换成负电荷，则两球的引力又是多少？与斥力相比大小如何？

解：因为两球大小不变，半径$R=0.3\ \mathrm{m}$，所带电荷也不变，为$Q=6\times10^{-5}\mathrm{C}$，只是两球心距离增加为$c=3\ \mathrm{m}$。故两球的斥力

$$\begin{aligned}F&=\frac{5.76Q^2}{4\pi\varepsilon_0\left(1.4c+\sqrt{c^2+9.6R^2}\right)^2}\\&=\frac{5.76\times6^2\times10^{-10}}{4\times3.14\times8.85\times10^{-12}\times\left(1.4\times3+\sqrt{3^2+9.6\times0.3^2}\right)^2}\\&\approx3.46(\mathrm{N})\end{aligned}$$

这就是 120 题中两球心距离为 3m、两球带同性正电荷时的斥力。

若此时把其中任一球上的正电荷换成负电荷，则两球带异性电荷，两球之间的作用力为引力。设 A 球带负电荷，用 q 表示，B 球带正电荷，用 Q 表示。选 B 球为施感球(选 A 球为施感球也不影响力的大小)，A 球为受感球，像电荷在 A 球内。像电荷到球心的距离

$$b=\frac{a-\sqrt{a^2-4R^2}}{2}=\frac{3-\sqrt{3^2-4\times0.3^2}}{2}\approx0.0303(\mathrm{m})$$

像电荷

$$Q' = -\frac{R-b}{a-b-R}Q$$
$$= -\frac{0.3-0.0303}{3-0.0303-0.3}\times 6\times 10^{-5}$$
$$\approx -0.606\times 10^{-5}(\text{C})$$

从而算出两带电导体球的作用力

$$F = \frac{1}{4\pi\varepsilon_0}\left[\frac{QQ'}{(a-2b)^2}+\frac{Q(q-Q')}{(a-b)^2}\right]$$
$$= \frac{10^{-10}}{111.156\times 10^{-12}}\times\left[\frac{-6\times 0.606}{(3-2\times 0.0303)^2}+\frac{6\times(-6+0.606)}{(3-0.0303)^2}\right]$$
$$\approx -0.38-3.3$$
$$= -3.68(\text{N})$$

这就是 120 题中两球带异性电荷，并且球心距离为 3m 时，两带电导体球的引力。与上面算出的两球带同性电荷时的斥力相比，引力大于斥力，但因为两球心距离比较远，故引力和斥力的大小相差不大。容易算出电荷在球心处时的作用力为 3.6 N。

123. 设上题中两球带正电荷时的球心距离和所带电荷不变，只是把两球换成半径为 0.1m 的导体球，问：两球的斥力是多少？如果把其中一导体球所带电荷换成负电荷，并且两球的引力等于斥力，则两球心距离是多少？

解：根据题意，上题中两球心距离 $c=3$ m，分别带有正电荷 $Q=6\times 10^{-5}\text{C}$，两球半径 $R=0.1$ m。显然两球的作用力为斥力，故由两个等势等大带电导体球的斥力公式可算出作用力

$$F = \frac{5.76Q^2}{4\pi\varepsilon_0\left(1.4c+\sqrt{c^2+9.6R^2}\right)^2}$$
$$= \frac{5.76\times 6^2\times 10^{-10}}{4\times 3.14\times 8.85\times 10^{-12}\times\left(1.4\times 3+\sqrt{3^2+9.6\times 0.1^2}\right)^2}$$
$$\approx 3.58(\text{N})$$

这就是两个半径为 0.1 m、带同性正电荷导体球的作用力，为斥力。

如果把其中一个导体球，如 A 球所带正电荷换成负电荷，则两球的作用力为引力。当引力等于斥力 3.58 N 时，则 A 球内像电荷偏离球心的距离 b 等于两球带同性正电荷时球内替代电荷偏离球心的距离，也用 b 表示。并有

$$b = \frac{-c+\sqrt{c^2+9.6R^2}}{4.8} = \frac{-3+\sqrt{3^2+9.6\times 0.1^2}}{4.8}\approx 0.003(\text{m})$$

算出 b 后，就可以由引力等于斥力时两球心距离的关系式算出两个带异性电荷导体球的球心距离

$$a=c+(2+k)b=3+(2+1.4)\times 0.003\approx 3.01(\text{m})$$

这就是满足本题条件的两个带异性电荷导体球的引力等于带同性电荷导体球的斥力时，两球心的距离。比较两球带异性电荷时的引力与带同性电荷时的斥力相等时的球心距离，由于两球半径比较小，而两球心距离比较远，所以，算出像电荷或替代电荷的偏心距 b 很小，故有 $a\approx c$ 。

124. 试算出上题中两导体球带异性电荷时的引力，然后与电荷在球心处时的作用力相比较如何？

解：上题的条件是先算出两球带同性正电荷时的斥力后，让两球再换成带异性电荷，并求带异性电荷时的引力，由上题已算出当两球的引力等于斥力 3.58 N 时，两球带异性电荷时的球心距离 $a=3.01\,\text{m}$ 。此时，设 A 球带负电荷 $q=-6\times10^{-5}\text{C}$ ，B 球带正电荷 $Q=6\times10^{-5}\text{C}$ 。选取 B 球为施感球，A 球为受感球，像电荷在 A 球内，像电荷到球心的距离也就是两球都带正电荷时球内替代电荷到球心的距离，已由上题算出 $b=0.003\text{ m}$ 。因此，A 球内的像电荷

$$\begin{aligned}Q'&=-\frac{R-b}{a-b-R}Q\\&=-\frac{0.1-0.003}{3.01-0.003-0.1}\times 6\times10^{-5}\\&\approx -0.2\times10^{-5}(\text{C})\end{aligned}$$

这就是上题中两球带异性电荷时，施感球(实际是施力球，因为没有静电感应)B 在受感球 A 内的像电荷。有了像电荷和像电荷到球心的距离后，就可以由两球的引力公式算出作用力

$$\begin{aligned}F&=\frac{1}{4\pi\varepsilon_0}\left[\frac{QQ'}{(a-2b)^2}+\frac{Q(q-Q')}{(a-b)^2}\right]\\&=\frac{10^{-10}}{4\times3.14\times8.85\times10^{-12}}\times\left[\frac{-6\times0.2}{(3.01-2\times0.003)^2}+\frac{6\times(-6+0.2)}{(3.01-0.003)^2}\right]\\&\approx -0.12-3.46\\&=-3.58(\text{N})\end{aligned}$$

这就是上题中两球带异性电荷时的引力，它与上题算出两球带同性电荷时的斥力大小相等。如果两球面上的电荷集中到球心处，则两球心处点电荷的作用力

$$\begin{aligned}F&=\frac{Qq}{4\pi\varepsilon_0 a^2}\\&=\frac{6\times(-6)\times10^{-10}}{4\times3.14\times8.85\times10^{-12}\times3.01^2}\\&\approx -3.575(\text{N})\end{aligned}$$

比电荷在球面上时的引力略小，但非常接近。

125. 设有两导体球大小相等，半径均为 $R=1$ m，两球都带有相同的正电荷 $Q=6\times10^{-5}$C，当两球心距离 $c=3$ m 时，两球的斥力是多少？如果把其中某一球的电荷变换符号，即由正电荷换成负电荷，并要求两球的引力等于斥力，则两个带异性电荷导体球的球心距离是多少？

解：当两球都带同性正电荷时，两球的作用力为斥力，由斥力公式算出

$$F=\frac{5.76Q^2}{4\pi\varepsilon_0\left(1.4c+\sqrt{c^2+9.6R^2}\right)^2}$$

$$=\frac{5.76\times6^2\times10^{-10}}{4\times3.14\times8.85\times10^{-12}\times\left(1.4\times3+\sqrt{3^2+9.6\times1^2}\right)^2}$$

$$\approx2.574(\text{N})$$

这就是两个导体球都是带正电荷时，两球的作用力。如果保持两球大小和所带电荷的电量不变，而只是将其中一球的正电荷换成负电荷，则此时两球的作用力为引力。若两球的引力等于前面算出两球的斥力 2.574 N，则两球相互吸引时的球内替代电荷偏心距等于两球相互排斥时的球内替代电荷偏心距。可由下式算出

$$b=\frac{-c+\sqrt{c^2+9.6R^2}}{4.8}$$

$$=\frac{-3+\sqrt{3^2+9.6\times1^2}}{4.8}$$

$$\approx0.273(\text{m})$$

这既是带同性正电荷导体球内替代电荷到球心的距离，也是带异性电荷导体球内像电荷到球心的距离。故两个带异性电荷导体球的球心距离

$$a=c+(2+k)b=3+(2+1.4)\times0.273=3.928(\text{m})$$

这就是本题要求的两个带异性电荷导体球的引力等于带同性电荷导体球的斥力时，两个带异性电荷导体球的球心距离。它比两球带同性电荷时的球心距离 3 m 大。此时将算出的球心距离和偏心距代入下式可算出力

$$F=\frac{Qq}{4\pi\varepsilon_0(a-kb)^2}$$

$$=\frac{6\times(-6)\times10^{-10}}{4\times3.14\times8.85\times10^{-12}\times(3.928-1.4\times0.273)^2}$$

$$\approx-2.576(\text{N})$$

与前面算出的斥力大小在计算误差范围内相等。

126. 设有两个大小相同的导体球，带有等量的负电荷，当两球心距离 c 为有限值时，两球的作用力如何求出？与两球都带正电荷时的作用力计算有无不同？若把上题中两球所带电荷都换成负电荷，而其他条件不变，问：两球的作用力是多少？

解：因为两球大小相同，并带等量负电荷，因此，两球为等势体，两球之间没有静电

感应。但由于两球心距离有限，两球面上的电荷仍要相互作用，这种作用为同性电荷之间的作用，即相互排斥。所以，两个大小相等，带有等量同性负电荷导体球之间的作用力，就是球面上负电荷之间的斥力，即两个等势等大带负电荷导体球的作用力为斥力。既然两球的作用力为斥力，那么，两球的作用力就不能用电像法求出，而是用斥力公式求出。即两个带负电荷的等势等大导体球作用力的计算方法和计算公式，都与两个带正电荷导体作用力的计算方法和计算公式相同。即两球作用力的计算公式为

$$F=\frac{5.76Q^2}{4\pi\varepsilon_0\left(1.4c+\sqrt{c^2+9.6R^2}\right)^2}$$

或者

$$F=\frac{Q^2}{4\pi\varepsilon_0\left(c+2b\right)^2}$$

其中 $b=\dfrac{-c+\sqrt{c^2+9.6R^2}}{4.8}$。

若上题中两球所带电荷都换成负电荷，而其他条件不变。即两球半径 $R=1\ \mathrm{m}$，所带电荷 $Q=-6\times10^{-5}\mathrm{C}$，两球心距离 $c=3\ \mathrm{m}$。此时两球的作用力由斥力公式算出为

$$\begin{aligned}F&=\frac{5.76Q^2}{4\pi\varepsilon_0\left(1.4c+\sqrt{c^2+9.6R^2}\right)^2}\\&=\frac{5.76\times(-6)^2\times10^{-10}}{4\times3.14\times8.85\times10^{-12}\times\left(1.4\times3+\sqrt{3^2+9.6\times1^2}\right)^2}\\&\approx2.574(\mathrm{N})\end{aligned}$$

这就是把上题中两球所带正电荷换成负电荷后，两导体球的作用力，为斥力。并且与上题两球都带正电荷时的作用力完全相等。

127. 设有两个导体球的半径 R 都是 0.25 m，带有相同的负电荷，为 $Q=-4\times10^{-4}\mathrm{C}$，当两球心距离 $c=0.8\ \mathrm{m}$ 时，两球的作用力是多少？

解：根据题意，两球为等势球，两球的作用力为斥力，由斥力公式求出，为

$$\begin{aligned}F&=\frac{5.76Q^2}{4\pi\varepsilon_0\left(1.4c+\sqrt{c^2+9.6R^2}\right)^2}\\&=\frac{5.76\times(-4)^2\times10^{-8}}{4\times3.14\times8.85\times10^{-12}\times\left(1.4\times0.8+\sqrt{0.8^2+9.6\times0.25^2}\right)^2}\\&\approx1661.95(\mathrm{N})\end{aligned}$$

这就是本题要求的两个带等量负电荷导体球的作用力，为斥力。该力也可以先由偏心距公式

$$b=\frac{-c+\sqrt{c^2+9.6R^2}}{4.8}$$

算出 $b = 0.0653\ \mathrm{m}$，然后将 b 代入斥力公式

$$F = \frac{Q^2}{4\pi\varepsilon_0 (c + 2b)^2}$$

算出力为 1662.1 N，两种方法计算结果近似相等。

128. 保持上题中的其他条件不变，而把两球心距离分别增加到 1.5m 和 3m 时，两球的作用力各是多少？与电荷在球心处时的作用力相比如何？

解：根据题意，上题中的两球半径和所带电荷均不变，即两球半径仍为 $R = 0.25\ \mathrm{m}$，所带电荷仍为 $Q = -4\times10^{-4}\mathrm{C}$。故当两球心距离 $c = 1.5\ \mathrm{m}$ 时，两球的作用力

$$\begin{aligned}F &= \frac{5.76Q^2}{4\pi\varepsilon_0\left(1.4c + \sqrt{c^2 + 9.6R^2}\right)^2}\\ &= \frac{5.76\times(-4)^2\times10^{-8}}{4\times3.14\times8.85\times10^{-12}\times\left(1.4\times1.5 + \sqrt{1.5^2 + 9.6\times0.25^2}\right)^2}\\ &\approx 577.76(\mathrm{N})\end{aligned}$$

这就是两球心距离为 1.5 m 时，两带电导体球的作用力，也是两球面上电荷的作用力。如果电荷不是分布在球面上，而是在球心处，则两球心处点电荷的作用力

$$\begin{aligned}F &= \frac{Q^2}{4\pi\varepsilon_0 c^2}\\ &= \frac{(-4)^2\times10^{-8}}{4\times3.14\times8.85\times10^{-12}\times1.5^2}\\ &\approx 639.74(\mathrm{N})\end{aligned}$$

算出二力不相等，且相差比较大。

如果让两球心距离再增加，增加为 3 m 时，两带电导体球的作用力

$$\begin{aligned}F &= \frac{5.76Q^2}{4\pi\varepsilon_0\left(1.4c + \sqrt{c^2 + 9.6R^2}\right)^2}\\ &= \frac{5.76\times(-4)^2\times10^{-8}}{4\times3.14\times8.85\times10^{-12}\times\left(1.4\times3 + \sqrt{3^2 + 9.6\times0.25^2}\right)^2}\\ &\approx 155.65(\mathrm{N})\end{aligned}$$

这就是两球心距离为 3m 时，两带电导体球的作用力。如果电荷是在球心处，则两球心处点电荷的作用力

$$F = \frac{Q^2}{4\pi\varepsilon_0 c^2} = \frac{(-4)^2\times10^{-8}}{4\times3.14\times8.85\times10^{-12}\times3^2} \approx 159.94(\mathrm{N})$$

与两带电导体球的作用力相比，仍是两球心处点电荷的作用力大于两带电导体球的作用力，但二者的差别减小了。如果再增加两球心距离，则两球的作用力和球心处点电荷的作用力将会趋于相等。

129. 设 127 题中的两球心距离和所带电荷不变，把两球换成更小的导体球，半径 R 分别为 0.08 m、0.04 m 和零，问：两球的作用力分别是多少？

解：根据题意，两导体球大小相等，分别带有相同的电荷 $Q=-4\times10^{-4}\text{C}$，并且两球心距离 $c=0.8\text{ m}$。显然两球之间有作用力，并因为两球电势相等，故两球的作用力为斥力。力的大小由斥力公式直接算出。所以，当两球半径为 0.08 m 时，两带电导体球的作用力

$$
\begin{aligned}
F&=\frac{5.76Q^2}{4\pi\varepsilon_0\left(1.4c+\sqrt{c^2+9.6R^2}\right)^2}\\
&=\frac{5.76\times(-4)^2\times10^{-8}}{4\times3.14\times8.85\times10^{-12}\times\left(1.4\times0.8+\sqrt{0.8^2+9.6\times0.08^2}\right)^2}\\
&\approx2163.69(\text{N})
\end{aligned}
$$

当两球半径为 0.04 m 时，同样可由上式算出两带电导体球的作用力为 2226.90 N。如果两球半径减小为零，则两球面上的电荷就集中于球心处为点电荷，此时，两电荷的作用力，可由库仑定律求出。但也可由上式求出，即把 $R=0$ 代入上式有

$$
\begin{aligned}
F&=\frac{5.76Q^2}{4\pi\varepsilon_0\left(1.4c+\sqrt{c^2+9.6R^2}\right)^2}\\
&=\frac{5.76Q^2}{4\pi\varepsilon_0(1.4c+c)^2}\\
&=\frac{Q^2}{4\pi\varepsilon_0c^2}\\
&=\frac{(-4)^2\times10^{-8}}{111.156\times10^{-12}\times0.8^2}\\
&\approx2249.09(\text{N})
\end{aligned}
$$

比较 127 题和本题算出的结果，在两导体球大小相等，并且所带电荷也相等时，两带电导体球为等势体，两球的作用力为斥力。如果两球心距离和所带电荷保持不变，则两球的作用力大小只与两球的半径有关，半径越大，两球的作用力越小，半径越小则两球的作用力越大，当两球半径减小为零时，则两球面电荷的作用力，也就是两带电导体球的作用力，就变成了两球心处点电荷的作用力，并且两球心处点电荷的作用力最大。

130. 设有两个大小相等导体球的半径 $R=0.4\text{ m}$，带有相同负电荷 $Q=-5\times10^{-4}\text{C}$，当两球心距离 $c=2\text{ m}$ 时，两球的作用力是多少？与电荷在球心处时的作用力相比如何？

解：因为两带电导体球的电势相等，两球的作用力为斥力，由斥力公式算出

$$F=\frac{5.76Q^2}{4\pi\varepsilon_0\left(1.4c+\sqrt{c^2+9.6R^2}\right)^2}$$

$$=\frac{5.76\times(-5)^2\times10^{-8}}{4\times3.14\times8.85\times10^{-12}\times\left(1.4\times2+\sqrt{2^2+9.6\times0.4^2}\right)^2}$$

$$\approx487.9(\mathrm{N})$$

这就是两球面上电荷的作用力，为斥力。当球面上的电荷集中到球心处时，则两球心处点电荷的作用力由库仑定律算出

$$F=\frac{Q^2}{4\pi\varepsilon_0c^2}=\frac{(-5)^2\times10^{-8}}{4\times3.14\times8.85\times10^{-12}\times2^2}\approx562.27(\mathrm{N})$$

可见，电荷分布在球面上时的作用力小于电荷在球心处时的作用力，并且二力相差比较大。这是因为两球半径较大，而两球心距离不是很远，球面上的电荷受到的斥力比较大，所以，球内替代电荷偏离球心的距离也比较大，因此，两球内替代电荷之间的距离就比较大，距离大则力就小。所以，电荷在球面上时的作用力小于电荷在球心处时的作用力，并且二力相差较大。

131. 把上题中两球心距离 c 分别增加到 3 m 和 5 m，则情况又将如何？

解：因两球半径和所带电荷不变，仍与上题相同，而只是球心距离增加。因此，力的计算与上题相同，故当两球心距离为 3 m 时，两球的作用力

$$F=\frac{5.76Q^2}{4\pi\varepsilon_0\left(1.4c+\sqrt{c^2+9.6R^2}\right)^2}$$

$$=\frac{5.76\times(-5)^2\times10^{-8}}{4\times3.14\times8.85\times10^{-12}\times\left(1.4\times3+\sqrt{3^2+9.6\times0.4^2}\right)^2}$$

$$\approx233.66(\mathrm{N})$$

如果电荷在球心处，则两球心处点电荷的作用力

$$F=\frac{Q^2}{4\pi\varepsilon_0c^2}=\frac{(-5)^2\times10^{-8}}{4\times3.14\times8.85\times10^{-12}\times3^2}\approx249.90(\mathrm{N})$$

与上题相比，虽然电荷在球心处时的作用力仍大于电荷在球面上时的作用力，但二力的差距减小了。如果两球心距离增加为 5 m 时，则由上面相同的算式算出两带电导体球的作用力为 87.74 N，而两球心处点电荷的作用力为 89.96 N，即二力的差距更小了。

132. 保持 130 题中两球心距离 $c=2$ m 和两球所带负电荷 $Q=-5\times10^{-4}$C 不变，把带电导体球换成半径为 0.1 m 的小球，问：两球的作用力是多少？与球心处点电荷的作用力相比如何？如果两球半径再减小为 0.02 m 时，情况又将如何？

解：根据题意，在 130 题给出的条件中，两球心距离和所带电荷均保持不变，而只是把 130 题中较大的球换成更小的球。所以，两带电导体球的作用力计算仍与 130 题相同，

由斥力公式直接算出。故当两球半径 $R = 0.1$ m 时，两球的作用力

$$F = \frac{5.76Q^2}{4\pi\varepsilon_0\left(1.4c + \sqrt{c^2 + 9.6R^2}\right)^2}$$
$$= \frac{5.76\times(-5)^2\times10^{-8}}{4\times3.14\times8.85\times10^{-12}\times\left(1.4\times2 + \sqrt{2^2 + 9.6\times0.1^2}\right)^2}$$
$$\approx 556.72(\text{N})$$

这就是 130 题中两导体半径减小为 0.1m 时，两球面电荷的作用力，也是两带电导体球的作用力。如果让两球面上的电荷都集中在球心处，则可由库仑定律算出两球心处点电荷的作用力为 562.27 N。即电荷集中在球心处时，两球心处点电荷的作用力比球面上电荷的作用力多出 5.55 N，多出约 1%。如果两球半径继续减小为 0.02 m，则两球的作用力或两球面上电荷的作用力由上面的斥力公式算出为 562.05 N，只比两球心处点电荷的作用力 562.27 N 少 0.22 N，近似相等。所以，当两球心距离比较大，而两带电导体球的半径又很小时，两带电导体球的作用力可以近似用球面电荷在球心处的作用力代替。

133. 设有两个大小相同的导体球，半径均为 0.5 m，而球心距离 $c = 2.8$ m，问：(1) 两球都带等量负电荷 $Q = -6\times10^{-4}$C 时，两球的作用力是多少？(2) 如果把其中一球所带负电荷换成正电荷，而另一球的电荷不变，两球的作用力又是多少？

解：(1) 因为两球大小相等，并且带有等量的同性负电荷，故两球电势相等，两球的作用力为斥力。由斥力公式算出

$$F = \frac{5.76Q^2}{4\pi\varepsilon_0\left(1.4c + \sqrt{c^2 + 9.6R^2}\right)^2}$$
$$= \frac{5.76\times(-6)^2\times10^{-8}}{4\times3.14\times8.85\times10^{-12}\times\left(1.4\times2.8 + \sqrt{2.8^2 + 9.6\times0.5^2}\right)^2}$$
$$\approx 368(\text{N})$$

这就是两球带同性负电荷时的作用力，为斥力。

(2) 如果两球不是带同性电荷，而是带等量的异性电荷，则两球的作用力为引力，由电像法求出。因为两球半径相等，任选一球为施感球，则受感球内的像电荷和施感球内的替代电荷到球心的距离相等，并由下式求出，即

$$b = \frac{a - \sqrt{a^2 - 4R^2}}{2} = \frac{2.8 - \sqrt{2.8^2 - 4\times0.5^2}}{2} \approx 0.0923(\text{m})$$

故受感球内像电荷

$$Q' = -\frac{R - b}{a - b - R}Q$$
$$= -\frac{0.5 - 0.0923}{2.8 - 0.0923 - 0.5}\times6\times10^{-4}$$
$$\approx -1.108\times10^{-4}(\text{C})$$

这就是带正电荷导体球在带负电荷导体球内的像电荷。求出像电荷及其偏心距后，两带电导体球的作用力就可以由两球的引力公式求出为

$$
\begin{aligned}
F &= \frac{1}{4\pi\varepsilon_0}\left[\frac{QQ'}{(a-2b)^2}+\frac{Q(q+Q')}{(a-b)^2}\right]\\
&= \frac{10^{-8}}{111.156\times10^{-12}}\times\left[\frac{-6\times1.108}{(2.8-2\times0.0923)^2}+\frac{6\times(-6+1.108)}{(2.8-0.0923)^2}\right]\\
&\approx -87.43-360.17\\
&= -447.6(\mathrm{N})
\end{aligned}
$$

这就是两球带异性电荷时的作用力，为引力。比较引力和斥力得出，二力不相等，并且有较大差别。

134. 如果上题中两球带异性电荷时的球心距离不是 2.8 m，而是与 c 的关系满足 $a=c+(2+k)b$，问：两球的作用力是多少？与上题相比较如何？

解：因为上题中两球带异性电荷和带同性电荷时的球心距离相等，因此，算出的引力与斥力不等，并且差别比较大。而本题中两球带异性电荷时的球心距离与带同性电荷时的球心距离不等，是 $a=c+(2+k)b$，即两球带异性电荷时的球心距离大于两球带同性电荷时的球心距离。因为两带电导体球的作用力与两球心距离有关，因此，要计算两球带异性电荷时的作用力，就要先求出两球心距离，而要计算两球心距离，就要先由上题给出的已知条件 c 算出 b，即

$$
\begin{aligned}
b &= \frac{-c+\sqrt{c^2+9.6R^2}}{4.8}\\
&= \frac{-2.8+\sqrt{2.8^2+9.6\times0.5^2}}{4.8}\\
&\approx 0.083(\mathrm{m})
\end{aligned}
$$

这就是两球带同性电荷时，球内替代电荷到球心的距离。

当两球带同性电荷时的斥力等于两球带异性电荷时的引力时，它也是两球带异性电荷时，受感球内像电荷和施感球内替代电荷到球心的距离。故算出 b 后，就可以由下式算出两球带异性电荷时的球心距离

$$
a=c+(2+k)b=2.8+(2+1.4)\times0.083\approx3.082(\mathrm{m})
$$

进一步算出两个带异性电荷导体球的作用力

$$
\begin{aligned}
F &= \frac{Q^2}{4\pi\varepsilon_0(a-kb)^2}\\
&= \frac{-6\times6\times10^{-8}}{4\times3.14\times8.85\times10^{-12}\times(3.082-1.4\times0.083)^2}\\
&\approx -368.2(\mathrm{N})
\end{aligned}
$$

这就是上题中两球带异性电荷时的两球心距离与带同性负电荷时球心距离满足

$a=c+(2+k)b$ 时，两个带异性电荷导体球的作用力，为引力。大小与上题中两球带同性负电荷时的斥力相等。

135. 设 133 题中两球心距离 c 不变，仍为 2.8 m，两球所带电荷也不变，仍为(1)两球都带相同的负电荷 $Q=-6\times10^{-4}\text{C}$，(2)两球带等量异性电荷，但两球的半径减小为 0.1 m，问：两球的斥力和引力各是多少？与 133 题相比较如何？

解：(1)当两球都带同性负电荷时，两球作用力为斥力，由斥力公式算出

$$F=\frac{5.76Q^2}{4\pi\varepsilon_0\left(1.4c+\sqrt{c^2+9.6R^2}\right)^2}$$

$$=\frac{5.76\times(-6)^2\times10^{-8}}{4\times3.14\times8.85\times10^{-12}\times\left(1.4\times2.8+\sqrt{2.8^2+9.6\times0.1^2}\right)^2}$$

$$\approx411.01(\text{N})$$

这就是两个导体球都带负电荷时的作用力，为斥力。

(2)当两导体球带异性电荷时，两球的作用力为引力。要算出引力，就要先算出受感球内像电荷和施感球内替代电荷到球心的距离 b。因为两球半径和球心距离已知，故偏心距

$$b=\frac{a-\sqrt{a^2-4R^2}}{2}=\frac{2.8-\sqrt{2.8^2-4\times0.1^2}}{2}\approx0.0036(\text{m})$$

进而两个带异性电荷导体球的作用力

$$F=\frac{Qq}{4\pi\varepsilon_0(a-kb)^2}$$

$$=\frac{6\times(-6)\times10^{-8}}{4\times3.14\times8.85\times10^{-12}\times(2.8-1.4\times0.0036)^2}$$

$$\approx-414.59(\text{N})$$

或者再算出像电荷

$$Q'=-\frac{R-b}{a-b-R}Q$$

$$=-\frac{0.1-0.0036}{2.8-0.0036-0.1}\times6\times10^{-4}$$

$$\approx-0.215\times10^{-4}(\text{C})$$

故两个带异性电荷导体球的作用力

$$F=\frac{1}{4\pi\varepsilon_0}\left[\frac{QQ'}{(a-2b)^2}+\frac{Q(q-Q')}{(a-b)^2}\right]$$

$$=\frac{10^{-8}}{111.156\times10^{-12}}\times\left[\frac{-6\times0.215}{(2.8-2\times0.0036)^2}+\frac{6\times(-6+0.215)}{(2.8-0.0036)^2}\right]$$

$$=-414.2(\text{N})$$

即用两种方法算出的引力在误差范围内相等，并且引力都大于斥力。将算出的结果与133题比较，引力变小了，而斥力增大了，并且引力和斥力的差距减小了。即在球心距离和所带电荷相同的情况下，带电导体球越小，斥力越大引力越小，反之，带电导体球越大，斥力越小引力越大。而且随着两球半径的减小，引力和斥力的差距逐渐缩小，到两球半径趋于零时，引力和斥力大小趋于相等。

136. 已知两个相同的点电荷$Q=-6\times10^{-4}\text{C}$，相距10 m时的作用力是32.39 N，如果让电荷分别分布在两个大小相等的导体球面上，球心均位于点电荷的位置，问：球半径为1 m时两球的作用力是多少？如果球半径是0.2 m，两球的作用力又是多少？

解：因为电荷分布在球面上时，两球面所带电荷为同性负电荷，两球的作用力为斥力，应由斥力公式算出。即

$$F=\frac{5.76Q^2}{4\pi\varepsilon_0\left(1.4c+\sqrt{c^2+9.6R^2}\right)^2}$$

将已知条件$Q=-6\times10^{-4}\text{C}$和球心距离$c=10$ m代入上式，算出当球半径$R=1$ m时，两球的作用力为31.16 N。而当两球半径为0.2 m时，算出两球的作用力为32.34 N。算出的结果表明，在两球所带同性电荷和两球心距离不变的情况下，两球的作用力大小与球半径有关，带电导体球越大作用力越小，带电导体球越小作用力越大。在本题的条件下，由于两球心距离较远，所以，算出的两种力虽然有大小之别，但相差不大。另外，无论导体球的大小如何，电荷在球面上的作用力(斥力)总是小于球心处点电荷的作用力。

137. 如果上题中两电荷的距离减小为5 m，结果又将如何？

解：根据题意，上题中的电荷和导体球半径均保持不变，而只是将两电荷之间的距离由10 m缩小为5 m。此时，两个点电荷的作用力由库仑定律算出为129.55 N。如果让两处的点电荷都分布在球面上，则两个点电荷的作用力就变成两个球面上电荷的作用力。仍由上题给出的斥力公式算出两球面电荷的作用力，也是两带电导体球的作用力。把$Q=-6\times10^{-4}\text{C}$和球心距离$c=5$ m代入上题中的斥力公式，当两球半径为1 m时，算得两带电导体球的作用力为112.41 N，这也是分布在两个大球面上电荷的作用力，为斥力。而当两球半径为0.2 m时，算得两带电导体球的作用力为128.73 N，这也是分布在两个小球面上电荷的作用力，为斥力。和上题的结果相比较，当两球所带电荷和球心距离相同时，电荷分布在大球上的作用力(斥力)小于电荷分布在小球上的作用力，但都小于球心处点电荷的作用力。并且由于本题中两球的球心距离比上题中两球的球心距离小，所以，不仅是两球的作用力比上题的大，而且大球作用力与小球作用力的差距也比上题的大。这是因为两球心距离减小，球面上电荷的斥力增大，电荷在球面上向外偏离球心的距离也要增加，而且是大球面上电荷偏离球心的距离比小球面上电荷偏离球心的距离大。所以，大球面上电荷之间的距离比小球面上电荷之间的距离大，或者说，大球内替代电荷之间的距离比小球内替代电荷之间的距离大。距离大则力就小，反之，距离小则力就大，所以，小球的作用力比大球的作用力大，而且比上题中的大得多。

138. 若把 136 题中两球所带的同性负电荷换成等量的异性电荷，而两球大小和电荷的电量不变，两球心距离仍为 10 m，则情况又将如何？

解：对于点电荷而言，与 136 题相比，只是把 136 题中的两个负电荷 $Q=-6\times10^{-4}$C 换成了一正一负的点电荷，而两电荷之间的距离仍是 10 m。所以，两异性电荷之间的作用力容易算出为-32.39 N，即与 136 题中的斥力大小相等，只是把 136 题中的斥力变成引力。

当电荷分布在两个大小相等的球面上时，由于两球的作用力为引力，故要用电像法求出力。当两球半径为 1 m 时，受感球内像电荷偏离球心的距离

$$b=\frac{a-\sqrt{a^2-4R^2}}{2}=\frac{10-\sqrt{10^2-4\times1^2}}{2}\approx0.101(\mathrm{m})$$

这也是施感球内替代电荷偏离球心的距离。像电荷

$$\begin{aligned}Q'&=-\frac{R-b}{a-b-R}Q\\&=-\frac{1-0.101}{10-0.101-1}\times6\times10^{-4}\\&\approx-0.606\times10^{-4}(\mathrm{C})\end{aligned}$$

上式中是选择带正电荷的导体球为施感球，带负电荷的导体球为受感球，所以，像电荷为负电荷。算出像电荷和像电荷到球心的距离后，两球的作用力就可以由下式算出为

$$\begin{aligned}F&=\frac{1}{4\pi\varepsilon_0}\left[\frac{QQ'}{(a-2b)^2}+\frac{Q(q-Q')}{(a-b)^2}\right]\\&=\frac{10^{-8}}{111.156\times10^{-12}}\times\left[\frac{-6\times0.606}{(10-2\times0.101)^2}+\frac{6\times(-6+0.606)}{(10-0.101)^2}\right]\\&\approx-3.41-29.71\\&=-33.12(\mathrm{N})\end{aligned}$$

这就是两个带异性电荷导体球的作用力，为引力。该力也可以由下式算出为

$$\begin{aligned}F&=\frac{Qq}{4\pi\varepsilon_0(a-kb)^2}\\&=\frac{6\times(-6)\times10^{-8}}{4\times3.14\times8.85\times10^{-12}\times(10-1.4\times0.101)^2}\\&\approx-33.32(\mathrm{N})\end{aligned}$$

以上算出的是半径为 1 m 的导体球带异性电荷时的作用力。而当两导体球的半径为 0.2 m 时，像电荷偏离球心的距离

$$b=\frac{a-\sqrt{a^2-4R^2}}{2}=\frac{10-\sqrt{10^2-4\times0.2^2}}{2}\approx0.004(\mathrm{m})$$

进而算出两球的引力

$$F=\frac{Qq}{4\pi\varepsilon_0\left(a-kb\right)^2}$$
$$=\frac{6\times(-6)\times10^{-8}}{4\times3.14\times8.85\times10^{-12}\times\left(10-1.4\times0.004\right)^2}$$
$$\approx-32.42(\text{N})$$

这就是两个半径为 0.2 m 的带电导体球的作用力，为引力。可见，两球带异性电荷时，大球的引力大于小球的引力，这正好与两球带同性电荷时的结果相反。

139. 设有两个半径均为 0.3 m 的导体球，都带有相同的电荷 $Q=-8\times10^{-5}\text{C}$，如果让两带电导体球由远处逐渐靠近，球面上的电荷分布将如何变化？电荷偏离球心的最大距离是多少？两球的最大作用力是多少？

解：当两带电导体球相距很远时，由于球面电荷受到的电场力为零，电荷在球面上均匀分布，即电荷在球面上的分布中心在球心处，偏离球心的距离为零。此时，球面电荷在球内的替代点电荷就在球心处，替代电荷偏离球心的距离也为零。当两带电导体球逐渐靠近时，球面上的电荷受到的电场力由零逐渐增大，电荷在电场力作用下，逐渐偏离球心。并由于两球带的是同性电荷，球面电荷受到的电场力为斥力，在斥力作用下，球面上的电荷向外偏离球心。既然球面上的电荷向外偏离球心，那么，球面电荷在球内的替代点电荷也向外偏离球心。并且，两球靠得越近，电荷受到的斥力越大，球面电荷偏离球心的距离越远，球内替代电荷偏离球心的距离也越远。当两球靠得最近，球心距离 c 近似等于 $2R$ 时，两球面电荷受到的斥力最大，球内替代电荷偏离球心的距离也最大。因为两带电导体球面不能接触，故选取两球心距离 $c=2.01$，$R=0.603\text{ m}$，即两球心距离略大于 $2R$。此时，球内替代电荷偏离球心的距离由下式算出为

$$b=\frac{-c+\sqrt{c^2+9.6R^2}}{4.8}$$
$$=\frac{-2.01R+\sqrt{\left(2.01R\right)^2+9.6R^2}}{4.8}$$
$$\approx0.351R$$
$$=0.351\times0.3$$
$$=0.105(\text{m})$$

这就是半径为 0.3 m 时带电导体球内替代电荷偏离球心的最大距离，也是球面上电荷偏离球心的最大距离，或者接近最大距离。代入力的计算公式后，算出两导体球的最大作用力

$$F=\frac{Q^2}{4\pi\varepsilon_0\left(c+2b\right)^2}$$
$$=\frac{\left(-8\right)^2\times10^{-10}}{4\times3.14\times8.85\times10^{-12}\times\left(0.603+2\times0.105\right)^2}$$
$$\approx87.11(\text{N})$$

这就是本题要求的两带电导体球的最大作用力，或者接近于最大作用力。

140. 设上题中两球心距离 c 增加为 5 m 和 8 m 时，两球内替代电荷偏离球心的距离是多少？两球的作用力是多少？与球心处点电荷的作用力相比如何？

解：当两球心距离 $c=5$ m 时，球内替代电荷偏离球心的距离

$$b=\frac{-c+\sqrt{c^2+9.6R^2}}{4.8}=\frac{-5+\sqrt{5^2+9.6\times0.3^2}}{4.8}\approx0.018(\text{m})$$

故两球的作用力

$$F=\frac{Q^2}{4\pi\varepsilon_0(c+2b)^2}=\frac{(-8)^2\times10^{-10}}{4\times3.14\times8.85\times10^{-12}\times(5+2\times0.018)^2}\approx2.27(\text{N})$$

这就是当 $c=5$ m 时，两带电导体球的作用力。如果电荷不是在球面上，而是在球心处时，相当于两球半径为零，将 $R=0$ 代入偏心距公式，算得偏心距 $b=0$，然后再将 $b=0$ 代入力的计算式，算得球心处两点电荷的作用力为 2.3 N，略大于电荷在球面上的作用力。

如果两球半径为 8 m，由偏心距公式算出球内替代电荷偏离球心的距离

$$b=\frac{-c+\sqrt{c^2+9.6R^2}}{4.8}=\frac{-8+\sqrt{8^2+9.6\times0.3^2}}{4.8}\approx0.011(\text{m})$$

故两球的作用力

$$F=\frac{Q^2}{4\pi\varepsilon_0(c+2b)^2}=\frac{(-8)^2\times10^{-10}}{4\times3.14\times8.85\times10^{-12}(8+2\times0.011)^2}\approx0.89(\text{N})$$

这就是两球半径为 8 m 时，两带电导体球的作用力，也是球面上电荷的作用力。当电荷集中在球心处时，容易算出两球心处点电荷的作用力为 0.9 N，与球面上电荷的作用力近似相等。

八、等势等大带电导体球作用力的精确计算

141. 为什么要提出等势等大带电导体球作用力的精确计算？如何做出精确计算？

解：等势等大带电导体球的作用力为斥力，不能直接用电像法求出。而是用 106 题给出的“移位变号”法，把两个带同性电荷导体球的斥力问题变换成两个带异性电荷导体球的引力问题，即把求斥力的问题换成求引力的方法来解决。从而在引力和斥力相等的情况下，用电像法求出球面电荷在球内替代电荷偏离球心的距离，进而求出带同性电荷导体球的作用力。但是，由于题目中给出的是两个带同性电荷导体球的球心距离 c，而像电荷或替代电荷到球心的距离是由两个带异性电荷导体球的球心距离 a 求出。因此，一般做法是先假设 a 是已知数，然后选择若干个不同大小的 a 算出对应的像电荷偏离球心的距离 b。再由引力与斥力相等的关系，找出两个带同性电荷导体球心距离 c 与两个带异性电荷导体球心距离 a 的关系。但在具体推导的过程中，为了简化演算过程，把带异性电荷导体球的引力公式

$$F=\frac{Q^2}{4\pi\varepsilon_0}\left[\frac{-(R-b)}{(a-b-R)(a-2b)^2}+\frac{R-b}{(a-b-R)(a-b)^2}-\frac{1}{(a-b)^2}\right]$$

简化成

$$F=\frac{Q^2}{4\pi\varepsilon_0(a-kb)^2}$$

式中系数为$1\leqslant k\leqslant 1.4$，是量纲为 1 的纯数，也是一个与 a 和 R 有关的变数。由上面两式右边相等解出

$$k=\frac{a}{b}-\frac{\sqrt{a-b-R}(a-2b)(a-b)}{b\sqrt{a^2(a-R-5b)-b^2(7R+b)+6ab(R+b)}}$$

解出 k 后就可以由斥力与引力相等的关系

$$\frac{Q^2}{4\pi\varepsilon_0(c+2b)^2}=\frac{Q^2}{4\pi\varepsilon_0(a-kb)^2}$$

解出$c=a-(2+k)b$。式中 b 与 c 关系为

$$b=\frac{-c+\sqrt{c^2+4(1+k)R^2}}{2(1+k)}$$

上式中的 c 和 R 都是已知数，故只要算出 k，b 就可求出。若 b 求出，则两个带同性电荷导体球的斥力也就容易算出。但由于 k 不是一个常数，并且不是由已知数 c 求出，而是由未知数 a 求出，所以为了简化，在 107 题中把 k 取成一个常数 1.4。这实际上是为了简化而做出的一种近似计算，在计算精度要求不是很高时，是完全适用而且简单易行的一种方

法。但如果要求精度更高时，这里再给出精确计算法。由上面相关各式可算出 k 与 a 和 c 的关系如下表所示：

表 8-1 常系数 k 与带异性电荷球心距 a 和带同性电荷球心距 c 的对照表

a	$3.2R$	$3.5R$	$4R$	$6R$	$8R$	$11R$	$20R$	$25R$
k	1.4	1.35	1.29	1.18	1.12	1.1	1.07	1.02
c	$2.01R$	$2.43R$	$3.11R$	$5.46R$	$7.6R$	$10.7R$	$19.8R$	$24.8R$

有了带同性电荷导体球的球心距 c 与 k 的对应关系后，就可以不需要知道两个带异性电荷导体球的球心距，而直接由上面的偏心距公式求出两个带同性电荷导体球相互作用时的球心距离 b，进而算出两个带同性电荷导体球的相互作用力，即斥力。用这种方法算出的斥力比较精确，故为精确计算。

142. 有两个大小相等的导体球 A 和 B，半径 $R=0.25\ \text{m}$，带有相同的电荷 $Q=6\times10^{-5}\text{C}$，当两球心距离 $c=0.6\ \text{m}$ 时，试用精确计算法和近似计算法分别算出两球作用力是多少？

解：先用精确计算法算出两球的作用力。因为两球半径 $R=0.25\ \text{m}$，而两球心距离 $c=0.6\ \text{m}$，所以，$c=2.4R$，查表得出比例系数 $k=1.35$。故两球面电荷相互作用时，球面电荷在球内替代点电荷到球心的距离

$$b=\frac{-c+\sqrt{c^2+4(1+k)R^2}}{2(1+k)}$$
$$=\frac{-0.6+\sqrt{0.6^2+4\times(1+1.35)\times0.25^2}}{2\times(1+1.35)}$$
$$\approx0.0794(\text{m})$$

故两带电导体球的作用力

$$F=\frac{Q^2}{4\pi\varepsilon_0(c+2b)^2}$$
$$=\frac{6^2\times10^{-10}}{4\times3.14\times8.85\times10^{-12}\times(0.6+2\times0.0794)^2}$$
$$\approx56.25(\text{N})$$

这就是用精确计算的方法算出的两球作用力，也是两球面上电荷的作用力，为斥力。

下面再用近似法算出两球的作用力进行比较，此时取 k 为常数 1.4，两球的作用力由斥力公式算出为

$$F=\frac{5.76Q^2}{4\pi\varepsilon_0\left(1.4c+\sqrt{c^2+9.6R^2}\right)^2}$$
$$=\frac{5.76\times6^2\times10^{-10}}{4\times3.14\times8.85\times10^{-12}\times\left(1.4\times0.6+\sqrt{0.6^2+9.6\times0.25^2}\right)^2}$$
$$\approx56.33(\text{N})$$

这就是把 k 取为常数 1.4 时，用斥力公式算出两带电导体球的作用力，即用近似法算出的作用力。与上面用查表法，即精确法算出的作用力相比，略有增大，误差为 0.12%。

143. 如果上题中的其他条件不变，只是把两球心距离分别增加为 1.38 m 和 5 m，问：用两种算法算出的作用力又将如何？

解：当两球心距离 $c=1.38\ \text{m}$ 时，因为 $R=0.25\ \text{m}$，故 $c=5.5R$，查表得 $k=1.18$。故有两球内替代电荷到球心的距离

$$\begin{aligned} b &= \frac{-c+\sqrt{c^2+4(1+k)R^2}}{2(1+k)} \\ &= \frac{-1.38+\sqrt{1.38^2+4\times(1+1.18)\times 0.25^2}}{2\times(1+1.18)} \\ &\approx 0.0424(\text{m}) \end{aligned}$$

这就是两导体球内替代电荷偏离球心的距离，也是两球面上的电荷在相互斥力作用下，其分布中心偏离球心的距离。算出偏心距 b 后，就可以算出两球的作用力

$$\begin{aligned} F &= \frac{Q^2}{4\pi\varepsilon_0(c+2b)^2} \\ &= \frac{6^2\times 10^{-10}}{111.156\times 10^{-12}\times(1.38+2\times 0.0424)^2} \\ &\approx 15.094(\text{N}) \end{aligned}$$

这就是 $c=1.38\ \text{m}$ 时，用精确计算法算出的两球作用力。下面再用近似法计算，取 k 为常数 1.4，两带电导体球的作用力由斥力公式算出为

$$\begin{aligned} F &= \frac{5.76Q^2}{4\pi\varepsilon_0\left(1.4c+\sqrt{c^2+9.6R^2}\right)^2} \\ &= \frac{5.76\times 6^2\times 10^{-10}}{4\times 3.14\times 8.85\times 10^{-12}\times\left(1.4\times 1.38+\sqrt{1.38^2+9.6\times 0.25^2}\right)^2} \\ &\approx 15.103(\text{N}) \end{aligned}$$

这就是用近似法，即由斥力公式算出的两球作用力。与精确计算法算出的作用力相比，二力相差很小。

当两球心距离 $c=5\ \text{m}$ 时，则 $c=20R$，查表得出 $k=1.07$。故偏心距

$$\begin{aligned} b &= \frac{-c+\sqrt{c^2+4(1+k)R^2}}{2(1+k)} \\ &= \frac{-5+\sqrt{5^2+4\times(1+1.07)\times 0.25^2}}{2\times(1+1.07)} \\ &\approx 0.0124(\text{m}) \end{aligned}$$

两球的作用力

$$
\begin{aligned}
F &= \frac{Q^2}{4\pi\varepsilon_0(c+2b)^2} \\
&= \frac{6^2\times10^{-10}}{111.156\times10^{-12}\times(5+2\times0.0124)^2} \\
&\approx 1.283(\mathrm{N})
\end{aligned}
$$

这是用精确法算出的两球作用力。再用近似法算出两球的作用力

$$
\begin{aligned}
F &= \frac{5.76Q^2}{4\pi\varepsilon_0\left(1.4c+\sqrt{c^2+9.6R^2}\right)^2} \\
&= \frac{5.76\times6^2\times10^{-10}}{4\times3.14\times8.85\times10^{-12}\times\left(1.4\times5+\sqrt{5^2+9.6\times0.25^2}\right)^2} \\
&\approx 1.283(\mathrm{N})
\end{aligned}
$$

此时，用近似法算出的力和用精确法算出的力相等。这是因为 k 值的变化对力的影响是随着两球心距离的增加而逐渐减小的，所以，本题中由于两球心距离相对于球半径而言较大，故 k 值对力的影响很小，取 $k=1.4$ 和 $k=1.07$ 算出的力相等。

144. 如果把 142 题中两带电导体球换成半径为 0.08 m 的小球，而两球心距离和所带电荷不变，问：用两种方法算出的两球作用力各是多少？误差是多少？

解：题中给出两球半径 $R=0.08\,\mathrm{m}$，而两球心距离与 142 题相同，为 $c=0.6\,\mathrm{m}$，故 $c=7.5R$，查表得出与 $c=7.5R$ 对应的 $k=1.12$。故将 $k=1.12$ 代入下式有

$$
\begin{aligned}
b &= \frac{-c+\sqrt{c^2+4(1+k)R^2}}{2(1+k)} \\
&= \frac{-0.6+\sqrt{0.6^2+4\times(1+1.12)\times0.08^2}}{2\times(1+1.12)} \\
&\approx 0.0103(\mathrm{m})
\end{aligned}
$$

再代入力的计算公式有

$$
\begin{aligned}
F &= \frac{Q^2}{4\pi\varepsilon_0(c+2b)^2} \\
&= \frac{6^2\times10^{-10}}{4\times3.14\times8.85\times10^{-12}\times(0.6+2\times0.0103)^2} \\
&\approx 84.1(\mathrm{N})
\end{aligned}
$$

这是用精确算法算出的两带电导体球的作用力。如果用近似法计算力，则取 $k=1.4$（为常数），并由斥力公式算出力

$$F=\frac{5.76Q^2}{4\pi\varepsilon_0\left(1.4c+\sqrt{c^2+9.6R^2}\right)^2}$$

$$=\frac{5.76\times6^2\times10^{-10}}{4\times3.14\times8.85\times10^{-12}\times\left(1.4\times0.6+\sqrt{0.6^2+9.6\times0.08^2}\right)^2}$$

$$\approx84.12(\text{N})$$

这是用近似法算出两带电导体球的作用力。比用精确法算出的作用力多出 0.02 N，误差为 0.024%。

145. 有两个半径都是 $R=1\text{ m}$ 的导体球，带有等量同性电荷 $Q=12\times10^{-4}\text{C}$，当两球心距离 $c=20\text{ m}$ 时，用查表法算出两球内替代电荷的偏心距是多少？两球的作用力是多少？与用近似法算出的力相比较如何？

解：因为 $R=1\text{ m}$，而 $c=20\text{ m}$，所以，$c=20R$，查表得出与 $c=20R$ 对应的 $k=1.07$。故两球内替代电荷的偏心距

$$b=\frac{-c+\sqrt{c^2+4(1+k)R^2}}{2(1+k)}$$

$$=\frac{-20+\sqrt{20^2+4\times(1+1.07)\times1^2}}{2\times(1+1.07)}$$

$$\approx0.05(\text{m})$$

两球的作用力

$$F=\frac{Q^2}{4\pi\varepsilon_0(c+2b)^2}$$

$$=\frac{12^2\times10^{-8}}{4\times3.14\times8.85\times10^{-12}\times(20+2\times0.05)^2}$$

$$\approx32.07(\text{N})$$

这是用精确计算法算出的两球作用力。

如果用近似法计算力

$$F=\frac{5.76Q^2}{4\pi\varepsilon_0\left(1.4c+\sqrt{c^2+9.6R^2}\right)^2}$$

$$=\frac{5.76\times12^2\times10^{-8}}{4\times3.14\times8.85\times10^{-12}\times\left(1.4\times20+\sqrt{20^2+9.6\times1^2}\right)^2}$$

$$\approx32.07(\text{N})$$

这是用近似法，即取 k 为常数 1.4 时算出两带电导体球的作用力。比较用两种方法算出的力，它们在四舍五入的情况下相等。

146. 如果上题中两带电导体球半径减小为 0.25 m，而其他条件不变，则两球的作用力是多少？与电荷在球心处时的作用力相比较如何？

解：因为两球心距离与上题相同，为$c=20\ \text{m}$，而两球半径$R=0.25\ \text{m}$，故c和R的关系为$c=80R$，此时的系数k已趋于 1。将$k=1$代入偏心距公式，有

$$b=\frac{-c+\sqrt{c^2+4(1+k)R^2}}{2(1+k)}=\frac{-20+\sqrt{20^2+4\times(1+1)\times 0.25^2}}{2\times(1+1)}\approx 0.003(\text{m})$$

用精确法算出两球的作用力

$$F=\frac{Q^2}{4\pi\varepsilon_0(c+2b)^2}=\frac{12^2\times 10^{-8}}{4\times 3.14\times 8.85\times 10^{-12}\times(20+2\times 0.003)^2}\approx 32.37(\text{N})$$

下面再用近似法来计算两球的作用力，即取$k=1.4$，则两球的作用力由斥力公式算出为

$$F=\frac{5.76Q^2}{4\pi\varepsilon_0\left(1.4c+\sqrt{c^2+9.6R^2}\right)^2}=\frac{5.76\times 12^2\times 10^{-8}}{4\times 3.14\times 8.85\times 10^{-12}\times\left(1.4\times 20+\sqrt{20^2+9.6\times 0.25^2}\right)^2}\approx 32.37(\text{N})$$

比较两种方法算出的结果，即用精确法和近似法算出的力相等。这是因为两球心距离相对于球半径而言很大，k的变化对作用力大小的影响可以忽略不计，因此，取$k=1.4$和$k=1$算出的力相等。

如果电荷不是在球面上，而集中在两球心处，则两球心处点电荷的作用力由库仑定律算出为 32.39 N，略大于电荷在球面上的作用力，但相差很小。这同样是因为两球心距离比较远，而两球半径又比较小，此时，两球面上电荷的作用力可以近似用球心处点电荷的作用力代替。

147. 设 145 题中两球心距离为 2.5 m 和 6 m，两球的作用力分别是多少？

解：根据题意，仍保持 145 题中两球半径$R=1$ m，所带电荷$Q=12\times 10^{-4}\text{C}$，但两球心距离$c$减小为 2.5 m 和 6 m。此时，由于两球心距离减小，两球的作用力必然增大，当球心距$c=2.5$ m时，有$c=2.5R$，查表得出$k=1.35$。将$k=1.35$代入偏心距公式，有

$$b=\frac{-c+\sqrt{c^2+4(1+k)R^2}}{2(1+k)}$$
$$=\frac{-2.5+\sqrt{2.5^2+4\times(1+1.35)\times1^2}}{2\times(1+1.35)}$$
$$\approx0.31(\mathrm{m})$$

这就是两球心距离为 2.5 m 时，两导体球内替代电荷偏离球心的距离，进而可算出两球的作用力

$$F=\frac{Q^2}{4\pi\varepsilon_0(c+2b)^2}$$
$$=\frac{12^2\times10^{-8}}{4\times3.14\times8.85\times10^{-12}\times(2.5+2\times0.31)^2}$$
$$\approx1330.82(\mathrm{N})$$

这是用查表法，即精确法算出的两球作用力。如果用近似法，则两球的作用力

$$F=\frac{5.76Q^2}{4\pi\varepsilon_0\left(1.4c+\sqrt{c^2+9.6R^2}\right)^2}$$
$$=\frac{5.76\times12^2\times10^{-8}}{4\times3.14\times8.85\times10^{-12}\times\left(1.4\times2.5+\sqrt{2.5^2+9.6\times1^2}\right)^2}$$
$$\approx1333.24(\mathrm{N})$$

这是用近似法算出的力。比用精确法算出的力多出 2.42 N，误差为 0.18%。

当两球心距离为 6 m 时，有 $c=6R$，查表得出 $k=1.18$。故球内替代电荷的偏心距

$$b=\frac{-c+\sqrt{c^2+4(1+k)R^2}}{2(1+k)}$$
$$=\frac{-6+\sqrt{6^2+4\times(1+1.18)\times1^2}}{2\times(1+1.18)}$$
$$\approx0.1576(\mathrm{m})$$

算出两球的作用力

$$F=\frac{Q^2}{4\pi\varepsilon_0(c+2b)^2}$$
$$=\frac{12^2\times10^{-8}}{4\times3.14\times8.85\times10^{-12}\times(6+2\times0.1576)^2}$$
$$\approx324.83(\mathrm{N})$$

这是用精确法算出的力。若用近似法，则 $k=1.4$，两球的作用力

$$F=\frac{5.76Q^2}{4\pi\varepsilon_0\left(1.4c+\sqrt{c^2+9.6R^2}\right)^2}$$
$$=\frac{5.76\times12^2\times10^{-8}}{4\times3.14\times8.85\times10^{-12}\times\left(1.4\times6+\sqrt{6^2+9.6\times1^2}\right)^2}$$
$$\approx324.99(\mathrm{N})$$

即当两球心距离为 6 m 时，用近似法和精确法算出两球的作用力近似相等。

148. 有两个半径 $R=0.02$ m 的金属小球，带有电荷 $Q=0.2\times10^{-4}$C，当两球心距离 $c=0.042$ m 时，两球的作用力是多少？如果让两球心距离增加到 0.2 m 时，两球的作用力又是多少？

解：当两球心距离 $c=0.042$ m 时，有 $c=2.1R$，此时两球已经相距很近，球面最近处只有 2 mm，所以算出的力已经接近最大值。由 c 与 R 的关系，查表得出 $k=1.4$，所以无论是用精确法还是用近似法都是由斥力公式算出力。故两球的作用力

$$F=\frac{5.76Q^2}{4\pi\varepsilon_0\left(1.4c+\sqrt{c^2+9.6R^2}\right)^2}$$
$$=\frac{5.76\times0.2^2\times10^{-8}}{4\times3.14\times8.85\times10^{-12}\times\left(1.4\times0.042+\sqrt{0.042^2+9.6\times0.02^2}\right)^2}$$
$$\approx1160.24(\mathrm{N})$$

这就是两个金属小球的球心距离为 0.042 m 时的作用力。如果两球心距离增加到 0.2 m，则 $c=10R$，查表得出 $k=1.1$。将 $k=1.1$ 代入偏心距公式，有

$$b=\frac{-c+\sqrt{c^2+4(1+k)R^2}}{2(1+k)}$$
$$=\frac{-0.2+\sqrt{0.2^2+4\times(1+1.1)\times0.02^2}}{2\times(1+1.1)}$$
$$\approx0.002(\mathrm{m})$$

故两球的作用力

$$F=\frac{Q^2}{4\pi\varepsilon_0(c+2b)^2}$$
$$=\frac{0.2^2\times10^{-8}}{4\times3.14\times8.85\times10^{-12}\times(0.2+2\times0.002)^2}$$
$$\approx86.47(\mathrm{N})$$

这就是用精确法算出的两球的作用力。另外用近似法算出力

$$F=\frac{5.76Q^2}{4\pi\varepsilon_0\left(1.4c+\sqrt{c^2+9.6R^2}\right)^2}$$
$$=\frac{5.76\times0.2^2\times10^{-8}}{4\times3.14\times8.85\times10^{-12}\times\left(1.4\times0.2+\sqrt{0.2^2+9.6\times0.02^2}\right)^2}$$
$$\approx86.55(\mathrm{N})$$

由上面的计算看出，当两球心距离为 0.042 m 时查表得出 k=1.4，与近似法取的 k 值相同，所以，两球的作用力就可直接由斥力公式算出。当两球心距离为 0.2 m 时，查表得出 k=1.1，而近似法取的 k 值是 1.4，二者不等，所以，用两种方法算出进行比较，结果两种方法算出的力不相等，但相差很小。

149. 若上题中两带电导体球的球心距离增加为 1 m，两球的作用力该如何算出？大小是多少？与电荷在球心处时的作用力相比较如何？

解：由于两带球的半径很小，而两球心距离相对于球半径而言又比较大。所以两球面上电荷的作用力很小，电荷在球面上偏离球心的距离很小，或者说球内替代电荷的偏心距很小。偏心距小，说明球面上的电荷基本上接近均匀分布。既然球面上电荷接近均匀分布，那么，两带电小球的作用力就可以用电荷在球心处的作用力代替，即由库仑定律算出为 3.598 N。事实上，因为 $R=0.02\ \mathrm{m}$，而 $c=1\ \mathrm{m}$，所以，$c=50\,R$，此时的 k 接近 1。将 $k=1$ 代入偏心距公式有

$$b=\frac{-c+\sqrt{c^2+4(1+k)R^2}}{2(1+k)}$$
$$=\frac{-1+\sqrt{1+4\times(1+1)\times0.02^2}}{2\times(1+1)}$$
$$\approx0.0004(\mathrm{m})$$

故两球的作用力

$$F=\frac{Q^2}{4\pi\varepsilon_0(c+2b)^2}$$
$$=\frac{0.2^2\times10^{-8}}{4\times3.14\times8.85\times10^{-12}\times(1+2\times0.0004)^2}$$
$$\approx3.593(\mathrm{N})$$

即与球心处点电荷的作用力非常接近。

或者用斥力公式算出

$$F=\frac{5.76Q^2}{4\pi\varepsilon_0\left(1.4c+\sqrt{c^2+9.6R^2}\right)^2}$$
$$=\frac{5.76\times0.2^2\times10^{-8}}{4\times3.14\times8.85\times10^{-12}\times\left(1.4\times1+\sqrt{1^2+9.6\times0.02^2}\right)^2}$$
$$\approx3.593(\mathrm{N})$$

即用两种方法算出的力相等，并且与电荷在球心处时的作用力近似相等。

150. 已知两个电量为 6×10^{-4} C 的正负点电荷 Q，相距 6 m 时的作用力为−89.96 N，如果让点电荷分别分布在两个半径均为 0.5 m 的导体球上，并且球心正好位于点电荷所在的位置，试用两种方法算出两球的作用力是多少？

解：先用精确法算出两球的作用力。因为两球大小相等，半径均为 $R=0.5\text{ m}$，两球心距离 $a=6\text{ m}$，所以 $a=12R$，查表得出 k 近似等于 1.1，将 $k=1.1$ 代入力的计算式求出力。先算出偏心距

$$b=\frac{a-\sqrt{a^2-4R^2}}{2}=\frac{6-\sqrt{6^2-4\times0.5^2}}{2}\approx0.042(\text{m})$$

进而算出两个大小相等，并带有等量异性电荷导体球的作用力

$$\begin{aligned}F&=\frac{Qq}{4\pi\varepsilon_0(a-kb)^2}\\&=\frac{6\times(-6)\times10^{-8}}{4\times3.14\times8.85\times10^{-12}\times(6-1.1\times0.042)^2}\\&\approx-91.37(\text{N})\end{aligned}$$

或者先求出像电荷，即

$$\begin{aligned}Q'&=-\frac{R-b}{a-b-R}Q\\&=-\frac{0.5-0.042}{6-0.042-0.5}\times6\times10^{-4}\\&=-0.5035\times10^{-4}(\text{C})\end{aligned}$$

代入一般引力公式，有

$$\begin{aligned}F&=\frac{1}{4\pi\varepsilon_0}\left[\frac{QQ'}{(a-2b)^2}+\frac{Q(q-Q')}{(a-b)^2}\right]\\&=\frac{10^{-8}}{4\times3.14\times8.85\times10^{-12}}\times\left[\frac{-6\times0.5035}{(6-2\times0.042)^2}+\frac{6\times(-6+0.5035)}{(6-0.042)^2}\right]\\&=-7.77-83.58\\&\approx-91.35(\text{N})\end{aligned}$$

以上是用精确法，即 k 取查表值 1.1 时算出的两球作用力。并且用两个公式算出的结果在计算误差范围内相等。下面再用近似法算出两带电导体球的引力，此时取 k 为常数 1.4，将 $k=1.4$ 代入下式有

$$\begin{aligned}F&=\frac{Qq}{4\pi\varepsilon_0(a-kb)^2}\\&=\frac{6\times(-6)\times10^{-8}}{4\times3.14\times8.85\times10^{-12}\times(6-1.4\times0.042)^2}\\&\approx-91.75(\text{N})\end{aligned}$$

比较两种算法得出，精确值与近似值之间有误差，即近似值比精确值多出 0.40 N，误差为 ±0.4%。但与球心处点电荷的作用力相比，两球的作用力都大于球心处点电荷的作用力。

151. 如果上题中两球半径减小为 0.25 m 时，结果又将如何？

解：由于本题中两球半径比上题中两球半径减小一半，而两球心距离不变，所以，本题中的球心距与球半径的关系为 $a=24R$，查表得出 $k=1.02$。另外，球半径减小，而球心距不变，则球内像电荷和替代电荷到球心的距离要减小，即为

$$b=\frac{a-\sqrt{a^2-4R^2}}{2}=\frac{6-\sqrt{6^2-4\times0.25^2}}{2}\approx0.0104(\mathrm{m})$$

故两球的作用力

$$\begin{aligned}F&=\frac{Qq}{4\pi\varepsilon_0(a-kb)^2}\\&=\frac{6\times(-6)\times10^{-8}}{4\times3.14\times8.85\times10^{-12}\times(6-1.02\times0.0104)^2}\\&\approx-90.28(\mathrm{N})\end{aligned}$$

这是用精确法算出的作用力。下面再用近似法来算两球的作用力，取 k 为常数 1.4，将 $k=1.4$ 代入力的计算式有

$$\begin{aligned}F&=\frac{Qq}{4\pi\varepsilon_0(a-kb)^2}\\&=\frac{6\times(-6)\times10^{-8}}{111.156\times10^{-12}\times(6-1.4\times0.0104)^2}\\&\approx-90.402(\mathrm{N})\end{aligned}$$

这是用近似法算出的两球作用力。与用精确法算出的力相比，比精确法算出的力多出 0.11 N，二者的误差为 0.12%。再与上题相比，精确法算出的力与近似法算出的力虽然仍有差别，但二者的误差比上题减小了。表明当两球心距离不变时，两球的半径越小，用近似法和精确法算出的两球作用力误差越小。而且与球心处点电荷的作用力相比，两球的作用力也更加接近于球心处点电荷的作用力。

152. 把 150 题中的两个异性电荷换成两个同性电荷，而电量和两球心距离保持不变，则两球的作用力是多少？与电荷在球心处时的作用力相比较如何？

解：因为两球半径和两球心距离保持不变，仍与 150 题相同，所以，球心距离与球半径的关系也与 150 题相同，即 $c=12R$，所以，查表得出 k 近似等于 1.1。将 $k=1.1$ 代入下式算出球内替代电荷的偏心距

$$\begin{aligned}b&=\frac{-c+\sqrt{c^2+4(1+k)R^2}}{2(1+k)}\\&=\frac{-6+\sqrt{6^2+4\times(1+1.1)\times0.5^2}}{2\times(1+1.1)}\\&\approx0.041(\mathrm{m})\end{aligned}$$

将算出的 b 代入力的计算式，有

$$F = \frac{Q^2}{4\pi\varepsilon_0(c+2b)^2} = \frac{6^2\times10^{-8}}{4\times3.14\times8.85\times10^{-12}\times(6+2\times0.041)^2} \approx 87.55(\mathrm{N})$$

这是用精确算法，即查表法算出的两带电导体球的作用力。下面再用近似法算出两球的作用力，此时取 $k=1.4$。故两球的作用力由斥力公式算出为

$$F = \frac{5.76Q^2}{4\pi\varepsilon_0\left(1.4c+\sqrt{c^2+9.6R^2}\right)^2} = \frac{5.76\times6^2\times10^{-8}}{4\times3.14\times8.85\times10^{-12}\times\left(1.4\times6+\sqrt{6^2+9.6\times0.5^2}\right)^2} \approx 87.55(\mathrm{N})$$

即用近似法算出的力和用精确法算出的力相等。而当两球面上的电荷集中在球心处时，两球心处点电荷的作用力为 89.96 N。即当两电荷为同性电荷时，电荷在球心处的作用力(即斥力)总大于电荷在球面的作用力(即斥力)。

153. 如果把 150 题中两球所带异性电荷换成同性正电荷后，两带电导体球的斥力与 150 题中的引力相等，问：带同性电荷导体球的球心距离是多少？

解：在 150 题中算出两球带异性电荷，并且球心距离 $a=6\ \mathrm{m}$，两球的作用力(引力)为−91.36 N。如果两球不是带异性电荷，而是带等量的同性正电荷，则两球的作用力为斥力，若要斥力与引力相等，一般情况下两球心距离不等。并且满足下面的关系式成立，即

$$c = a-(2+k)b$$

由上式看出，当两球心距离不是很远时，b 不为零，所以，两球带同性电荷时的球心距离 c 总小于两球带异性电荷时的球心距离 a。只有当两球心距离很远或者两球半径很小时，b 才会很小，甚至趋于零，才有 c 和 a 近似相等。而在本题中，两球半径比较大，且两球心距离不是很远，b 不会趋于零，而是由 150 题算出为 $b=0.042\ \mathrm{m}$，且 $k=1.1$。故由上式算出两球带同性正电荷时的球心距离

$$c = a-(2+k)b = 6-(2+1.1)\times0.042 \approx 5.87(\mathrm{m})$$

这就是 150 题中两球带同性正电荷，并且作用力(斥力)与 150 题中引力相等时的球心距离。为了比较结果，可进一步算出此时两球的斥力

$$F = \frac{Q^2}{4\pi\varepsilon_0(c+2b)^2} = \frac{6^2\times10^{-8}}{4\times3.14\times8.85\times10^{-12}\times(5.87+2\times0.042)^2} \approx 91.36(\mathrm{N})$$

即算出的两球斥力正好与 150 题中的两球引力近似相等。

154. 有两个半径均为 $R=0.15\text{ m}$ 的导体球，带有同性负电荷 $Q=-7\times10^{-4}\text{C}$，当两球心距离 $c=3\text{ m}$ 时，试用精确算法和近似算法算出两球的作用力大小？与球心处点电荷的作用力相比较如何？

解：先用精确算法做出计算。因为两球半径 $R=0.15\text{ m}$，而两球心距离 $c=3\text{ m}$，所以，$c=20R$，查表得出 $k=1.07$。故有两球面上同性负电荷相互排斥时，其在球内替代点电荷偏离球心的距离

$$b=\frac{-c+\sqrt{c^2+4(1+k)R^2}}{2(1+k)}$$
$$=\frac{-3+\sqrt{3^2+4\times(1+1.07)\times0.15^2}}{2\times(1+1.07)}$$
$$\approx0.0075(\text{m})$$

故两球的作用力

$$F=\frac{Q^2}{4\pi\varepsilon_0(c+2b)^2}$$
$$=\frac{(-7)^2\times10^{-8}}{4\times3.14\times8.85\times10^{-12}\times(3+2\times0.0075)^2}$$
$$\approx484.94(\text{N})$$

这就是用精确法算出两带电导体球的作用力。

下面再用近似法算出两球的作用力进行比较。取 k 为常数 1.4，则两球的斥力由斥力公式算出为

$$F=\frac{5.76Q^2}{4\pi\varepsilon_0\left(1.4c+\sqrt{c^2+9.6R^2}\right)^2}$$
$$=\frac{5.76\times(-7)^2\times10^{-8}}{4\times3.14\times8.85\times10^{-12}\times\left(1.4\times3+\sqrt{3^2+9.6\times0.15^2}\right)^2}$$
$$\approx484.97(\text{N})$$

这就是用近似法算出的两带电导体球的作用力。它比用精确法算出的作用力略大，但相差很小。如果电荷不是在球面上，而是在球心处，则容易算出两球心点电荷的作用力为 489.8 N，大于两带电导体球的作用力，即大于两球面上电荷的作用力。

155. 如果上题中两球半径为 $R=0.6\text{ m}$，而球面电荷和两球心距离保持不变，则情况又将如何？

解：仍用两种算法算出做比较。先用精确法进行计算，因为两球心距离不变，仍与 154 题相同，为 $c=3\text{ m}$，但两球半径增加为 $R=0.6\text{ m}$，故有 $c=5R$，查表得出系数 $k=1.3$。将 $k=1.3$ 代入偏心距公式，算出两带球内替代电荷偏离球心的距离

$$b=\frac{-c+\sqrt{c^2+4(1+k)R^2}}{2(1+k)}$$

$$=\frac{-3+\sqrt{3^2+4\times(1+1.3)\times0.6^2}}{2\times(1+1.3)}$$

$$\approx 0.1106(\mathrm{m})$$

故两球的作用力

$$F=\frac{Q^2}{4\pi\varepsilon_0(c+2b)^2}$$

$$=\frac{(-7)^2\times10^{-8}}{4\times3.14\times8.85\times10^{-12}\times(3+2\times0.1106)^2}$$

$$\approx 424.84(\mathrm{N})$$

这是用精确算法算出的两球作用力。

下面再用近似法算出两球的作用力。取 k 为常数 1.4，故两带电导体球的作用力由斥力公式算出为

$$F=\frac{5.76Q^2}{4\pi\varepsilon_0\left(1.4c+\sqrt{c^2+9.6R^2}\right)^2}$$

$$=\frac{5.76\times(-7)^2\times10^{-8}}{4\times3.14\times8.85\times10^{-12}\times\left(1.4\times3+\sqrt{3^2+9.6\times0.6^2}\right)^2}$$

$$\approx 425.02(\mathrm{N})$$

这是用近似法算出的两带电导体球的作用力。它比精确法算出的力大出 0.18 N，误差为 ±0.04%。如果电荷在两球心处，则两球心处点电荷的作用力为 489.8 N，比电荷在球面上的作用力(斥力)大。

156. 如果将上题中两球心距离由 3 m 增加为 12 m，而两球半径和所带电荷不变，问：结果如何？

解：用精确法算出力，因为两球半径 $R=0.6$ m，而两球心距离 $c=12$ m，所以，$c=20R$，查表得 $k=1.07$。故有偏心距

$$b=\frac{-c+\sqrt{c^2+4(1+k)R^2}}{2(1+k)}$$

$$=\frac{-12+\sqrt{12^2+4\times(1+1.07)\times0.6^2}}{2\times(1+1.07)}$$

$$\approx 0.0298(\mathrm{m})$$

故两球的作用力

$$F = \frac{Q^2}{4\pi\varepsilon_0\left(c+2b\right)^2}$$

$$= \frac{\left(-7\right)^2 \times 10^{-8}}{4\times 3.14\times 8.85\times 10^{-12}\times\left(12+2\times 0.0298\right)^2}$$

$$\approx 30.31(\mathrm{N})$$

这就是用精确法算出两球的作用力。下面再用斥力公式计算力，即

$$F = \frac{5.76Q^2}{4\pi\varepsilon_0\left(1.4c+\sqrt{c^2+9.6R^2}\right)^2}$$

$$= \frac{5.76\times\left(-7\right)^2\times 10^{-8}}{4\times 3.14\times 8.85\times 10^{-12}\times\left(1.4\times 12+\sqrt{12^2+9.6\times 0.6^2}\right)^2}$$

$$\approx 30.31(\mathrm{N})$$

即用近似法和精确法算出的力相等。如果电荷在球心处，则两球心处点电荷的作用力为 30.61 N，比球面上电荷的作用力大 0.3 N。

九、等势不等大带电导体球的作用力

157. 设有两个大小和带电量都不相等的导体球 A 和 B，A 球半径为 R，带电荷 Q，B 球半径为 r，带电荷 q，并且 $Q:R=q:r$，问：两球之间的作用力能否算出？如何算？

解：本题属于两个大小不等，所带电量也不相等的导体球的作用力问题。此类问题一般有两种情形，一是两带电导体球的电势不等，二是两带电导体球的电势相等。前者由于电势不等，两球之间有静电感应，两球的作用力由电像法算出。后者由于两球的电势相等，两球之间没有静电感应，两球的作用力为两球面上同性电荷的斥力，因此，两球的作用力不能直接用电像法算出。本题的问题就属于两个电量不等，大小也不等的带同性电荷导体球的作用力问题，既不能用电像法算力，也不能用等势等大带电导体球的斥力公式来算力，而要重新找出新的计算方法。

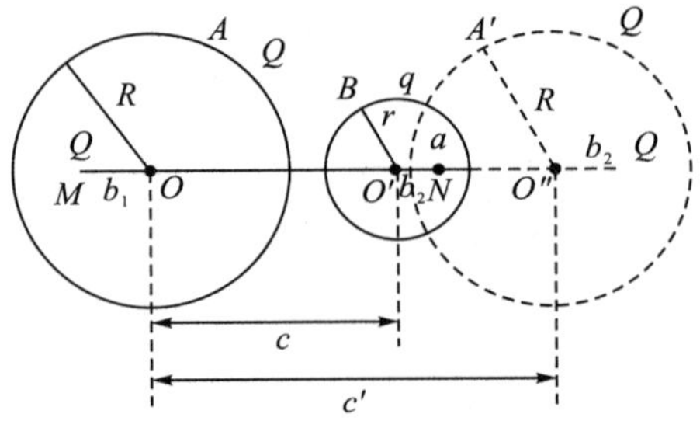

图 9-1　大小不等电势相等带电导体球间作用力

如图 9-1 所示，在 A、B 两导体球中，已知 A 球的半径为 R，带电荷 Q，B 球的半径为 r，带电荷 q，并且 $Q/R=q/r$。由于两球电势相等，两球面电荷的作用力为斥力。在相互斥力作用下，两球面上的电荷都要向外偏离球心，球面电荷在球内的替代电荷也要向外偏离球心。到静电平衡时，设 A 球内替代电荷位于 M 点处，M 到球心的距离为 b_1，B 球内替代电荷位于 N 点处，N 到球心的距离为 b_2，故当两球心距离为 c 时，两球的作用力

$$F=\frac{Qq}{4\pi\varepsilon_0\left(c+b_1+b_2\right)^2}$$

式中 b_1 和 b_2 都是待定数。但由于 B 球半径 r 和两球心距离 c 为已知数，故有

$$b_2=\frac{-c+\sqrt{c^2+9.6r^2}}{4.8}$$

即 b_2 可以算出，为已知数，故公式 $F=\dfrac{Qq}{4\pi\varepsilon_0\left(c+b_1+b_2\right)^2}$ 中只有 b_1 是未知数。为了确定 b_1，可假设在 B 球的另一边有一导体球 A'，其半径和所带电荷与 A 球半径和所带电荷相同，

故 A' 球和 A 球为等势等大带电导体球，其作用力的计算式前面已经给出。所以，当 A' 球对 A 球的斥力等于 B 球对 A 球的斥力时，有

$$\frac{Qq}{4\pi\varepsilon_0\left(c+b_1+b_2\right)^2}=\frac{Q^2}{4\pi\varepsilon_0\left(c'+2b_1\right)^2}$$

式中 c' 为 A 与 A' 两球的球心距离。并因为 $Q:R=q:r$，故设 $Q:R=q:r=n$，即 $q=Q:n$。所以，上式为

$$\frac{Q^2}{4\pi\varepsilon_0 n\left(c+b_1+b_2\right)^2}=\frac{Q^2}{4\pi\varepsilon_0\left(c'+2b_1\right)^2}$$

另外，b_1 可由两个等势等大带电导体球的偏心距公式给出为

$$b_1=\frac{-c'+\sqrt{c'^2+9.6R^2}}{4.8}$$

Q 和 R 为已知数，b_2 可算出，而 n 是 Q 和 q 的比值，也是已知数。故只有 b_1 和 c' 两个未知数，从两式中消去 c' 后

$$b_1=\frac{-\sqrt{n}\left(c+b_2\right)+\sqrt{n\left(c+b_2\right)^2+4\left(0.4+\sqrt{n}\right)R^2}}{2\left(0.4+\sqrt{n}\right)}$$

这就是 A 球面上电荷在 B 球面上电荷斥力作用下，向外偏离球心的距离，也是它在球内替代电荷偏离球心的距离。式中 c 是 A、B 两球心距离，n 是两球面电荷或两球半径的比值，b_2 为 B 球内替代电荷偏离球心的距离，可算出，因此，b_1 可由上式算出。算出 b_1 和 b_2 后，代入两球的作用力公式就可算出两个大小不等电势相等带电导体球的斥力。

158. 如果上题中的两导体球大小相等，半径同为 R，带电量也相等，则上题中 b_1 的计算式有怎样的形式？

解：如果上题中的两球大小相等，带电量也相等时，两球仍为等势体，两球之间的作用力为斥力。但由于球半径 $r=R$，两球面上的电荷 $q=Q$，故 b_1 的计算式中 $n=Q:q=1$。并且因为两球半径相等，则两球内替代电荷偏离球心的距离也相等，即 $b_1=b_2=b$，将 $b_1=b_2=b$ 和 $n=1$ 代入上题 b_1 的计算式，容易推出 A 球内替代电荷偏离球心的距离

$$b_1=b=\frac{-c+\sqrt{c^2+9.6R^2}}{4.8}$$

这就是上题中 b_1 的计算式在两球半径相等时的形式，即为前面用到的两个等势等大带电导体球内替代电荷的偏心距公式。所以，两个等势等大带电导体球内替代电荷的偏心距公式正是上题中 b_1 计算式的特殊形式。

159. 设有两个导体球 A 和 B，A 球半径 $R=0.4\,\text{m}$，带电荷 $Q=8\times10^{-4}\text{C}$，B 球半径 $r=0.2\,\text{m}$，带电荷 $q=4\times10^{-4}\text{C}$，问：当两球心距离 $c=1.2\,\text{m}$ 时，两球内替代电荷的偏心距各是多少？

解：虽然两导体球的大小不同，所带电荷也不同，但两球所带电荷与球半径之比相等，因此，两球的电势相等，即两球为等势体，两球面上电荷的作用力，即两带电导体球的作

用力为斥力。在相互斥力的作用力下，两球面上的电荷都要向外偏离球心，其在球内替代电荷也要向外偏离球心。并且球面上电荷在球内替代电荷偏离球心的距离与球半径有关，半径越大，球内替代电荷偏离球心的距离越大，半径越小，球内替代电荷偏离球心的距离越小。所以，因 B 球半径 $r=0.2\ \text{m}$，B 球内替代电荷偏离球心的距离

$$\begin{aligned}b_2&=\frac{-c+\sqrt{c^2+9.6r^2}}{4.8}\\&=\frac{-1.2+\sqrt{1.2^2+9.6\times0.2^2}}{4.8}\\&\approx0.031(\text{m})\end{aligned}$$

这就是 B 球内替代电荷偏离球心的距离。而 A 球半径 $R=0.4\ \text{m}$，故 A 球内替代电荷到球心的距离

$$\begin{aligned}b_1&=\frac{-\sqrt{n}\left(c+b_2\right)+\sqrt{n\left(c+b_2\right)^2+4\left(0.4+\sqrt{n}\right)R^2}}{2\left(0.4+\sqrt{n}\right)}\\&=\frac{-\sqrt{2}\times(1.2+0.031)+\sqrt{2\times(1.2+0.031)^2+4\times\left(0.4+\sqrt{2}\right)\times0.4^2}}{2\times\left(0.4+\sqrt{2}\right)}\\&\approx0.085(\text{m})\end{aligned}$$

这就是 A 球内替代电荷的偏心距，它比 B 球内替代电荷的偏心距大。

160. 上题中 A、B 两带电导体球的作用力是多少？

解：因为在上题中已经算出 A 球内替代电荷向外偏离球心的距离 $b_1=0.084\ \text{m}$，而 B 球内替代电荷向外偏离球心的距离 $b_2=0.031\ \text{m}$，均为已知数。故两球心距离为 c 时，两球内替代电荷之间的距离为 $c+b_1+b_2$，两带电导体球的作用力就是两球内替代电荷之间的作用力。所以，上题中两带电导体球的作用力

$$\begin{aligned}F&=\frac{Qq}{4\pi\varepsilon_0\left(c+b_1+b_2\right)^2}\\&=\frac{8\times4\times10^{-8}}{4\times3.14\times8.85\times10^{-12}\times(1.2+0.085+0.031)^2}\\&\approx1662.3(\text{N})\end{aligned}$$

这就是上题中两带电导体球的作用力，为斥力。

161. 设 159 题中两球心距离增加为 5 m 时，两球的斥力是多少？与电荷在球心处时的作用力相比较如何？

解：由 159 题知 A 球半径 $R=0.4\ \text{m}$，带电荷 $Q=8\times10^{-4}\text{C}$，B 球半径 $r=0.2\ \text{m}$，带电荷 $q=4\times10^{-4}\text{C}$，故两球为等势体。当两球心距离为 5m 时，小球 B 内替代电荷到球心的

距离

$$b_2=\frac{-c+\sqrt{c^2+9.6r^2}}{4.8}=\frac{-5+\sqrt{5^2+9.6\times0.2^2}}{4.8}\approx0.008(\mathrm{m})$$

这就是小球 B 内替代电荷偏离球心的距离。而大球 A 内替代电荷偏离球心的距离

$$\begin{aligned}b_1&=\frac{-\sqrt{n}(c+b_2)+\sqrt{n(c+b_2)^2+4(0.4+\sqrt{n})R^2}}{2(0.4+\sqrt{n})}\\&=\frac{-\sqrt{2}\times(5+0.008)+\sqrt{2\times(5+0.008)^2+4\times(0.4+\sqrt{2})\times0.4^2}}{2\times(0.4+\sqrt{2})}\\&\approx0.02(\mathrm{m})\end{aligned}$$

故两球的作用力

$$\begin{aligned}F&=\frac{Qq}{4\pi\varepsilon_0(c+b_1+b_2)^2}\\&=\frac{8\times4\times10^{-8}}{4\times3.14\times8.85\times10^{-12}\times(5+0.02+0.008)^2}\\&\approx113.87(\mathrm{N})\end{aligned}$$

这就是 159 题中两球心距离为 5 m 时，两带电导体球的作用力。如果电荷不是在球面上，而是在球心处，则容易算出两球心处点电荷的作用力为 115.15 N，略大于两球面上电荷的作用力。

162. 如果 159 题中两球心距离仍保持为 1.2 m，两球所带的电荷也保持不变，而是将两球的半径各减小为原来的 $\frac{1}{4}$，问：两球的作用力是多少？与球半径为零时的作用力相比如何？

解：两球半径减小，而球心距离不变，则球内替代电荷的偏心距也要减小。当两球心距离 $c=1.2\ \mathrm{m}$，而 B 球半径减为 $r=0.05\ \mathrm{m}$ 时，B 球内替代电荷的偏心距

$$\begin{aligned}b_2&=\frac{-c+\sqrt{c^2+9.6r^2}}{4.8}\\&=\frac{-1.2+\sqrt{1.2^2+9.6\times0.05^2}}{4.8}\\&\approx0.0021(\mathrm{m})\end{aligned}$$

而 A 球半径减为 $R=0.1\ \mathrm{m}$，故 A 球内替代电荷到球心的距离

$$b_1=\frac{-\sqrt{n}\left(c+b_2\right)+\sqrt{n\left(c+b_2\right)^2+4\left(0.4+\sqrt{n}\right)R^2}}{2\left(0.4+\sqrt{n}\right)}$$
$$=\frac{-\sqrt{2}\times(1.2+0.0021)+\sqrt{2\times(1.2+0.0021)^2+4\times\left(0.4+\sqrt{2}\right)\times0.1^2}}{2\times\left(0.4+\sqrt{2}\right)}$$
$$\approx0.0058(\mathrm{m})$$

代入大小不等带电导体球的斥力公式有

$$F=\frac{Qq}{4\pi\varepsilon_0\left(c+b_1+b_2\right)^2}$$
$$=\frac{8\times4\times10^{-8}}{4\times3.14\times8.85\times10^{-12}\times(1.2+0.0058+0.0021)^2}$$
$$\approx1973.13(\mathrm{N})$$

就是 159 题中两球半径各自缩小为原来的$\frac{1}{4}$时，两带电导体球的作用力。如果两球半径不只是缩小为原来的$\frac{1}{4}$，而是减小为零，则将$r=0$代入小球内替代电荷的偏心距公式得出$b_2=0$。同样$R=0$代入大球内替代电荷的偏心距公式得出$b_1=0$。再把$b_1=b_2=0$代入力的计算公式有库仑定律成立，即

$$F=\frac{Qq}{4\pi\varepsilon_0c^2}$$
$$=\frac{8\times4\times10^{-8}}{4\times3.14\times8.85\times10^{-12}\times1.2^2}$$
$$\approx1999.19(\mathrm{N})$$

即电荷在球心处的作用力大于电荷在球面上的作用力。

163. 设有两个带电导体球，A 球半径 $R=1\ \mathrm{m}$，带电荷 $Q=4\times10^{-4}\mathrm{C}$，$B$ 球半径 $r=0.5\ \mathrm{m}$，带电荷 $q=2\times10^{-4}\mathrm{C}$，当两球心距离 $c=1.51\ \mathrm{m}$ 时，两球的作用力是多少？

解：本题中的两带电导体球相距较近，即两球面的最近距离只有 1cm，所以两球的作用力接近于最大力。要计算两球的作用力，则要先算出两球内替代电荷偏离球心的距离，先算出 B 球内替代电荷偏离球心的距离，即

$$b_2=\frac{-c+\sqrt{c^2+9.6r^2}}{4.8}$$
$$=\frac{-1.51+\sqrt{1.51^2+9.6\times0.5^2}}{4.8}$$
$$\approx0.136(\mathrm{m})$$

再算出 A 球内替代电荷偏离球心的距离

$$b_1 = \frac{-\sqrt{n}\left(c+b_2\right)+\sqrt{n\left(c+b_2\right)^2+4\left(0.4+\sqrt{n}\right)R^2}}{2\left(0.4+\sqrt{n}\right)}$$
$$= \frac{-\sqrt{2}\times\left(1.51+0.136\right)+\sqrt{2\times\left(1.51+0.136\right)^2+4\times\left(0.4+\sqrt{2}\right)\times 1^2}}{2\times\left(0.4+\sqrt{2}\right)}$$
$$\approx 0.34(\mathrm{m})$$

故两球的作用力

$$F = \frac{Qq}{4\pi\varepsilon_0\left(c+b_1+b_2\right)^2}$$
$$= \frac{4\times 2\times 10^{-8}}{4\times 3.14\times 8.85\times 10^{-12}\times\left(1.51+0.34+0.136\right)^2}$$
$$\approx 182.47(\mathrm{N})$$

这就是本题要求的两球作用力。

164. 如果让上题中两球心距离增加为 6 m，而其他条件不变，则两球面电荷的作用力是多少？此时如果让两球半径减小为零，则两点电荷的作用力又是多少？

解：两球面上电荷的作用力，就是两导体球的作用力。因为两球半径不变，所带电荷也不变，所以，两带电导体球仍然是等势体，用斥力公式来求力。先算出 B 球内替代电荷的偏心距，而 B 球半径 $r=0.5\ \mathrm{m}$，即有

$$b_2 = \frac{-c+\sqrt{c^2+9.6r^2}}{4.8} = \frac{-6+\sqrt{6^2+9.6\times 0.5^2}}{4.8} \approx 0.041(\mathrm{m})$$

再算出 A 球内替代电荷的偏心距，并且 A 球半径 $R=1\ \mathrm{m}$，故

$$b_1 = \frac{-\sqrt{n}\left(c+b_2\right)+\sqrt{n\left(c+b_2\right)^2+4\left(0.4+\sqrt{n}\right)R^2}}{2\left(0.4+\sqrt{n}\right)}$$
$$= \frac{-\sqrt{2}\times\left(6+0.041\right)+\sqrt{2\times\left(6+0.041\right)^2+4\times\left(0.4+\sqrt{2}\right)\times 1^2}}{2\times\left(0.4+\sqrt{2}\right)}$$
$$\approx 0.114(\mathrm{m})$$

进而算出两带电导体球的作用力

$$F = \frac{Qq}{4\pi\varepsilon_0\left(c+b_1+b_2\right)}$$
$$= \frac{4\times 2\times 10^{-8}}{4\times 3.14\times 8.85\times 10^{-12}\times\left(6+0.114+0.041\right)^2}$$
$$\approx 18.99(\mathrm{N})$$

这是上题中两球心距离增加为 6 m 时，两带电导体球的作用力，也是两球面上电荷的作用力。如果此时让两球的半径减小为零，则将 $r=0$ 代入 B 球内替代电荷的偏心距公式算出

$b_2=0$，再把 $R=0$ 代入 A 球内替代电荷的偏心距公式，算出 $b_1=0$。再将 $b_1=b_2=0$ 代入上面力计算式，算出相距 6 m 的两个点电荷的作用力为 20 N。比电荷在球面上时的作用力多出 1 N。

165. 在 163 题中，把 A 球半径减小为 0.1 m，B 球的半径减小为 0.05 m，而两球心距离和球面电荷仍保持不变，则两球的作用力是多少？若两球半径都减小为零，问：两电荷的作用力又是多少？

解：因为两球半径同时减小为原来的 $\frac{1}{10}$，而两球所带电荷保持不变，所以，两带电导体球仍为等势球，两球的作用力为斥力。求大小不等两个等势导体球的斥力，要先求出球内替代电荷的偏心距，为此先求出 B 球内替代电荷的偏心距

$$b_2=\frac{-c+\sqrt{c^2+9.6r^2}}{4.8}$$
$$=\frac{-1.51+\sqrt{1.51^2+9.6\times0.05^2}}{4.8}$$
$$\approx0.002(\mathrm{m})$$

再求出 A 球内替代电荷的偏心距

$$b_1=\frac{-\sqrt{n}\left(c+b_2\right)+\sqrt{n\left(c+b_2\right)^2+4\left(0.4+\sqrt{n}\right)R^2}}{2\times\left(0.4+\sqrt{n}\right)}$$
$$=\frac{-\sqrt{2}\times(1.51+0.002)+\sqrt{2\times(1.51+0.002)^2+4\times\left(0.4+\sqrt{2}\right)\times0.1^2}}{2\times\left(0.4+\sqrt{2}\right)}$$
$$\approx0.005(\mathrm{m})$$

故两球的作用力

$$F=\frac{Qq}{4\pi\varepsilon_0\left(c+b_1+b_2\right)^2}$$
$$=\frac{4\times2\times10^{-8}}{4\times3.14\times8.85\times10^{-12}\times(1.51+0.005+0.002)^2}$$
$$\approx312.74(\mathrm{N})$$

这就是 163 题中两带电导体球半径各自减小为原来的 $\frac{1}{10}$ 时两球的作用力，它比 163 题中算出的作用力大。如果两球半径都减小为零，容易算出两球心处点电荷的作用力为 315.66N，略大于两带电导体球的作用力。

166. 设有一半径为 $R=0.6$ m 的导体球 A，球面上带电荷 $Q=12\times10^{-4}$C，在距离球心 6 m 处有另一点电荷 $q=6\times10^{-4}$C，问：点电荷与 A 球的作用力是多少？如果让点电荷分布在半径为 $r=0.3$ m 的 B 球面上，两球的作用力又是多少？

解：点电荷对 A 球的作用力由电像法求出。先求出球内像电荷偏离球心的距离

$$b = \frac{R^2}{a} = \frac{0.6^2}{6} = 0.06(\mathrm{m})$$

像电荷

$$Q' = -\frac{R}{a}q = -\frac{0.6}{6} \times 6 \times 10^{-4} = -0.6 \times 10^{-4}(\mathrm{C})$$

故点电荷对 A 球的作用力

$$\begin{aligned} F &= \frac{1}{4\pi\varepsilon_0}\left[\frac{qQ'}{(a-b)^2} + \frac{q(Q-Q')}{a^2}\right] \\ &= \frac{10^{-8}}{4\times3.14\times8.85\times10^{-12}}\left[\frac{-6\times0.6}{(6-0.06)^2} + \frac{6\times(12+0.6)}{6^2}\right] \\ &\approx 179.74(\mathrm{N}) \end{aligned}$$

这就是点电荷对带电导体球 A 的作用力，为斥力。如果球外点电荷 q 分布在半径为 $r = 0.3$ m 的导体球面上，则两带电导体球 A 和 B 为等势球，要算出两球的作用力，就要先算出球内替代电荷的偏心距。为此先算出小球 B 替代电荷的偏心距

$$\begin{aligned} b_2 &= \frac{-c + \sqrt{c^2 + 9.6r^2}}{4.8} \\ &= \frac{-6 + \sqrt{6^2 + 9.6\times0.3^2}}{4.8} \\ &\approx 0.015(\mathrm{m}) \end{aligned}$$

再算出大球 A 内替代电荷的偏心距

$$\begin{aligned} b_1 &= \frac{-\sqrt{n}(c+b_2) + \sqrt{n(c+b_2)^2 + 4(0.4+\sqrt{n})R^2}}{2(0.4+\sqrt{n})} \\ &= \frac{-\sqrt{2}\times(6+0.015) + \sqrt{2\times(6+0.015)^2 + 4\times(0.4+\sqrt{2})\times0.6^2}}{2\times(0.4+\sqrt{2})} \\ &\approx 0.042(\mathrm{m}) \end{aligned}$$

算出两个带电导体球内替代电荷到球心的距离后，把算出的偏心距 b_1 和 b_2 代入斥力的计算公式，进而算出两个带电导体球的作用力

$$\begin{aligned} F &= \frac{Qq}{4\pi\varepsilon_0(c+b_1+b_2)^2} \\ &= \frac{12\times6\times10^{-8}}{4\times3.14\times8.85\times10^{-12}\times(6+0.042+0.015)^2} \\ &\approx 176.56(\mathrm{N}) \end{aligned}$$

略小于点电荷对 A 球的作用力。

167. 如果把上题中的点电荷 q 到 A 球心的距离增加到 10 m，而其他条件仍与上题相同，则点电荷对 A 球的作用力和 A、B 两球的作用力又将如何？

解：先计算点电荷对 A 球的作用力，该力为带电导体球外点电荷与带电导体球之间的作用力，由电像法算出。点电荷在 A 球内的像电荷

$$Q' = -\frac{R}{a}q = -\frac{0.6}{10}\times 6\times 10^{-4} = -0.36\times 10^{-4}(\text{C})$$

像电荷到球心的距离

$$b = \frac{R^2}{a} = \frac{0.6^2}{10} = 0.036(\text{m})$$

故点电荷对带电导体球 A 的作用力

$$\begin{aligned} F &= \frac{1}{4\pi\varepsilon_0}\left[\frac{qQ'}{(a-b)^2} + \frac{q(Q-Q')}{a^2}\right] \\ &= \frac{10^{-8}}{4\times 3.14\times 8.85\times 10^{-12}}\left[\frac{-6\times 0.36}{(10-0.036)^2} + \frac{6\times(12+0.36)}{10^2}\right] \\ &= -1.96 + 66.72 \\ &\approx 64.76(\text{N}) \end{aligned}$$

这就是点电荷对 A 球的作用力。如果让点电荷分布在半径为 $r = 0.3$ m 的 B 球面上，则点电荷对 A 球的作用力就变成两个大小不等、电势相等带电导体球的作用力，由斥力公式算出。先算出 B 球内替代电荷到球心的距离

$$\begin{aligned} b_2 &= \frac{-c + \sqrt{c^2 + 9.6r^2}}{4.8} \\ &= \frac{-10 + \sqrt{10^2 + 9.6\times 0.3^2}}{4.8} \\ &\approx 0.009(\text{m}) \end{aligned}$$

这是在斥力作用力下，B 球内替代电荷偏离球心的距离。再算出 A 球内替代电荷偏离球心的距离

$$\begin{aligned} b_1 &= \frac{-\sqrt{n}(c+b_2) + \sqrt{n(c+b_2)^2 + 4(0.4+\sqrt{n})R^2}}{2(0.4+\sqrt{n})} \\ &= \frac{-\sqrt{2}\times(10+0.009) + \sqrt{2\times(10+0.009)^2 + 4\times(0.4+\sqrt{2})\times 0.6^2}}{2\times(0.4+\sqrt{2})} \\ &\approx 0.025(\text{m}) \end{aligned}$$

算出 b_1 和 b_2 后，就可以算出两带电导体球的作用力

$$F=\frac{Qq}{4\pi\varepsilon_0\left(c+b_1+b_2\right)^2}$$
$$=\frac{12\times6\times10^{-8}}{4\times3.14\times8.85\times10^{-12}\times\left(10+0.025+0.009\right)^2}$$
$$\approx64.34(\mathrm{N})$$

这就是 A、B 两带电导体球的作用力，或 B 球面上电荷对 A 球面上电荷的作用力。与点电荷对 A 球的作用力相比，二力不相等，但相差很小。

168. 设 166 题中 A 球半径减小为 $R=0.2\ \mathrm{m}$，而其他条件不变，此时，球外点电荷 q 对 A 球的作用力有何变化？如果让点电荷分布在半径为 $r=0.1\ \mathrm{m}$ 的 B 球面上，A、B 两球的作用力又有何变化？

解：因为点电荷到球心的距离不变，仍为 166 题中给出的 $c=6\ \mathrm{m}$，所以，当 A 球半径减小时，A 球内像电荷到球心的距离减小，容易算出像电荷到球心的距离 $b=0.007\ \mathrm{m}$，另外，由于点电荷不变，仍与 166 题相同，故可算出点电荷在 A 球内的像电荷 $Q'=0.033\times10^{-4}\mathrm{C}$，进而算出点电荷对带电导体球 A 的作用力为 179.92 N。如果让点电荷 q 分布在半径为 $r=0.1\ \mathrm{m}$ 的导体球面上，A、B 两球仍然是等势体，两球的作用力为斥力。要算出两球的作用力，则先算出 B 球内替代电荷的偏心距

$$b_2=\frac{-c+\sqrt{c^2+9.6r^2}}{4.8}$$
$$=\frac{-6+\sqrt{6^2+9.6\times0.1^2}}{4.8}$$
$$\approx0.0017(\mathrm{m})$$

再算出 A 球内替代电荷的偏心距

$$b_1=\frac{-\sqrt{n}\left(c+b_2\right)+\sqrt{n\left(c+b_2\right)^2+4\left(0.4+\sqrt{n}\right)R^2}}{2\left(0.4+\sqrt{n}\right)}$$
$$=\frac{-\sqrt{2}\times\left(6+0.0017\right)+\sqrt{2\times\left(6+0.0017\right)^2+4\times\left(0.4+\sqrt{2}\right)\times0.2^2}}{2\times\left(0.4+\sqrt{2}\right)}$$
$$\approx0.005(\mathrm{m})$$

算出两带电导体球内替代电荷向外偏离球心的距离后，就可以算出两带电导体球的作用力

$$F=\frac{Qq}{4\pi\varepsilon_0\left(c+b_1+b_2\right)^2}$$
$$=\frac{12\times6\times10^{-8}}{4\times3.14\times8.85\times10^{-12}\times\left(6+0.005+0.0017\right)^2}$$
$$\approx179.53(\mathrm{N})$$

这就是点电荷 q 分布在 B 球面上时，A、B 两球的作用力。它小于点电荷对 A 球的作用力，但二力相差很小。无论点电荷对 A 球的作用力还是 A、B 两球的作用力与 166 题相比，变

化都不大。

169. 设有两个导体球 A 和 B，A 球半径 $R=0.6\text{ m}$，带电荷 $Q=9\times10^{-4}\text{C}$，B 球半径 $r=0.2\text{ m}$，带电荷 $q=3\times10^{-4}\text{C}$，已知两球心距离 $c=3\text{ m}$，问：两球面上电荷的作用力是多少？

解：两球面上电荷的作用力就是两带电导体球的作用力。因为 A 球半径和所带电荷都分别是 B 球半径和所带电荷的 3 倍，故两球电势相等，两球的作用力为斥力，要用斥力公式算出。先算出 B 球内替代电荷到球心的距离

$$b_2=\frac{-c+\sqrt{c^2+9.6r^2}}{4.8}=\frac{-3+\sqrt{3^2+9.6\times0.2^2}}{4.8}\approx0.013(\text{m})$$

再算出 A 球内替代电荷到球心的距离

$$\begin{aligned}b_1&=\frac{-\sqrt{n}\left(c+b_2\right)+\sqrt{n\left(c+b_2\right)^2+4\left(0.4+\sqrt{n}\right)R^2}}{2\left(0.4+\sqrt{n}\right)}\\&=\frac{-\sqrt{3}\times\left(3+0.013\right)+\sqrt{3\times\left(3+0.013\right)^2+4\times\left(0.4+\sqrt{3}\right)\times0.6^2}}{2\times\left(0.4+\sqrt{3}\right)}\\&\approx0.067(\text{m})\end{aligned}$$

两球的作用力

$$\begin{aligned}F&=\frac{Qq}{4\pi\varepsilon_0\left(c+b_1+b_2\right)^2}\\&=\frac{9\times3\times10^{-8}}{4\times3.14\times8.85\times10^{-12}\times\left(3+0.067+0.013\right)^2}\\&\approx256.05(\text{N})\end{aligned}$$

这既是 A、B 两球的作用力，也是本题要求的 A、B 两带电导体球面上电荷的作用力。

170. 让上题中的 B 球半径 r 分别减小为 0.1 m 和零，而其他条件不变，试比较两种情况下的作用力如何？

解：当上题中两球所带电荷和 A 球半径都保持不变，而只是减小了 B 球半径时，两球不再是等势体，两球之间有静电感应，两球的作用力由电像法求出。取 B 球为施感球，像电荷在 A 球内，像电荷到球心的距离

$$\begin{aligned}b_1&=\frac{a^2+R^2-r^2}{2a}-\frac{1}{2}\sqrt{\left(\frac{a^2+R^2-r^2}{a}\right)^2-4R^2}\\&=\frac{3^2+0.6^2-0.1^2}{2\times3}-\frac{1}{2}\sqrt{\left(\frac{3^2+0.6^2-0.1^2}{3}\right)^2-4\times0.6^2}\\&\approx1.558-1.438\\&=0.12(\text{m})\end{aligned}$$

B 球内替代电荷到球心的距离

$$\begin{aligned} b_2 &= \frac{a^2+r^2-R^2}{2a} - \frac{1}{2}\sqrt{\left(\frac{a^2+R^2-r^2}{a}\right)^2 - 4R^2} \\ &\approx \frac{3^2+0.1^2-0.6^2}{2\times 3} - 1.438 \\ &\approx 0.004(\mathrm{m}) \end{aligned}$$

A 球内的像电荷

$$\begin{aligned} Q' &= -\frac{R-b_1}{a-b_2-R}q \\ &= -\frac{0.6-0.12}{3-0.004-0.6}\times 3\times 10^{-4} \\ &\approx -0.601\times 10^{-4}(\mathrm{C}) \end{aligned}$$

求出像电荷和像电荷到球心的距离，以及 B 球内替代电荷到球心的距离后，就可以由下面的作用力公式算出两个电势不等带同性电荷导体球的作用力

$$\begin{aligned} F &= \frac{1}{4\pi\varepsilon_0}\left[\frac{qQ'}{(a-b_1-b_2)^2} + \frac{q(Q-Q')}{(a-b_2)^2}\right] \\ &= \frac{10^{-8}}{111.156\times 10^{-12}}\times\left[\frac{-3\times 0.601}{(3-0.12-0.004)^2} + \frac{3\times(9+0.601)}{(3-0.004)^2}\right] \\ &\approx -19.61 + 288.68 \\ &= 269.07(\mathrm{N}) \end{aligned}$$

这就是上题中 B 球半径减小为 0.1 m 时，两球的作用力。如果 B 球半径继续减小为零，则两球的作用力问题就变成点电荷与带电导体球的作用力问题。容易算出 A 球内像电荷到球心的距离为 $b=0.12\ \mathrm{m}$，与上面算出的 b_1 相同，像电荷为 $-0.6\times 10^{-4}\mathrm{C}$，点电荷对 A 球的作用力为 268.36 N。略小于上面算出的两球作用力，但相差很小。

171. 设 169 题中的两球心距离增加为 $c=6\ \mathrm{m}$，其他条件不变，问：两球的作用力是多少？与电荷在球心处时的作用力相比较如何？

解：因为两球仍然为等势球，两球的作用力为斥力。注意到 169 题给出的其他条件，可算出 B 球内替代电荷到球心的距离

$$b_2 = \frac{-c+\sqrt{c^2+9.6r^2}}{4.8} = \frac{-6+\sqrt{6^2+9.6\times 0.2^2}}{4.8} \approx 0.007(\mathrm{m})$$

而 A 球内替代电荷到球心的距离

$$b_2=\frac{-\sqrt{n}\left(c+b_2\right)+\sqrt{n\left(c+b_2\right)^2+4\left(0.4+\sqrt{n}\right)R^2}}{2\left(0.4+\sqrt{n}\right)}$$

$$=\frac{-\sqrt{3}\times\left(6+0.007\right)+\sqrt{3\times\left(6+0.007\right)^2+4\times\left(0.4+\sqrt{3}\right)\times0.6^2}}{2\times\left(0.4+\sqrt{3}\right)}$$

$$\approx0.034(\mathrm{m})$$

故算出两球的作用力

$$F=\frac{Qq}{4\pi\varepsilon_0\left(c+b_1+b_2\right)^2}$$

$$=\frac{9\times3\times10^{-8}}{111.156\times10^{-12}\times\left(6+0.034+0.007\right)^2}$$

$$\approx66.56(\mathrm{N})$$

这就是169题中两球心距离增加为6 m时，两球的作用力。如果此时让两球面上的电荷集中在球心处，则两球心处点电荷的作用力为67.47 N，略大于电荷在球面上的作用力。

172. 有一导体球A半径$R=0.8\ \mathrm{m}$，带电荷$Q=8\times10^{-4}\mathrm{C}$，另一导体球$B$半径$r=0.2\ \mathrm{m}$，带电荷$q=2\times10^{-4}\mathrm{C}$，当两球心距离为3 m时，两球的作用力是多少？

解：容易看出两带电导体球为等势球，且$n=4$，故B球内替代电荷到球心的距离

$$b_2=\frac{-c+\sqrt{c^2+9.6r^2}}{4.8}=\frac{-3+\sqrt{3^2+9.6\times0.2^2}}{4.8}\approx0.013(\mathrm{m})$$

A球内替代电荷到球心的距离

$$b_1=\frac{-\sqrt{n}\left(c+b_2\right)+\sqrt{n\left(c+b_2\right)^2+4\left(0.4+\sqrt{n}\right)R^2}}{2\left(0.4+\sqrt{n}\right)}$$

$$=\frac{-\sqrt{4}\times\left(3+0.013\right)+\sqrt{4\times\left(3+0.013\right)^2+4\times\left(0.4+\sqrt{4}\right)\times0.8^2}}{2\times\left(0.4+\sqrt{4}\right)}$$

$$\approx0.102(\mathrm{m})$$

进而算出两导体球的作用力

$$F=\frac{Qq}{4\pi\varepsilon_0\left(c+b_1+b_2\right)^2}$$

$$=\frac{8\times2\times10^{-8}}{4\times3.14\times8.85\times10^{-12}\times\left(3+0.102+0.013\right)^2}$$

$$\approx148.34(\mathrm{N})$$

这就是在本题条件下两带电导体球的作用力。如果电荷在球心处，可算出两电荷之间的作

用力为 159.94N，比电荷在球面上的作用力大出 11.6 N。

173. 如果上题中两球半径各自减小为原来的$\frac{1}{5}$，即 A 球半径 $R=0.16\text{ m}$，B 球半径 $r=0.04\text{ m}$，而其他条件不变，则两球的作用力是多少？与电荷在球心处时的作用力相比如何？

解：两带电导体球的半径同时减小相同的倍数，而所带电荷不变，所以，两球的电势同时增大 5 倍，两球仍然是等势球，并且 n 仍然等于 4。故 B 球内替代电荷的偏心距

$$\begin{aligned} b_2 &= \frac{-c+\sqrt{c^2+9.6r^2}}{4.8} \\ &= \frac{-3+\sqrt{3^2+9.6\times 0.04^2}}{4.8} \\ &\approx 0.0005(\text{m}) \end{aligned}$$

A 球内替代电荷的偏心距

$$\begin{aligned} b_1 &= \frac{-\sqrt{n}\left(c+b_2\right)+\sqrt{n\left(c+b_2\right)^2+4\left(0.4+\sqrt{n}\right)R^2}}{2\left(0.4+\sqrt{n}\right)} \\ &= \frac{-\sqrt{4}\times(3+0.0005)+\sqrt{4\times(3+0.0005)^2+4\times\left(0.4+\sqrt{4}\right)\times 0.16^2}}{2\times\left(0.4+\sqrt{4}\right)} \\ &\approx 0.004(\text{m}) \end{aligned}$$

两球的作用力

$$\begin{aligned} F &= \frac{Qq}{4\pi\varepsilon_0\left(c+b_1+b_2\right)^2} \\ &= \frac{8\times 2\times 10^{-8}}{4\times 3.14\times 8.85\times 10^{-12}\times(3+0.004+0.0005)^2} \\ &\approx 159.46(\text{N}) \end{aligned}$$

这就是上题中两球半径各自减小为原来的$\frac{1}{5}$时，两球的作用力。和上题相比，本题中两小球的作用力比上题中两大球的作用力大。但与两球心处点电荷的作用力 159.94N 相比，二力的差距比上题变小了。

174. 把上题中 A 球所带正电荷换成负电荷 $Q=-8\times 10^{-4}\text{C}$，在其他条件不变的情况下，两球的作用力是多少？如何求出？

解：根据题意，上题中 A 球半径 $R=0.16\text{ m}$，所带电荷 $Q=-8\times 10^{-4}\text{C}$，$B$ 球半径 $r=0.04\text{ m}$，所带电荷 $q=2\times 10^{-4}\text{C}$，并且两球心距离 $a=3\text{ m}$。故两球电势不等，两球的作用力用电像法算出。选择 B 球为施感球，像电荷在 A 球内，像电荷到球心的距离

$$
\begin{aligned}
b_1 &= \frac{a^2+R^2-r^2}{2a}-\frac{1}{2}\sqrt{\left(\frac{a^2+R^2-r^2}{a}\right)^2-4R^2}\\
&=\frac{3^2+0.16^2-0.04^2}{2\times 3}-\frac{1}{2}\sqrt{\left(\frac{3^2+0.16^2-0.04^2}{3}\right)^2-4\times 0.16^2}\\
&\approx 1.504-1.495\\
&=0.009(\mathrm{m})
\end{aligned}
$$

B 球内替代电荷到球心的距离

$$
\begin{aligned}
b_2 &= \frac{a^2+r^2-R^2}{2a}-\frac{1}{2}\sqrt{\left(\frac{a^2+R^2-r^2}{a}\right)^2-4R^2}\\
&\approx \frac{3^2+0.04^2-0.16^2}{2\times 3}-1.495\\
&=0.001(\mathrm{m})
\end{aligned}
$$

A 球内像电荷

$$
\begin{aligned}
Q' &= -\frac{R-b_1}{a-b_2-R}q\\
&=-\frac{0.16-0.009}{3-0.001-0.16}\times 2\times 10^{-4}\\
&\approx -0.106\times 10^{-4}(\mathrm{C})
\end{aligned}
$$

算出像电荷及其偏心距离后，可由下式算出两球的作用力

$$
\begin{aligned}
F &= \frac{1}{4\pi\varepsilon_0}\left[\frac{qQ'}{(a-b_1-b_2)^2}+\frac{q(Q-Q')}{(a-b_2)^2}\right]\\
&=\frac{10^{-8}}{111.156\times 10^{-12}}\times\left[\frac{-2\times 0.106}{(3-0.009-0.001)^2}+\frac{2\times(-8+0.106)}{(3-0.001)^2}\right]\\
&\approx -2.13-157.92\\
&=-160.05(\mathrm{N})
\end{aligned}
$$

这就是上题中 A 球所带电荷换成负电荷时，两个带异性电荷导体球的作用力，为引力，略比上题中两球的斥力稍大。

175. 有一导体球 A 的半径 $R=0.7\ \mathrm{m}$，带电荷 $Q=14\times 10^{-5}\mathrm{C}$，另一导体球 B 的半径 $r=0.2\ \mathrm{m}$，带电荷 $q=4\times 10^{-5}\mathrm{C}$，当两球心距离 $c=3\ \mathrm{m}$ 时，两球的作用力是多少？

解：因为两球半径与所带电荷之比相等，故两球电势相等，两球之间的作用力为斥力，由斥力公式算出。先算出 B 球内替代电荷的偏心距

$$
b_2=\frac{-c+\sqrt{c^2+9.6r^2}}{4.8}=\frac{-3+\sqrt{3^2+9.6\times 0.2^2}}{4.8}\approx 0.013(\mathrm{m})
$$

算出 B 球，即小球内替代电荷的偏心距后，就可以进一步算出 A 球，即大球内替代电荷

的偏心距。因为本题中两球所带电荷之比或两球半径之比为 3.5，故 $n=3.5$ 。将 $n=3.5$ 和 $b_2=0.013\text{ m}$ 代入下式有

$$b_1=\frac{-\sqrt{n}\left(c+b_2\right)+\sqrt{n\left(c+b_2\right)^2+4\left(0.4+\sqrt{n}\right)R^2}}{2\left(0.4+\sqrt{n}\right)}$$

$$=\frac{-\sqrt{3.5}\times\left(3+0.013\right)+\sqrt{3.5\times\left(3+0.013\right)^2+4\times\left(0.4+\sqrt{3.5}\right)\times0.7^2}}{2\times\left(0.4+\sqrt{3.5}\right)}$$

$$\approx0.084(\text{m})$$

这是 A 球内替代电荷的偏心距。算出两球内替代电荷的偏心距后，就可算出两球的作用力

$$F=\frac{Qq}{4\pi\varepsilon_0\left(c+b_1+b_2\right)^2}$$

$$=\frac{14\times4\times10^{-10}}{4\times3.14\times8.85\times10^{-12}\times\left(3+0.084+0.013\right)^2}$$

$$\approx5.25(\text{N})$$

这就是本题条件下的两个带电导体球的作用力。

176. 上题中的两球大小和球心距离不变，A 球所带电荷也不变，只是把 B 球所带电荷换成 $q=4.1\times10^{-5}\text{C}$，问：两球的作用力是多少？如何求出？

解：根据题意，上题中在保持两球大小和 A 球所带电荷不变的情况下，只单独增加了 B 球所带的电荷，这样一来，就破坏了两球为等势体的条件，即两球不再是等势体了。既然两带电导体球不是等势体，则两球之间就有静电感应，两球的作用力不能再用上题的方法算出，而是要用电像法算出。因为 B 球的电势略高于 A 球的电势，故在两球都带同性正电荷情况下，选择 B 球为施感球，像电荷在受感球 A 内。像电荷到球心的距离

$$b_1=\frac{a^2+R^2-r^2}{2a}-\frac{1}{2}\sqrt{\left(\frac{a^2+R^2-r^2}{a}\right)^2-4R^2}$$

$$=\frac{3^2+0.7^2-0.2^2}{2\times3}-\frac{1}{2}\times\sqrt{\left(\frac{3^2+0.7^2-0.2^2}{3}\right)^2-4\times0.7^2}$$

$$\approx1.575-1.411$$

$$=0.164(\text{m})$$

而施感球，即 B 球内替代电荷偏离球心的距离由下面偏心距公式算出为

$$b_2=\frac{a^2+r^2-R^2}{2a}-\frac{1}{2}\sqrt{\left(\frac{a^2+R^2-r^2}{a}\right)^2-4R^2}$$

$$\approx\frac{3^2+0.2^2-0.7^2}{2\times3}-1.411$$

$$=0.014(\text{m})$$

像电荷

$$Q' = -\frac{R-b_1}{a-b_2-R}Q$$
$$= -\frac{0.7-0.164}{3-0.014-0.7}\times 4.1\times 10^{-5}$$
$$\approx -0.961\times 10^{-5}(\mathrm{C})$$

进而可算出两球的作用力

$$F = \frac{1}{4\pi\varepsilon_0}\left[\frac{qQ'}{(a-b_1-b_2)^2}+\frac{q(Q-Q')}{(a-b_2)^2}\right]$$
$$= \frac{10^{-10}}{111.156\times 10^{-12}}\times\left[\frac{-4.1\times 0.961}{(3-0.164-0.014)^2}+\frac{4.1\times(14+0.961)}{(3-0.014)^2}\right]$$
$$\approx -0.445+6.189$$
$$= 5.744(\mathrm{N})$$

这就是上题中把 B 球所带电荷换成 $4.1\times 10^{-5}\mathrm{C}$ 时，两球的作用力，要用电像法求出。

177. 如果 175 题中 B 球半径 r 减小为零，而其他条件不变，则 B 球球心处点电荷 q 对 A 球的作用力是多少？

解：当 175 题中 B 球半径 r 为零时，将 $r=0$ 分别代入 175 题中 b_1 和 b_2 计算式则有 $b_2=0$，而 b_1 为

$$b_1 = b = \frac{R^2}{a} = \frac{0.7^2}{3} \approx 0.163(\mathrm{m})$$

这就是 B 球球心处点电荷在 A 球内像电荷的偏心距。而像电荷

$$Q' = -\frac{R}{a}q = -\frac{0.7}{3}\times 4\times 10^{-5} \approx -0.933\times 10^{-5}(\mathrm{C})$$

B 球球心处点电荷对 A 球的作用力

$$F = \frac{1}{4\pi\varepsilon_0}\left[\frac{qQ'}{(a-b)^2}+\frac{q(Q-Q')}{a^2}\right]$$
$$= \frac{10^{-10}}{4\times 3.14\times 8.85\times 10^{-12}}\times\left[\frac{-4\times 0.933}{(3-0.163)^2}+\frac{4\times(14+0.933)}{3^2}\right]$$
$$\approx -0.42+5.97$$
$$= 5.55(\mathrm{N})$$

这就是 175 题中 B 球面电荷在球心处时对 A 球的作用力。和 175 题中的两球作用力相比，略大于 175 题中的两球作用力。

178. 如果 175 题中把 B 球换成半径 $r=0.18\ \mathrm{m}$ 较小一点的导体球，而其他条件不变，问：两球的作用力如何求出？大小是多少？

解：根据题意，175 题中 A 球半径和所带电荷不变，为 $R=0.7\ \mathrm{m}$ 和 $Q=14\times 10^{-5}\mathrm{C}$，$B$ 球所带电荷 $q=4\times 10^{-5}\mathrm{C}$ 也不变，只是将 B 球半径由 0.2m 减小为 0.18m。此时，A、B 两

球电势不等，两球的作用力不能用 175 题中的方法算出，而要用电像法求出。由于两球都带正电荷，取电势较高的 B 球为施感球，像电荷在 A 球内，当两球心距离为 $a=3\text{ m}$ 时，像电荷到球心的距离

$$\begin{aligned}b_1&=\frac{a^2+R^2-r^2}{2a}-\frac{1}{2}\sqrt{\left(\frac{a^2+R^2-r^2}{a}\right)^2-4R^2}\\&=\frac{3^2+0.7^2-0.18^2}{2\times3}-\frac{1}{2}\sqrt{\left(\frac{3^2+0.7^2-0.18^2}{3}\right)^2-4\times0.7^2}\\&\approx1.576-1.412\\&=0.164(\text{m})\end{aligned}$$

B 球内替代电荷到球心的距离

$$\begin{aligned}b_2&=\frac{a^2+r^2-R^2}{2a}-\frac{1}{2}\sqrt{\left(\frac{a^2+R^2-r^2}{a}\right)^2-4R^2}\\&=\frac{3^2+0.18^2-0.7^2}{2\times3}-1.412\\&\approx0.012(\text{m})\end{aligned}$$

像电荷

$$\begin{aligned}Q'&=-\frac{R-b_1}{a-b_2-R}q\\&=-\frac{0.7-0.164}{3-0.012-0.7}\times4\times10^{-5}\\&\approx-0.937\times10^{-5}(\text{C})\end{aligned}$$

算出受感球内像电荷和像电荷到球心的距离以及施感球内替代电荷到球心的距离后，就可以由下面力的计算公式算出两球的作用力

$$\begin{aligned}F&=\frac{1}{4\pi\varepsilon_0}\left[\frac{qQ'}{(a-b_1-b_2)^2}+\frac{q(Q-Q')}{(a-b_2)^2}\right]\\&=\frac{10^{-10}}{111.156\times10^{-12}}\times\left[\frac{-4\times0.937}{(3-0.164-0.012)^2}+\frac{4\times(14+0.937)}{(3-0.012)^2}\right]\\&\approx-0.423+6.020\\&\approx5.597(\text{N})\end{aligned}$$

这就是本题要求的两球作用力，为斥力。

179. 有一半径 $R=1\text{ m}$ 的导体球 A，带电荷 $Q=20\times10^{-4}\text{C}$，在距离球心 10 m 处有一点电荷 $q=2\times10^{-4}\text{C}$，试算出点电荷对 A 球的作用力是多少？如果让 q 分布在半径为 $r=0.1\text{ m}$ 的另一 B 球面上，B 球对 A 球的作用力又是多少？

解：因为点电荷与 A 球面的电势不等，点电荷在 A 球面上有静电感应，点电荷与 A 球的作用力由电像法求出。而 A、B 两球面为等势面，两球之间没有静电感应，两球的作

用力不能用电像法求出。下面先算出点电荷对带电导体球 A 的作用力。点电荷在 A 球内的像电荷

$$Q' = -\frac{R}{a}q = -\frac{1}{10}\times 2\times 10^{-4} = -0.2\times 10^{-4}(\text{C})$$

像电荷到球心的距离

$$b = \frac{R^2}{a} = \frac{1^2}{10} = 0.1(\text{m})$$

故点电荷对 A 球的作用力

$$\begin{aligned} F &= \frac{1}{4\pi\varepsilon_0}\left[\frac{qQ'}{(a-b)^2} + \frac{q(Q-Q')}{a^2}\right] \\ &= \frac{10^{-8}}{4\times 3.14\times 8.85\times 10^{-12}}\times\left[\frac{-2\times 0.2}{(10-0.1)^2} + \frac{2\times(20+0.2)}{10^2}\right] \\ &\approx -0.37 + 36.35 \\ &= 35.98(\text{N}) \end{aligned}$$

这就是带电导体球外距球心 10 m 处的点电荷对带电导体球 A 的作用力。

如果让点电荷分布在半径为 0.1 m 的小球面上，由于两球面电势相等，两球面上电荷的作用力，即两带电导体球的作用力为斥力，要用斥力公式算出。先算出小球 B 内替代电荷到球心的距离

$$\begin{aligned} b_2 &= \frac{-c+\sqrt{c^2+9.6r^2}}{4.8} \\ &= \frac{-10+\sqrt{10^2+9.6\times 0.1^2}}{4.8} \\ &\approx 0.001(\text{m}) \end{aligned}$$

因为 n=10，故 A 球内替代电荷到球心的距离

$$\begin{aligned} b_1 &= \frac{-\sqrt{n}(c+b_2)+\sqrt{n(c+b_2)^2+4\left(0.4+\sqrt{n}\right)R^2}}{2\left(c+\sqrt{n}\right)} \\ &= \frac{-\sqrt{10}\times(10+0.001)+\sqrt{10\times(10+0.001)^2+4\times\left(0.4+\sqrt{10}\right)\times 1^2}}{2\times\left(0.4+\sqrt{10}\right)} \\ &\approx 0.032(\text{m}) \end{aligned}$$

所以，两球的作用力

$$\begin{aligned} F &= \frac{Qq}{4\pi\varepsilon_0(c+b_1+b_2)^2} \\ &= \frac{20\times 2\times 10^{-8}}{4\times 3.14\times 8.85\times 10^{-12}\times(10+0.032+0.001)^2} \\ &\approx 35.75(\text{N}) \end{aligned}$$

这就是让点电荷分布在小球面上时，小球与大球的作用力，略小于点电荷对大球 A 的作用力。

180. 如果上题中点电荷到 A 球球心距离减小为 6m，而其他条件不变，则情况又将如何？

解：方法与上题相同，先用电像法算出点电荷对 A 球的作用力。容易算出 A 球内的像电荷 $Q'=-0.333\times10^{-4}\mathrm{C}$，像电荷到球心的距离 $b=0.167\ \mathrm{m}$，故点电荷对 A 球的作用力

$$
\begin{aligned}
F&=\frac{1}{4\pi\varepsilon_0}\left[\frac{qQ'}{(c-b)^2}+\frac{q(Q-Q')}{a^2}\right]\\
&=\frac{10^{-8}}{4\times3.14\times8.85\times10^{-12}}\times\left[\frac{-2\times0.333}{(6-0.167)^2}+\frac{2\times(20+0.333)}{6^2}\right]\\
&\approx-1.76+101.62\\
&=99.86(\mathrm{N})
\end{aligned}
$$

这就是上题中点电荷到 A 球球心距离减小为 6 m 时，点电荷对带电导体球 A 的作用力。

下面再算出当点电荷分布在半径为 0.1 m 的 B 球面上时，A、B 两球的作用力。先算出 B 球内替代电荷到球心的距离

$$
\begin{aligned}
b_2&=\frac{-c+\sqrt{c^2+9.6r^2}}{4.8}\\
&=\frac{-6+\sqrt{6^2+9.6\times0.1^2}}{4.8}\\
&\approx0.0017(\mathrm{m})
\end{aligned}
$$

再算出 A 球内替代电荷到球心的距离

$$
\begin{aligned}
b_1&=\frac{-\sqrt{n}(c+b_2)+\sqrt{n(c+b_2)^2+4(0.4+\sqrt{n})R^2}}{2(0.4+\sqrt{n})}\\
&=\frac{-\sqrt{10}\times(6+0.0017)+\sqrt{10\times(6+0.0017)^2+4\times(0.4+\sqrt{10})\times1^2}}{2\times(0.4+\sqrt{10})}\\
&\approx0.052(\mathrm{m})
\end{aligned}
$$

故两球的作用力

$$
\begin{aligned}
F&=\frac{Qq}{4\pi\varepsilon_0(c+b_1+b_2)^2}\\
&=\frac{20\times2\times10^{-8}}{4\times3.14\times8.85\times10^{-12}\times(6+0.052+0.0017)^2}\\
&\approx98.19(\mathrm{N})
\end{aligned}
$$

这就是点电荷分布在半径为 0.1 m 小球面上时，带电小球对 A 球的作用力，小于球心处点电荷对 A 球的作用力，并且二力的差距比上题的二力差距增大了。

181. 若把上题中的 A 球换成与 B 球大小相等的小球，即两球半径均为 $R=0.1\ \text{m}$，而其他条件不变，问：两球的作用力是多少？如何求出？与电荷在球心处时的作用力相比较如何？

解：根据题意，上题中的 A、B 两球大小相等，半径均为 $R=0.1\ \text{m}$，其中 A 球带电荷 $Q=20\times10^{-4}\text{C}$，而 B 球带电荷 $q=2\times10^{-4}\text{C}$，并且两球心距离为 6 m。容易看出两球不是等势体，两球之间有静电感应，并且 A 球的电势高于 B 球的电势，取 A 球为施感球，B 球为受感球。因为两球大小相等，B 球内像电荷和 A 球内替代电荷到球心的距离相等，为

$$b=\frac{a-\sqrt{a^2-4R^2}}{2}=\frac{6-\sqrt{6^2-4\times0.1^2}}{2}\approx0.0017(\text{m})$$

B 球内像电荷

$$\begin{aligned}Q'&=-\frac{R-b}{a-b-R}Q\\&=-\frac{0.1-0.0017}{6-0.0017-0.1}\times20\times10^{-4}\\&\approx-0.333\times10^{-4}(\text{C})\end{aligned}$$

故两球的作用力

$$\begin{aligned}F&=\frac{1}{4\pi\varepsilon_0}\left[\frac{QQ'}{(a-2b)^2}+\frac{Q(q-Q')}{(a-b)^2}\right]\\&=\frac{10^{-8}}{111.156\times10^{-12}}\times\left[\frac{-20\times0.333}{(6-2\times0.0017)^2}+\frac{20\times(2+0.333)}{(6-0.0017)^2}\right]\\&\approx-16.66+116.67\\&=100.01(\text{N})\end{aligned}$$

这就是两个半径均为 0.1 m 的带电导体球在球心距等于 6 m 时的作用力。如果此时让两球面上的电荷都集中到球心处，则两球心处点电荷的作用力可算出为 99.96 N，与上面算出两个带电小球的作用力近似相等。

182. 设有两个金属小球 A 和 B，其中 A 球半径 $R=0.1\ \text{m}$，带电荷 $Q=2.5\times10^{-5}\text{C}$，而 B 球半径 $r=0.02\ \text{m}$，带电荷 $q=0.5\times10^{-5}\text{C}$，当两球心距离 $c=0.5\ \text{m}$ 时，两球的作用力是多少？

解：由于两金属小球所带电荷与球半径之比相等，故两球的电势相等，即两个金属小球为等势体，两球的作用力为斥力，由斥力公式算出。先算出 B 球内替代电荷的偏心距

$$\begin{aligned}b_2&=\frac{-c+\sqrt{c^2+9.6r^2}}{4.8}\\&=\frac{-0.5+\sqrt{0.5^2+9.6\times0.02^2}}{4.8}\\&\approx0.0008(\text{m})\end{aligned}$$

注意到$n=5$，故A球内替代电荷的偏心距

$$b_1=\frac{-\sqrt{n}\left(c+b_2\right)+\sqrt{n\left(c+b_2\right)^2+4\left(0.4+\sqrt{n}\right)R^2}}{2\left(0.4+\sqrt{n}\right)}$$

$$=\frac{-\sqrt{5}\times\left(0.5+0.0008\right)+\sqrt{5\times\left(0.5+0.0008\right)^2+4\times\left(0.4+\sqrt{5}\right)\times 0.1^2}}{2\times\left(0.4+\sqrt{5}\right)}$$

$$\approx 0.0087(\mathrm{m})$$

两金属小球的作用力

$$F=\frac{Qq}{4\pi\varepsilon_0\left(c+b_1+b_2\right)^2}$$

$$=\frac{2.5\times 0.5\times 10^{-10}}{4\times 3.14\times 8.85\times 10^{-12}\times\left(0.5+0.0087+0.0008\right)^2}$$

$$\approx 4.33(\mathrm{N})$$

这就是本题要求的两个带电金属小球的作用力。

183. 让上题中两个金属小球的球心距离增加到 1 m，而其他条件不变，则两球的作用力是多少？与电荷在球心处时的作用力相比较如何？

解：与上题的算法相同，把上题算式中的$c=0.5\ \mathrm{m}$换成$c=1\ \mathrm{m}$，算出B球内替代电荷到球心的距离$b_2=0.0004\ \mathrm{m}$，再把$c=1\ \mathrm{m}$和$b_2=0.0004\ \mathrm{m}$代入A球内替代电荷的偏心距公式，算出A球内替代电荷到球心的距离$b_1=0.0044\ \mathrm{m}$。进而可算出两球的作用力

$$F=\frac{Qq}{4\pi\varepsilon_0\left(c+b_1+b_2\right)^2}$$

$$=\frac{2.5\times 0.5\times 10^{-10}}{4\times 3.14\times 8.85\times 10^{-12}\times\left(1+0.0044+0.0004\right)^2}$$

$$\approx 1.114(\mathrm{N})$$

这就是把上题中两金属小球的球心距离增加到 1 m 时，两球的作用力。此时，如果把球面上的电荷放到球心处，则两球心处点电荷的作用力为 1.125N，略大于两个金属小球的作用力。

184. 设 182 题中两个金属小球的大小和球心距离不变，而是让B球所带电荷增加到与A球所带电荷相等，即两球所带电荷均为$Q=2.5\times 10^{-5}\mathrm{C}$，问：两球的作用力是多少？

解：因为两球大小不变，而所带电荷相等，则两球电势不等。两球之间有静电感应，两球的作用力由电像法求出，取B球为施感球，A球为受感球。因为两球大小不等，则A球内像电荷到球心的距离与B球内替代电荷到球心的距离不等。先算出像电荷到球心的距离

$$b_1 = \frac{a^2 + R^2 - r^2}{2a} - \frac{1}{2}\sqrt{\left(\frac{a^2 + R^2 - r^2}{a}\right)^2 - 4R^2}$$
$$= \frac{0.5^2 + 0.1^2 - 0.02^2}{2\times 0.5} - \frac{1}{2}\sqrt{\left(\frac{0.5^2 + 0.1^2 - 0.02^2}{0.5}\right)^2 - 4\times 0.1^2}$$
$$= 0.2596 - 0.2396$$
$$\approx 0.02(\text{m})$$

B 球内替代电荷到球心的距离

$$b_2 = \frac{a^2 + r^2 - R^2}{2a} - \frac{1}{2}\sqrt{\left(\frac{a^2 + R^2 - r^2}{a}\right)^2 - 4R^2}$$
$$\approx \frac{0.5^2 + 0.02^2 - 0.1^2}{2\times 0.5} - 0.2396$$
$$= 0.0008(\text{m})$$

像电荷

$$Q' = -\frac{R - b_1}{a - b_2 - R}Q$$
$$= -\frac{0.1 - 0.02}{0.5 - 0.0008 - 0.1}\times 2.5\times 10^{-5}$$
$$\approx -0.501\times 10^{-5}(\text{C})$$

故两球的作用力

$$F = \frac{1}{4\pi\varepsilon_0}\left[\frac{QQ'}{(a - b_1 - b_2)^2} + \frac{Q(Q - Q')}{(a - b_2)^2}\right]$$
$$= \frac{10^{-10}}{111.156\times 10^{-12}}\times\left[\frac{-2.5\times 0.501}{(0.5 - 0.02 - 0.0008)^2} + \frac{2.5\times(2.5 + 0.501)}{(0.5 - 0.0008)^2}\right]$$
$$\approx -4.91 + 27.08$$
$$= 22.17(\text{N})$$

这就是 182 题中两金属小球带相同电荷 2.5×10^{-5}C 时的作用力，用电像法求出。

185. 设有一导体球 A，半径 $R = 0.18$ m，带电荷 $Q = -9\times 10^{-5}$C，而另一导体球 B，半径 $r = 0.06$ m，带电荷 $q = -3\times 10^{-5}$C，两球心距离为 1.2m，问：两球的作用力是多少？

解：两导体球都带负电荷，两球面电势都小于零，为负值。但由于两球所带电荷与半径的比值相等，故两球为等势体，两球的作用力为斥力。因此，两球的作用力不能用电像法求出，而要用斥力公式算出。先算出小球，即 B 球内替代电荷偏离球心的距离

$$b_2 = \frac{-c + \sqrt{c^2 + 9.6r^2}}{4.8}$$
$$= \frac{-1.2 + \sqrt{1.2^2 + 9.6\times 0.06^2}}{4.8}$$
$$\approx 0.003(\text{m})$$

将算出的 b_2 和 $n=3$ 代入下式算出大球，即 A 球内替代电荷偏离球心的距离

$$b_1=\frac{-\sqrt{n}\left(c+b_2\right)+\sqrt{n\left(c+b_2\right)^2+4\left(0.4+\sqrt{n}\right)R^2}}{2\left(0.4+\sqrt{n}\right)}$$

$$=\frac{-\sqrt{3}\times(1.2+0.003)+\sqrt{3\times(1.2+0.003)^2+4\times\left(0.4+\sqrt{3}\right)\times0.18^2}}{2\times\left(0.4+\sqrt{3}\right)}$$

$$\approx0.015(\mathrm{m})$$

故两球的作用力

$$F=\frac{Qq}{4\pi\varepsilon_0\left(c+b_1+b_2\right)^2}$$

$$=\frac{(-9)\times(-3)\times10^{-10}}{4\times3.14\times8.85\times10^{-12}\times(1.2+0.015+0.003)^2}$$

$$\approx16.37(\mathrm{N})$$

这就是本题中两个带负电荷等势导体小球的作用力。其计算方法与两个带正电荷等势导体球作用力的计算方法相同。

186. 如果上题中两球心距离增加为 $c=1.5\ \mathrm{m}$，而保持其他条件不变，问：两球的作用力是多少？与电荷在球心处时的作用力相比较如何？

解：因为两球的半径和所带电荷都没有改变，与上题相同，故两球仍然是等势体，两球的作用力计算仍与上题相同。将上题中 B 球内替代电荷偏心距公式里的 $c=1.2\ \mathrm{m}$ 换成 $c=1.5\ \mathrm{m}$，算出本题中 B 球内替代电荷偏离球心的距离 $b_2=0.0024\ \mathrm{m}$。同样，把 $c=1.5\ \mathrm{m}$ 和 $b_2=0.0024\ \mathrm{m}$ 代入上题中 A 球内替代电荷的偏心距公式，算出 A 球内替代电荷偏离球心的距离 $b_1=0.0123\ \mathrm{m}$。算出 b_1 和 b_2 后，就可以由两个等势不等大带电导体球的作用力公式算出两球的作用力

$$F=\frac{Qq}{4\pi\varepsilon_0\left(c+b_1+b_2\right)^2}$$

$$=\frac{(-9)\times(-3)\times10^{-10}}{4\times3.14\times8.85\times10^{-12}\times(1.5+0.0123+0.0024)^2}$$

$$\approx10.59(\mathrm{N})$$

这就是上题中两球心距离增加为 1.5 m 时，两球的作用力。和上题相比，两球的作用力减小了。如果此时让球面电荷放到球心处，则容易算出两球心处点电荷的作用力为 10.8 N，比两球作用力大出 0.21 N。

187. 如果 185 题中的两球半径同时增加 4.5 倍，即 A 球半径 $R=0.81\ \mathrm{m}$，B 球半径 $r=0.27\ \mathrm{m}$，而两球心距离和所带电荷保持不变，问：两球的作用力有何变化？两球内替代电荷的偏心距有何变化？

解：两球半径同时增加相同的倍数，而所带电荷不变，则两球面电势也同时减小相同

的倍数，即两球电势仍然相等。因此，两球内替代电荷的偏心距仍由 185 题中算式算出。注意到两球心距离 $c=1.2\ \text{m}$，故 B 球内替代电荷的偏心距

$$
\begin{aligned}
b_2 &= \frac{-c+\sqrt{c^2+9.6r^2}}{4.8} \\
&= \frac{-1.2+\sqrt{1.2^2+9.6\times 0.27^2}}{4.8} \\
&\approx 0.055(\text{m})
\end{aligned}
$$

将算出的 $b_2=0.055\ \text{m}$ 和 $n=3$ 代入大球，即 A 球内替代电荷的偏心距公式，有

$$
\begin{aligned}
b_1 &= \frac{-\sqrt{n}\left(c+b_2\right)+\sqrt{n\left(c+b_3\right)^2+4\left(0.4+\sqrt{n}\right)R^2}}{2\left(0.4+\sqrt{n}\right)} \\
&= \frac{-\sqrt{3}\times(1.2+0.055)+\sqrt{3\times(1.2+0.055)^2+4\times\left(0.4+\sqrt{3}\right)\times 0.81^2}}{2\times\left(0.4+\sqrt{3}\right)} \\
&\approx 0.244(\text{m})
\end{aligned}
$$

故两球的作用力

$$
\begin{aligned}
F &= \frac{Qq}{4\pi\varepsilon_0\left(c+b_1+b_2\right)^2} \\
&= \frac{(-9)\times(-3)\times 10^{-10}}{111.156\times 10^{-12}\times(1.2+0.244+0.055)^2} \\
&\approx 10.81(\text{N})
\end{aligned}
$$

这就是 185 题中两球半径同时增加 4.5 倍时两球的作用力。与 185 题相比，两球内替代电荷偏离球心的距离增加，所以，两球的作用力减小。

188. 如果 185 题中的两球半径不是增加，而是同时减小为原来的 $\frac{1}{2}$，而其他条件不变，问：两球的作用力是多少？试和上题与 185 题相比较，说明两球作用力与球半径的关系如何？最大作用力是多少？

解：根据题意，185 题中的两球半径同时减小为原来的 $\frac{1}{2}$，即 A 球半径 $R=0.09\ \text{m}$，带电荷 $Q=-9\times 10^{-5}\text{C}$，$B$ 球半径 $r=0.03\ \text{m}$，带电荷 $q=-3\times 10^{-5}\text{C}$，两球心距离仍为 $c=1.2\ \text{m}$。故两带电导体球仍为等势体，两球作用力的计算仍与 185 题相同。将 $r=0.03\ \text{m}$ 代入 185 题中 B 球内替代电荷的偏心距公式中的球半径，算出 B 球内替代电荷到球心的距离 $b_2=0.0007\ \text{m}$。同样，把 185 题中 A 球内替代电荷偏心距公式里的球半径换成 $R=0.09\ \text{m}$，算出 A 球内替代电荷到球心的距离 $b_1=0.004\ \text{m}$，进而可算出两球的作用力

$$F = \frac{Qq}{4\pi\varepsilon_0\left(c+b_1+b_2\right)^2}$$
$$= \frac{(-9)\times(-3)\times10^{-10}}{4\times3.14\times8.85\times10^{-12}\times(1.2+0.004+0.0007)^2}$$
$$\approx 16.74(\text{N})$$

这就是 185 题中两球半径各减小为原来的$\frac{1}{2}$时，两球的作用力。和上题中两球的作用力 10.81 N 以及 185 题中两球的作用力 16.37 N 相比，上题中两球半径最大，作用力最小，185 题中两球半径次之，作用力也次之，而本题中两球半径最小，作用力最大。表明在两球所带电荷和球心距不变的情况下，两球的作用力，即斥力将随着两球半径的减小而增大，当两球半径减小到零时，两球心处点电荷的作用力最大，为 16.87 N。

189. 在 185 题中保持两球半径和球心距离以及 A 球所带负电荷不变，而是将 B 球所带负电荷换成电量相等的正电荷，则两球的作用力如何求出？大小是多少？

解：根据题意，两导体球带异性电荷，两球的作用力就是两球面上正负电荷的直接作用，可用电像法求出。因为两球面电势不等，但绝对值相等，故选择小球即 B 球为施感球，A 球为受感球。像电荷在 A 球内，注意到 185 题给出的球半径和球心距，求出像电荷到球心的距离

$$b_1 = \frac{a^2+R^2-r^2}{2a} - \frac{1}{2}\sqrt{\left(\frac{a^2+R^2-r^2}{a}\right)^2 - 4R^2}$$
$$= \frac{1.2^2+0.18^2-0.06^2}{2\times1.2} - \frac{1}{2}\sqrt{\left(\frac{1.2^2+0.18^2-0.06^2}{1.2}\right)^2 - 4\times0.18^2}$$
$$\approx 0.612 - 0.585$$
$$= 0.027(\text{m})$$

B 球内替代电荷到球心的距离

$$b_2 = \frac{a^2+r^2-R^2}{2a} - \frac{1}{2}\sqrt{\left(\frac{a^2+R^2-r^2}{a}\right)^2 - 4R^2}$$
$$\approx \frac{1.2^2+0.06^2-0.18^2}{2\times1.2} - 0.585$$
$$= 0.003(\text{m})$$

像电荷

$$Q' = -\frac{R-b_1}{a-b_2-R}q$$
$$= -\frac{0.18-0.027}{1.2-0.003-0.18}\times3\times10^{-5}$$
$$\approx -0.451\times10^{-5}(\text{C})$$

两球的作用力

$$F=\frac{1}{4\pi\varepsilon_0}\left[\frac{qQ'}{(a-b_1-b_2)^2}+\frac{q(Q-Q')}{(a-b_2)^2}\right]$$

$$=\frac{10^{-10}}{111.156\times10^{-12}}\times\left[\frac{-3\times0.451}{(1.2-0.027-0.003)^2}+\frac{3\times(-9+0.451)}{(1.2-0.003)^2}\right]$$

$$\approx-0.89-16.10$$

$$=-16.99(\mathrm{N})$$

这就是 185 题中 B 球面上的负电荷换成正电荷时两球的作用力，为引力。正因为是引力，所以，其大小比上面算出的任何一个斥力都大。这是因为引力使球面上的电荷互相靠近，而斥力使球面上的电荷互相远离。

190. 已知点电荷 $Q=-27\times10^{-4}\mathrm{C}$ 和 $q=-3\times10^{-4}\mathrm{C}$ 相距 5 m 时的作用力为 291.48 N，问：如果让 Q 分布在半径 $R=0.9$ m 的导体球面上，而 q 分布在半径 $r=0.1$ m 的导体球面上，两球心距离也是 5 m，则两球面电荷的作用力又是多少？

解：本题中两个大小不同、带电量也不同的导体球所带电荷与半径之比相等，故两球为等势球。两球之间的作用力要用等势不等大带电导体球的斥力公式算出。先算出 B 球内替代电荷的偏心距

$$b_2=\frac{-c+\sqrt{c^2+9.6r^2}}{4.8}=\frac{-5+\sqrt{5^2+9.6\times0.1^2}}{4.8}\approx0.002(\mathrm{m})$$

而 A 球内替代电荷的偏心距为

$$b_1=\frac{-\sqrt{n}(c+b_2)+\sqrt{n(c+b_2)^2+4(0.4+\sqrt{n})R^2}}{2(0.4+\sqrt{n})}$$

$$=\frac{-\sqrt{9}\times(5+0.002)+\sqrt{9\times(5+0.002)^2+4\times(0.4+\sqrt{9})\times0.9^2}}{2\times(0.4+\sqrt{9})}$$

$$\approx0.053(\mathrm{m})$$

故两球的作用力为

$$F=\frac{Qq}{4\pi\varepsilon_0(a+b_1+b_2)^2}$$

$$=\frac{(-27)\times(-3)\times10^{-8}}{4\times3.14\times8.85\times10^{-12}\times(5+0.053+0.002)^2}$$

$$\approx285.17(\mathrm{N})$$

这就是两球的作用力，也是分布在 A 球面上的电荷 Q 与分布在 B 球面上的电荷 q 的作用力。它小于电荷在球心时的作用力，是因为球面上的电荷在斥力作用下，要向外偏离球心，从而增加了两电荷之间的距离，所以，作用力变小了。

191. 如果将上题中两点电荷和两球心距离增加到 10 m，情况又将如何？

解：根据题意，只是增加上题中两点电荷和两球心的距离，而两球半径和两电荷仍与

上题相同。故当两电荷之间的距离为 10 m 时，容易算出两点电荷的作用力为 72.87 N。当电荷分布在球面上时，两球仍然是等势球，两球作用力的计算仍与上题相同。但由于两球心距离增加，两球内替代电荷的偏心距就要减小，要重新算出。事实上，只需将上题 B 球内替代电荷偏心距公式里的 c 代成 10 m，算得 B 球内替代电荷偏离球心的距离 $b_2 = 0.001\ \text{m}$。再把 $b_2 = 0.001\ \text{m}$ 和 $c = 10\ \text{m}$ 代入上题 A 球内替代电荷的偏心距公式，算得 A 球内替代电荷偏离球心的距离 $b_1 = 0.027\ \text{m}$。进而算出两球的作用力

$$
\begin{aligned}
F &= \frac{Qq}{4\pi\varepsilon_0\left(c+b_1+b_2\right)^2} \\
&= \frac{(-27)\times(-3)\times 10^{-8}}{4\times 3.14\times 8.85\times 10^{-12}\times(10+0.027+0.001)^2} \\
&\approx 72.46(\text{N})
\end{aligned}
$$

这就是上题中两球心距离增加为 10 m 时，两球的作用力，也是分布在球面上的负电荷的作用力。它略小于两球心处点电荷的作用力，但二者相差很小。这是因为两球心距离较远，球面上电荷之间的作用力较小，球面电荷偏离球心的距离也小，所以，球面上电荷近似均匀分布于球面上，故球面上电荷的作用力近似等于球心处点电荷的作用力。

192. 设 190 题中 A 球半径和两球所带电荷以及两球心距离都保持不变，只是让 B 球半径 r 减小为 0.06 m 和零，问：两球的作用力和球外点电荷对 A 球的作用力是多少？

解：当 190 题中的 B 球半径减小为零时，则两球的作用力问题就变成球外点电荷对带电导体球 A 的作用力问题。容易算出球外点电荷在 A 球内的像电荷 $Q' = 0.54\times 10^{-4}\text{C}$，像电荷到球心的距离 $b = 0.163\ \text{m}$，进而算出 B 球心点电荷 q 对带电导体球 A 的作用力为 291.08 N。可见，B 球心处点电荷对 A 球的作用力既小于两球心处点电荷的作用力 291.48 N，又大于 190 题中 B 球对 A 球的作用力。

如果 B 球半径不是零，而是 $r = 0.06\ \text{m}$，则 A、B 两球为非等势体，两球的作用力应由电像法求出。以 B 球为施感球，则 A 球内像电荷到球心的距离

$$
\begin{aligned}
b_1 &= \frac{a^2+R^2-r^2}{2a} - \frac{1}{2}\sqrt{\left(\frac{a^2+R^2-r^2}{a}\right)^2 - 4R^2} \\
&= \frac{5^2+0.9^2-0.06^2}{2\times 5} - \frac{1}{2}\sqrt{\left(\frac{5^2+0.9^2-0.06^2}{5}\right)^2 - 4\times 0.9^2} \\
&= 2.5806 - 2.4186 \\
&\approx 0.162(\text{m})
\end{aligned}
$$

B 球内替代电荷到球心的距离

$$
\begin{aligned}
b_2 &= \frac{a^2+r^2-R^2}{2a} - \frac{1}{2}\sqrt{\left(\frac{a^2+R^2-r^2}{a}\right)^2 - 4R^2} \\
&= \frac{5^2+0.06^2-0.9^2}{2\times 5} - 2.4186 \\
&\approx 0.0008(\text{m})
\end{aligned}
$$

像电荷

$$
\begin{aligned}
Q' &= -\frac{R-b_1}{a-b_2-R}q \\
&= -\frac{0.9-0.162}{5-0.0008-0.9}\times(-3)\times10^{-4} \\
&\approx 0.54\times10^{-4}(\mathrm{C})
\end{aligned}
$$

故两球的作用力

$$
\begin{aligned}
F &= \frac{1}{4\pi\varepsilon_0}\left[\frac{qQ'}{(a-b_1-b_2)^2}+\frac{q(Q-Q')}{(a-b_2)^2}\right] \\
&= \frac{10^{-8}}{111.156\times10^{-12}}\times\left[\frac{-3\times0.54}{(5-0.162-0.0008)^2}+\frac{-3\times(-27-0.54)}{(5-0.0008)^2}\right] \\
&\approx -6.23+297.41 \\
&= 291.18(\mathrm{N})
\end{aligned}
$$

这就是 190 题中 B 球半径为 0.06 m 时两带电导体球 A、B 的作用力。它比 190 题中用斥力公式算出的力大了约 6 N。

193. 如果 190 题中 B 球换成与 A 球大小相等的导体球，即两球半径均为 $R=0.9\ \mathrm{m}$，而两球心距离和所带电荷均保持不变，此时两球的作用力如何求出？大小是多少？

解：既然两球大小相等，而所带电荷不等，则两球为非等势体，两球之间的作用力由电像法求出。取 A 球为施感球，像电荷在 B 球内，并由于两球大小相等，则 B 球内像电荷和 A 球内替代电荷到球心的距离相等，由下式算出

$$
b=\frac{a-\sqrt{a^2-4R^2}}{2}=\frac{5-\sqrt{5^2-4\times0.9^2}}{2}=0.168(\mathrm{m})
$$

B 球内像电荷

$$
\begin{aligned}
Q' &= -\frac{R-b}{a-b-R}Q \\
&= -\frac{0.9-0.168}{5-0.168-0.9}\times(-27)\times10^{-4} \\
&\approx 5.026\times10^{-4}(\mathrm{C})
\end{aligned}
$$

故两球的作用力

$$
\begin{aligned}
F &= \frac{1}{4\pi\varepsilon_0}\left[\frac{QQ'}{(a-2b)^2}+\frac{Q(q-Q')}{(a-b)^2}\right] \\
&= \frac{10^{-8}}{111.156\times10^{-12}}\times\left[\frac{-27\times5.026}{(5-2\times0.168)^2}+\frac{-27\times(-3-5.026)}{(5-0.168)^2}\right] \\
&\approx -561.22+834.98 \\
&= 273.76(\mathrm{N})
\end{aligned}
$$

这就是 190 题中 B 球半径换成与 A 球半径相等时两球的作用力，它比 190 题中两球的作

用力小，比电荷集中在球心处时的作用力更小。

194. 如果让 190 题中两球半径同时减小为原来的 $\frac{1}{2}$，而两球心距离和所带电荷不变，则两球作用力该怎样求出？与球心处点电荷的作用力相比较如何？

解：两球半径同时减小为原来的 $\frac{1}{2}$，而两球所带电荷没有改变，即 A 球所带电荷仍为 $Q=-27\times10^{-4}\text{C}$，$B$ 球所带电荷仍为 $q=-3\times10^{-4}\text{C}$，故两球仍为等势体，两球作用力的计算仍与 190 题相同。但此时 A 球的半径 $R=0.45\text{ m}$，B 球的半径 $r=0.05\text{ m}$，两球心距离仍为 $c=5\text{ m}$。故 B 球内替代电荷到球心的距离

$$b_2=\frac{-c+\sqrt{c^2+9.6r^2}}{4.8}=\frac{-5+\sqrt{5^2+9.6\times0.05^2}}{4.8}\approx0.0005(\text{m})$$

注意到 $n=9$，则将 $n=9$ 和 $b_2=0.0005\text{ m}$ 代入下式算出 A 球内替代电荷到球心的距离

$$\begin{aligned}b_1&=\frac{-\sqrt{n}\left(c+b_2\right)+\sqrt{n\left(c+b_2\right)^2+4\left(0.4+\sqrt{n}\right)R^2}}{2\left(c+\sqrt{n}\right)}\\&=\frac{-\sqrt{9}\times(5+0.0005)+\sqrt{9\times(5+0.0005)^2+4\times\left(0.4+\sqrt{9}\right)\times0.45^2}}{2\times\left(0.4+\sqrt{9}\right)}\\&\approx0.0135(\text{m})\end{aligned}$$

故两球的作用力

$$\begin{aligned}F&=\frac{Qq}{4\pi\varepsilon_0\left(c+b_1+b_2\right)^2}\\&=\frac{(-27)\times(-3)\times10^{-8}}{4\times3.14\times8.85\times10^{-12}\times(5+0.0135+0.0005)^2}\\&\approx289.86(\text{N})\end{aligned}$$

这就是 190 题中两球半径同时减小为原来的一半后两球的作用力，与电荷在球心处时的作用力 291.48 N 相比，二力相差 1.62 N，比 190 题中两球作用力与球心处点电荷作用力的差值 6.31 N 更小。

195. 把上题中 B 球所带负电荷换成电量相等的正电荷，而其他条件不变，问：两球的作用力是多少？与电荷在球心处的作用力相比如何？

解：根据题意，上题中两球大小不变，即 A 球半径 $R=0.45\text{ m}$，所带电荷 $Q=-27\times10^{-4}\text{C}$，$B$ 球半径 $r=0.05\text{ m}$，所带电荷 $q=3\times10^{-4}\text{C}$，两球心距离 $a=5\text{m}$。显然两球不是等势体，两球之间的作用力由电像法求出。由于两球面电势的绝对值相等，选择 B 球为施感球，像电荷在 A 球内，像电荷到球心的距离

$$b_1=\frac{a^2+R^2-r^2}{2a}-\frac{1}{2}\sqrt{\left(\frac{a^2+R^2-r^2}{a}\right)^2-4R^2}$$
$$=\frac{5^2+0.45^2-0.05^2}{2\times5}-\frac{1}{2}\sqrt{\left(\frac{5^2+0.45^2-0.05^2}{5}\right)^2-4\times0.45^2}$$
$$=2.52-2.4795$$
$$\approx0.041(\text{m})$$

施感球为 B 球，B 球内替代电荷到球心的距离由下式算出为

$$b_2=\frac{a^2+r^2-R^2}{2a}-\frac{1}{2}\sqrt{\left(\frac{a^2+R^2-r^2}{a}\right)^2-4R^2}$$
$$\approx\frac{5^2+0.05^2-0.45^2}{2\times5}-2.4795$$
$$=0.0005(\text{m})$$

A 球内的像电荷

$$Q'=-\frac{R-b_1}{a-b_2-R}q$$
$$=-\frac{0.45-0.041}{5-0.0005-0.45}\times3\times10^{-4}$$
$$\approx-0.2697\times10^{-4}(\text{C})$$

故两球的作用力

$$F=\frac{1}{4\pi\varepsilon_0}\left[\frac{qQ'}{(a-b_1-b_2)^2}+\frac{q(Q-Q')}{(a-b_2)^2}\right]$$
$$=\frac{10^{-8}}{111.156\times10^{-12}}\times\left[\frac{-3\times0.2697}{(5-0.041-0.0005)^2}+\frac{3\times(-27+0.2697)}{(5-0.0005)^2}\right]$$
$$\approx-2.96-288.63$$
$$=-291.59(\text{N})$$

这就是上题中 B 球所带负电荷换成正电荷后，两个带异性电荷小球的作用力。由于两球面上电荷的作用力为引力，故该引力略大于电荷在球心处时的作用力-291.48 N，但相差很小。

196. 有两个金属小球，A 球半径 $R=0.01$ m，带电荷 $Q=-6\times10^{-5}$C，B 球半径 $r=0.005$ m，带电荷 $q=-3\times10^{-5}$C，当两球心距离 $c=0.25$ m 时，两球面上电荷的作用力可否用电荷在球心的作用力代替？

解：因为两球面上电荷与球半径之比相等，故两带电金属小球电势相等，两球之间的作用力应由等势不等大带电导体球的斥力公式算出。先算出两球内替代电荷偏离球心距离。其中 B 球内替代电荷偏离球心的距离

$$b_2 = \frac{-c+\sqrt{c^2+9.6r^2}}{4.8}$$
$$= \frac{-0.25+\sqrt{0.25^2+9.6\times 0.005^2}}{4.8}$$
$$\approx 0.0001(\mathrm{m})$$

而 A 球内替代电荷偏离球心的距离

$$b_1 = \frac{-\sqrt{n}\left(c+b_2\right)+\sqrt{n\left(c+b_2\right)^2+4\left(0.4\times\sqrt{n}\right)R^2}}{2\left(0.4+\sqrt{n}\right)}$$
$$= \frac{-\sqrt{2}\times(0.25+0.0001)+\sqrt{2\times(0.25+0.0001)^2+4\times\left(0.4+\sqrt{2}\right)\times 0.01^2}}{2\times\left(0.4+\sqrt{2}\right)}$$
$$\approx 0.0003(\mathrm{m})$$

故两球的作用力

$$F = \frac{Qq}{4\pi\varepsilon_0\left(a+b_1+b_2\right)^2}$$
$$= \frac{(-6)\times(-3)\times 10^{-10}}{4\times 3.14\times 8.85\times 10^{-12}\times(0.25+0.0003+0.0001)^2}$$
$$\approx 258.27(\mathrm{N})$$

这就是本题中两金属带电小球的作用力。如果让电荷集中在球心处，则容易算出两球心处点电荷的作用力为 259.095 N，与两金属小球球面上电荷的作用力近似相等，故本题条件下两个金属小球的作用力可以用电荷在球心处的作用力代替。

十、问　答　题

197. 球外点电荷对接地导体球的作用力是怎样形成的？如何算出？

答：当接地导体球附近有点电荷时，无论点电荷是正电荷还是负电荷，都与接地导体球的电势不相等。如果点电荷为正电荷，则点电荷的电势高于接地导体球的电势，如果为负电荷，则接地导体球的电势高于点电荷的电势。既然点电荷和导体球的电势不等，则点电荷对导体球面就有静电感应，即点电荷在导体球面上感应出异性电荷。点电荷和导体球的作用力就是点电荷和导体球面上感应异性电荷的作用力，为引力。该引力的计算可用电像法算出。电像法是用来求解静电场边值问题的一种特殊方法，在解决点电荷附近有无限大平面导体或球形导体为边界时的静电场问题中十分有用。并且在计算带电导体球与无限大平面导体的作用力或带电导体与带电导体球之间的作用力时，也必须要用到电像法。

198. 点电荷 Q 对接地导体球的作用力和对中性导体球的作用力是否相等？谁的大？

答：任何点电荷附近有导体球时，无论导体球接地还是不接地，点电荷与导体球的电势都不相等，点电荷都要在导体球面上感应出异性电荷。并且感应异性电荷的多少只与点电荷的电量和点电荷到球心的距离以及球半径有关，而与导体球是否接地无关。因此，当点电荷的电量和点电荷到球心的距离以及球半径一定时，点电荷在同一接地导体球和中性导体球面上感应出的异性电荷是相同的。但由于接地导体球面上只有感应异性电荷，因此，球外点电荷与接地导体球的作用力，就是球外点电荷与球面上感应异性电荷的引力。而中性导体球面上除了有感应异性电荷外，还要多出与点电荷电性相同与感应异性电荷电量相等的电荷，即感应同性电荷。所以，球外点电荷与中性导体球的作用力除了点电荷与球面上感应异性电荷的引力外，还有点电荷与球面上感应同性电荷的斥力。二者之和才是球外点电荷与中性导体球的作用力，所以，点电荷对接地导体球的作用力与点电荷对中性导体球的作用力不相等，是前者大于后者。

199. 球外点电荷与带电导体球之间有无静电感应？像电荷如何？

答：分两种情况说明，一是当球外点电荷 Q 与球面上的电荷 q 为同性电荷时，由于点电荷的电势与导体球的电势不等，点电荷与导体球之间有静电感应。当点电荷 Q 与导体球面上的电荷 q 同为正电荷时，点电荷的电势高于导体球的电势，电力线从点电荷发出终止于球面上的感应负电荷，即点电荷在球面上感应出负电荷。感应负电荷由于受到球外点电荷的吸引而在球面上偏向于点电荷一边分布，其在球内的替代电荷，即像电荷为

$$Q' = -\frac{R}{a}Q$$

式中，a 是点电荷到球心的距离，R 是球半径。即球外点电荷 Q 在球面上的感应电荷与导体球所带电荷 q 无关，只与点电荷到球心的距离和球半径以及球外点电荷有关。如果球外

点电荷与导体球球面上的电荷同为负电荷，则由于球面上的电势高于球外负电荷的电势，电力线从球面发出终止于球外负电荷，即球外负电荷在球面上感应出正电荷。感应正电荷在球内的替代电荷，即像电荷，与上式相同，只需把式中的负号换成正号即可。

二是如果球外点电荷 Q 与球面上的电荷 q 为异性电荷，无论 Q 与 q 的正负关系如何，两球之间的作用力一般都是球外点电荷与球面上所带电荷的直接吸引力，点电荷与导体球之间没有静电感应，球面上也没有感应电荷。当球面上所带电荷 q 小于像电荷 Q' 时，球外点电荷才会在球面上感应出异性电荷，此时的球面上既有原来所带的电荷，又有感应电荷，原来所带的电荷与感应电荷之和等于上式中给出的像电荷。所以，当球外点电荷与球面电荷为异性电荷时，点电荷与带电导体球之间有无静电感应，要由球面所带电荷与像电荷的大小关系决定。当球面所带电荷大于等于像电荷时，点电荷与带电导体球之间没有静电感应，而当球面所带电荷小于像电荷时，点电荷与带电导体球之间有静电感应。无论有没有静电感应，到静电平衡时，球面上受点电荷吸引的异性电荷在球内的替代电荷，即像电荷，都是由球外点电荷和球半径以及点电荷到球心的距离决定，与球面所带电荷无关。

200. 当点电荷 Q 的附近有无限大接地平面导体时，点电荷与平面导体的作用力如何求出？是怎样产生的？

答：当点电荷附近有无限大平面导体时，由于点电荷与平面导体的电势不等，点电荷与平面导体之间有静电感应，点电荷要在无限大平面导体上感应出异性电荷。并因为平面导体是无限大，故当点电荷 Q 为正电荷时，由 Q 发出的电力线将全部到达并终止于平面导体上的感应负电荷，因此，平面导体上的感应负电荷电量与正的点电荷电量相等。而当点电荷 Q 为负电荷时，则到达点电荷的电力线将全部来自平面导体上的感应正电荷，因此，平面导体上的感应正电荷电量与负的点电荷电量相等。即无论点电荷的正负如何，点电荷总要在无限大平面导体上感应出等量的异性电荷。又因为无限大平面导体接地，故平面导体上多出的与感应电荷电量相等电性相反的电荷将全部回到地面，因此，在无限大接地平面导体上只有 Q 的感应异性电荷 $-Q$。并且由于 $-Q$ 受到点电荷 Q 的吸引而全部分布在平面导体的前表面。故点电荷 Q 与无限大接地平面导体的作用力就是点电荷 Q 与感应电荷 $-Q$ 的作用力，该力由电像法求出。像电荷与感应电荷 $-Q$ 相等，位于平面导体的背面，与点电荷相对于平面导体为对称点的位置，即像电荷 Q' $(=-Q)$ 与点电荷 Q 的距离为 $2a$（a 是点电荷到平面导体的垂直距离），所以，点电荷与平面导体的作用力就等于两个相距 $2a$ 的正负点电荷的库仑力。

201. 点电荷 Q 与其附近无限大带电平面导体之间有无静电感应？它们之间的作用力大小与平面导体所带电荷 q 有无关系？

答：无论点电荷 Q 的大小、电性如何，也无论平面导体上 q 的大小、电性如何，平面导体的电势与点电荷的电势都不会相等，因此，平面导体与点电荷之间有电力线相连。但是电力线可以是出自点电荷与平面导体上感应异性电荷之间，也可以是出自点电荷与平面导体所带异性电荷之间。如果是前者则点电荷与无限大平面导体之间就有静电感应，但如果是后者，则点电荷与无限大平面导体之间就没有静电感应。所以，当点电荷 Q 与无限大平面导体所带电荷 q 为同性电荷时，点电荷与无限大平面导体之间都会有静电感应。而当点电荷 Q 与无限大平面导体所带电荷 q 为异性电荷时，点电荷与无限大平面导体之间可以有静电感应，也可以没有静电感应，有没有静电感应完全由平面导体上 q 的电量决定。当 q 的电量等于或大于点电荷 Q 的电量时，Q 与 q 之间的电力线都是来自点电荷和平面导体所带电荷之间，故点电荷与平面导体之间没有静电感应。但如果平面导体上的电荷 q 小于点电荷 Q，由于点电荷在无限大平面导体上的感应电荷与点电荷电量相等，所以，平面导体所带电荷 q 小于感应电荷，点电荷还要在平面导体上感应出异性电荷，感应电荷的电量为 $Q-q$。此时，平面导体上与点电荷 Q 发生作用的电荷量为原有电荷 q 与感应电荷 $Q-q$ 的电量之和，为 $q+(Q-q)=Q$，即与平面导体外点电荷的电量相等。既然有感应异性电荷，就会多出感应同性电荷，多出的感应同性电荷由于不受点电荷的吸引而分布在平面导体的背面。所以，点电荷与无限大平面导体的作用力，与导体所带电荷无关，完全由点电荷电量的大小决定。

202. 在两个电量相等，相距 $2a$ 的异性点电荷的中间立有一块无限大平面导体，问任一点电荷对平面导体的作用力与两点电荷的直接作用力有怎样的关系？

答：如果两点电荷之间没有无限大平面导体，两个异性电荷之间的作用力

$$F=\frac{-Q^2}{4\pi\varepsilon_0(2a)^2}=-\frac{Q^2}{16\pi\varepsilon_0 a^2}$$

而当两电荷的中间立有无限大平面导体后，由于屏蔽作用，两电荷之间不能直接作用，但任一电荷与平面导体之间有力的作用。如与正电荷 Q 感应电荷，则它在无限大平面导体上将要感应出电量相等的异性电荷 $-Q$，正电荷 Q 对无限大平面导体的作用力就是正电荷 Q 对平面导体上感应负电荷的作用力，用 F 表示。另外，当平面导体上感应出负电荷后，在无限大平面导体的背面就要感应出等量的正电荷，即感应正电荷。该感应正电荷的电量正好等于平面导体另一边的点电荷 $-Q$ 在无限大平面导体上的感应正电荷的电量。设平面导体后面的 $-Q$ 对平面导体背面感应正电荷的作用力为 F'。又因为正负电荷的电量相等，它们到平面导体之间的垂直距离也相等，所以，平面导体两边正负电荷对平面导体作用力的大小相等，方向相反，即 $F=-F'$。另外，设 F'' 为平面导体背面感应正电荷对负的点电荷的作用力，则有 $F''=-F'$，从而 $F=F''$，即前面正电荷对平面导体的作用力等于平面导体背面感应正电荷对负的点电荷的作用力，也就是说前面正电荷对平面导体的作用力等于平面导体对背面负的点电荷的作用力。所以，前面正电荷对平面导体的作用力就等于前面正电荷对背面负电荷的作用力，即为上式给出两个正负点电荷之间作用力的形式。这正是用电像法推出点电荷对无限大接地平面导体的作用力公式。

203. 试说明点电荷 Q 对其附近无限大带电平面导体的作用力与平面导体所带电荷 q 的关系如何。

答：无论平面导体接不接地，带不带电和带电多少，平面导体正面的电荷只能是受到点电荷吸引的感应异性电荷，而其余的电荷均为自由电荷。自由电荷由于不受力的作用而均匀分布在平面导体的背面，这其中就有平面导体所带的电荷 q。因为点电荷与导体正面

感应异性电荷的替代电荷，即像电荷在平面导体上的电势和为零，故平面导体为等势体，导体内部的电场为零，因此，点电荷与平面导体背面分布的电荷之间没有力的作用。所以点电荷 Q 对无限大带电平面导体的作用力只是点电荷对感应异性电荷的作用力，而与平面导体所带电荷 q 没有关系。因此，点电荷对无限大平面导体的作用力都是引力，大小与点电荷的平方成正比，与无限大平面导体带不带电和带电量多少无关。

204. 在计算带电导体球与无限大接地平面导体的作用力时，应注意哪些条件，关键问题是什么？

答：带电导体球与无限大接地平面导体的作用力可以用电像法算出。在计算带电导体球与无限大平面导体的作用力时，必须要求带电导体球的半径和球心到平面导体的垂直距离满足一定的条件，即满足用电像法的条件。所谓电像法的条件，就是要求当点电荷为正电荷时，由点电荷发出的电力线能够全部到达并终止于平面导体上的感应负电荷，而当点电荷为负电荷时，到达点电荷的电力线将全部来自平面导体上的感应正电荷。所以，这就要求带电导体球的半径和球心到平面导体的垂直距离远小于平面导体的线度，即平面导体相对于带电导体球而言可视为无限大平面。这就是用电像法计算带电导体球与无限大平面导体的作用力时应注意的问题，或应满足的条件。另外，由于带电导体球与无限大平面导体之间有静电感应，球面电荷在平面导体上感应出异性电荷，因此，球面上的电荷要受到感应电荷的吸引而向平面导体一边偏离球心。既然球面上的电荷向平面导体一边偏离了球心，那么，球面电荷在球内的替代点电荷也要向平面导体一边偏离球心。所以，如何找出球内替代电荷偏离球心的距离就是应用电像法求解带电导体球与无限大平面导体作用力的关键。已推出了带电导体球与无限大平面导体相互作用时，球内替代电荷的位置 M 偏离球心的距离

$$b = a - \sqrt{a^2 - R^2}$$

式中 a 为球心到平面导体的垂直距离。只要带电导体球内替代电荷到球心的距离确定，带电导体球与无限大平面导体作用力的问题就简化成 M 点处点电荷与无限大平面导体的作用力问题，这样就可以用电像法来计算力。

205. 一点电荷对无限大接地平面导体的作用力与该点电荷分布在球面上时对平面导体的作用力是否相等，哪个大？

答：当点电荷附近有无限大接地平面导体时，点电荷在无限大接地平面导体上感应出异性电荷，点电荷和感应电荷之间有作用力，该力为引力。在点电荷与平面导体上感应作用的过程中，点电荷到无限大平面导体之间的距离不变。设点电荷到无限大平面导体之间的垂直距离为 a，则由电像法推出点电荷对平面导体上感应电荷的作用力，也就是点电荷对无限大接地平面导体的作用力

$$F = \frac{-Q^2}{4\pi\varepsilon_0 a^2}$$

但如果点电荷分布在导体球面上，导体球面上的电荷也要在无限大接地平面上感应出异性电荷，球面上的电荷与感应电荷之间有引力。在引力的作用下，球面上的电荷要向平面导

体一边移动，即球面上的电荷要向平面导体靠近。既然球面上的电荷向平面导体一边靠近，那么，球面电荷在球内的替代电荷也要向平面导体一边靠近。设球心到无限大平面导体的垂直距离是a，则到静电平衡时，球内替代点电荷到无限大接地平面导体的垂直距离必然小于a。设导体球的半径为R，则可由电像法推出电荷分布在导体球面上时，球面上的电荷对无限大接地平面导体的作用力，也就是带电导体球对无限大接地平面导体的作用力

$$F=\frac{-Q^2}{4\pi\varepsilon_0\left(a^2-R^2\right)}$$

可见，同一点电荷对无限大接地平面导体的作用力小于点电荷分布在球面上时对无限大接地平面导体的作用力。

206. 点电荷Q对其附近非带电导体球的作用力是怎样形成的，如何求出？

答：点电荷附近有非带电导体球时，无论导体球接地还是不接地，点电荷与导体球的电势都不相等，点电荷与导体球之间都有静电感应。点电荷要在导体球面上感应出异性电荷，点电荷与导体球的作用力就是点电荷与球面上感应电荷的作用力。因此，如果导体球接地，球面上只有感应异性电荷，点电荷与导体球的作用力就是点电荷与球面上感应异性电荷的作用力。并由电像法求出感应异性电荷在球内的替代点电荷为像电荷，即

$$Q'=-\frac{R}{a}Q$$

像电荷虽然是假想的点电荷，但它与球外点电荷Q的作用力的确代表了球面上感应异性电荷与球外点电荷的作用力。但如果导体球不接地，则球面上除了有感应异性电荷外，还要多出与感应异性电荷电量相等、符号相反的电荷，定义为感应同性电荷。感应同性电荷均匀分布在导体球面上，其在球内的替代电荷位于球心处。所以，球外点电荷对中性导体球的作用力除了有与感应异性电荷的引力外，还有与感应同性电荷的斥力。

207. 点电荷Q对其附近带同性电荷导体球的作用力是怎样形成的，如何求出？

答：虽然点电荷Q和导体球所带电荷为同性电荷，但由于点电荷是集中在一个点上，而导体球所带电荷是分布在球面上，所以，无论导体球带电量如何，点电荷的电势总要高于或低于导体球的电势。如果点电荷与导体球所带电荷同为正电荷，则点电荷的电势总高于导体球的电势；但如果点电荷与导体球所带电荷同为负电荷，则点电荷的电势总低于导体球的电势。所以，点电荷总要在导体球面上感应出异性电荷，由于点电荷在球面上感应出的异性电荷与导体球接不接地、带不带电和带电量多少无关。因此，点电荷在带电导体球上的感应电荷与上题点电荷在接地导体球上的感应电荷相同，在球内的替代电荷，即像电荷也相同。不同的只是此时球面上均匀分布的电荷中，除了有感应同性电荷外，还有导体球原来所带的电荷。所以，点电荷Q对带同性电荷导体球的作用力，就是点电荷Q对导体球面上三种电荷的作用力，即点电荷Q对感应异性电荷的引力(用电像法求出)和点电荷Q对感应同性电荷以及球面上原有电荷的斥力。

208. 点电荷 Q 对其附近带异性电荷导体球的作用力是怎样形成的，如何求出？

答：当点电荷 Q 与导体球所带电荷 q 为异性电荷时，虽然点电荷与导体球的电势不等，但只要球面电荷 q 大于或等于点电荷 Q 在球内的像电荷(也就是点电荷在球面上的感应电荷)，点电荷与导体球之间没有静电感应，点电荷与导体球之间的作用力就是点电荷 Q 与球面所带电荷的直接作用力。即如果球面电荷 q 正好等于像电荷，则球面所带电荷 q 正好与点电荷在导体球接地时的感应电荷相等，点电荷对导体球的作用力也与点电荷对接地导体球的作用力相等，该力为球外点电荷与球面所带电荷的直接作用力。如果球面电荷 q 大于像电荷，则 q 将分成两部分，其中一部分与点电荷 Q 的像电荷 Q' 相等，这一部分向点电荷一边偏离球心分布，其在球内的替代电荷就是点电荷的像电荷。而另一部分为 $q-Q'$，均匀分布在球面上，其在球内的替代点电荷就在球心处，所以，球外点电荷 Q 对导体球的作用力就是球外点电荷对球面上这两部分异性电荷的直接作用力，同样没有静电感应。但如果球面电荷 q 小于像电荷 Q'，则点电荷与导体球之间有静电感应，点电荷在球面上的感应异性电荷为 $Q'-q$，即感应异性电荷与球面所带电荷 q 之和正好等于球外点电荷在球内的像电荷。另外，当球面上有感应异性电荷时，球面上就要多出感应同性电荷，并且感应同性电荷均匀分布于球面上。所以，球外点电荷对导体球的作用力就是点电荷对球内像电荷和感应同性电荷在球心处替代电荷的作用力。

209. 导体球附近有点电荷时，点电荷对导体球面上的电势有没有影响？如何影响？

答：导体球附近有点电荷时，点电荷对导体球有静电感应，导体球面上有点电荷感应出的异性电荷，该感应异性电荷在球内的替代点电荷就是球外点电荷的像电荷。因为球外点电荷与像电荷在球面上的电势和为零，即球外点电荷与球面上感应异性电荷在球面上的电势和为零，所以，当点电荷 Q 和导体球所带电荷 q 都是正电荷时，点电荷与球面上感应负电荷在球面上的电势和为零，球面为等势面，则导体球所带电荷 q 均匀分布在球面上，此时导体球的电势与原电势相等。但因为球面上感应出负电荷后，还要多出等量的正电荷，即感应正电荷，该感应正电荷也要均匀分布在球面上。因此，到静电平衡时，球面上均匀分布的电荷除了导体球原有电荷 q 外，还有感应正电荷，即球面上均匀分布的正电荷增加，故电势也升高。而当点电荷和球面所带电荷都是负电荷时，可用同样的方法分析得出球面上的电势降低。但如果点电荷与导体球所带电荷为异性电荷，由于球面上的电荷受到点电荷的吸引，在球面上分布不均匀，靠近点电荷一边的密度大，远离点电荷一边的密度小。所以，球外点电荷和最近一边球面上的部分异性电荷发生作用后，在球面上的电势和为零，使球面为等势面。该部分电荷的电量与点电荷在接地导体球面上感应异性电荷(即像电荷)的电量相等。既然球面为等势面，那么，球面上剩余的电荷就均匀分布在球面上，从而升高或降低了导体球原来的电势。如果点电荷为正电荷而球面电荷为负电荷，则点电荷和球面电荷发生作用后，球面上的电势升高；反之，如果点电荷为负电荷而球面电荷为正电荷，点电荷和球面电荷发生作用后，球面上的电势降低。

210. 带电导体球与接地导体球之间的作用力如何算出？关键问题是什么？

答：任何带电体与接地导体球之间都会有作用力，所以带电导体球与接地导体球之间也有作用力。但带电导体球与接地导体球之间的作用力如何算出，这是一个人们长期追寻的问题。事实上，点电荷就是带电导体球半径趋于零时的球面电荷，即点电荷就是带电导体球半径逐渐减小为零时的特殊情形。因此，既然点电荷与接地导体球的作用力可以用电像法算出，那么，带电导体球与接地导体球的作用力同样也可以用电像法算出。只是电荷在球面上时，球面电荷受到接地导体球面上感应异性电荷的吸引后，要偏离球心分布，其在球内的替代点电荷不在球心，而是在偏离球心靠近点电荷一边。所以，要用电像法计算带电导体球与接地导体球之间的作用力，关键问题是要找到带电导体球，也是施感球面电荷在球内替代电荷偏离球心的位置。只要找到两球在作用过程中，带电导体球面电荷在球内替代电荷偏离球心的位置，带电导体球与接地导体球的作用力问题就简化成带电导体球内点电荷与接地导体球的作用力问题，进而就可以用电像法算出两球的作用力。

211. 在点电荷 Q 的附近有一半径为 R 的导体球，点电荷到球心的距离为 a，试比较导体球接地和带有电荷 $-\frac{R}{a}Q$ 时，点电荷对导体球的作用力谁大？

答：当导体球接地时，点电荷与导体球之间有静电感应，点电荷在导体球面上感应出异性电荷。并因为感应电荷受到点电荷的吸引后，在球面上分布不均匀，而是靠近点电荷一边的密度大，远离点电荷一边的密度小。因此感应电荷在球内的替代电荷不在球心处，而是在偏离球心靠近点电荷一边，到球心距离

$$b=\frac{R^2}{a}$$

而像电荷

$$Q'=-\frac{R}{a}Q$$

所以，点电荷对接地导体球的作用力

$$F=-\frac{aRQ^2}{4\pi\varepsilon_0\left(a^2-R^2\right)^2}$$

如果导体球不接地，而是带有与像电荷电量相等的负电荷，则由于球外点电荷与导体球面上的电荷为异性电荷，并且球面上的电荷正好等于像电荷，故点电荷与带电导体球之间的作用为点电荷与球面上异性电荷的直接作用，而没有静电感应。球面上的负电荷受到球外点电荷的吸引后在球面上分布不均匀，其分布情况与上面感应电荷的分布情况相同，所以，在球内替代电荷也与上面感应电荷在球内替代电荷相同。因此，球面上的负电荷在球内的替代点电荷也可用像电荷表示，像电荷大小和到球心的距离均与上面给出的相同。既然点电荷作用下的球面负电荷在球内的替代电荷与点电荷作用下的感应负电荷在球内的替代电荷相同，那么，作用力也相同，也是由上面力的计算式算出。即当点电荷附近导体球所带负电荷与像电荷相等时，点电荷对带负电荷导体球的作用力与点电荷对接地导体球的作用力相等。

212. 设有半径为 R 的导体球，带电荷$-Q$，在距离球心 a 处有一带电荷为 q 的无限大平面导体，并且 $q<Q$，问：带电导体球与无限大平面导体之间有无静电感应，感应电荷是多少？作用力如何求出？

答：因为平面导体在带电导体球的附近，平面导体与带电导体球之间必然有电力线相连。又因为平面导体相对于带电导体球为无限大，故到达并终止于球面上负电荷的电力线将全部来自无限大平面导体上的正电荷。但由于平面导体所带的正电荷 q 小于球面上的负电荷 Q，所以，到达球面上的电力线除了由 q 发出的外，还有的是由感应正电荷发出。即导体球与无限大平面导体之间有静电感应，导体球在无限大平面导体上感应出正电荷，感应电荷为 $Q-q$。带电导体球与无限大平面导体的作用力，为球面电荷$-Q$ 与平面导体所带电荷和感应电荷作用力的合力。即

$$F=\frac{-Qq}{16\pi\varepsilon_0\left(a^2-R^2\right)}+\frac{-Q(Q-q)}{16\pi\varepsilon_0\left(a^2-R^2\right)}=\frac{-Q^2}{16\pi\varepsilon_0\left(a^2-R^2\right)}$$

与带电导体球对无限大接地平面导体的作用力相同，这表明，带电导体球对无限大平面导体的作用力只与导体球所带电荷有关，而与无限大平面导体所带电荷无关。

213. 试说明两个电势不等带正电荷导体球的作用力公式与库仑定律的关系如何。

答：当两个都带正电荷的导体球 A 和 B 彼此靠近，电势不等时，两球之间有静电感应。设 A 球半径为 R，带正电荷 q，B 球半径为 r，带正电荷 Q，并且 B 球电势高于 A 球电势。故选取 B 球为施感球，像电荷在 A 球内，像电荷到球心的距离

$$b_1=\frac{a^2+R^2-r^2}{2a}-\frac{1}{2}\sqrt{\left(\frac{a^2+R^2-r^2}{a}\right)^2-4R^2}$$

B 球内替代电荷到球心的距离

$$b_2=\frac{a^2+r^2-R^2}{2a}-\frac{1}{2}\sqrt{\left(\frac{a^2+R^2-r^2}{a}\right)^2-4R^2}$$

故两球的作用力

$$F=\frac{Q^2}{4\pi\varepsilon_0}\left[\frac{-\left(R-b_1\right)}{\left(a-b_2-R\right)\left(a-b_1-b_2\right)^2}+\frac{\left(R-b_1\right)}{\left(a-b_2-R\right)\left(a-b_2\right)^2}\right]+\frac{Qq}{4\pi\varepsilon_0\left(a-b_2\right)^2}$$

这就是两个电势不等、大小不等带电导体球的作用力公式。由上面各式看出，当两球半径同时缩小为零时，有 $b_1=b_2=0$，将 $R=r=0$、$b_1=b_2=0$ 代入作用力公式，则上面两球的作用力公式简化为库仑定律，即

$$F=\frac{Qq}{4\pi\varepsilon_0 a^2}$$

这表明库仑定律就是两个带电导体球作用力公式中两球半径趋于零时的特殊形式。

214. 两个电势不等带同性负电荷导体球的作用力公式如何？与点电荷对带电导体球的作用力公式有怎样的关系？

答：两个带同性负电荷导体球彼此靠近时，如果两球的电势不等，则两球之间有静电感应，两球之间的作用力可由电像法求出。设 A 球半径为 R，带电荷 $-Q$，B 球半径为 r，带电荷 $-q$，并且 B 球电势低于 A 球电势。故选 B 球为施感球，像电荷在 A 球内，像电荷到球心的距离 b_1 由上题给出的偏心距公式算出。同样，B 球内替代电荷到球心的距离 b_2 也由上题给出的偏心距公式算出，并且两球的作用力也由上题中两个带正电荷导体球的作用力公式算出。即两个电势不等、带同性负电荷导体球的作用力公式与两个电势不等、带同性正电荷导体球的作用力公式相同。但如果让 B 球的半径趋于零，则两球的作用力问题就变成了负的点电荷 q 对带负电荷导体球的作用力问题，即为球外点电荷对带电导体球的作用力问题。此时将 B 球的半径 $r=0$ 代入上题中 B 球内替代电荷的偏心距公式，算出 $b_2=0$，同样，将 $r=0$ 代入上题中 A 球内像电荷的偏心距公式算出

$$b_1=\frac{R^2}{a}$$

再把算出的 b_1 和 b_2 代入上题中两导体球的作用力公式，也是本题中两个带负电荷导体球的作用力公式，推出

$$\begin{aligned}F&=\frac{1}{4\pi\varepsilon_0}\left[-\frac{aRQ^2}{\left(a^2-R^2\right)^2}+\frac{RQ^2}{a^3}+\frac{Qq}{a^2}\right]\\&=\frac{1}{4\pi\varepsilon_0}\left[\frac{Qq}{a^2}-\frac{R^3\left(2a^2-R^2\right)Q^2}{a^3\left(a^2-R^2\right)^2}\right]\end{aligned}$$

这就是球外点电荷 q 对带电荷 Q 的导体球的作用力计算公式。这表明点电荷对带电导体球的作用力公式，就是两个带电导体球作用力公式中有一导体球半径为零时的特殊情形。

215. 设一导体球 A 带电荷 q，另一导体球 B 带电荷 Q，并且 B 球的电势高于 A 球的电势，问：当 A 球所带电荷分别为正电荷和负电荷时，A、B 两球的作用力大小是否相等？当两球半径都趋于零时，两球的作用力又将如何？

答：因为 B 球的电势高于 A 球的电势，所以，无论 A 球所带电荷 q 是正电荷还是负电荷，都要求 B 球所带的电荷为正电荷。故当 A 球所带电荷为正电荷时，两球之间有静电感应，并且 B 球为施感球，A 球面上有感应负电荷，Q 与其感应负电荷的作用力为引力。另外，有感应负电荷就要多出等量的感应正电荷，感应正电荷和 A 球原来所带正电荷均匀分布在球面上，它们与 B 球所带电荷 Q 的作用力为斥力。所以，B 球与 A 球的作用力为引力与斥力的合力，即当 A 球所带电荷为正电荷时，A、B 两球所带的电荷为同性电荷，此时，两带电导体球的作用力为引力加斥力，合力减小。当 A 球所带电荷 q 为负电荷时，则两球所带电荷为异性电荷，此时，两球之间有无静电感应，感应电荷的多少都由 A 球所带负电荷的电量决定。当 q 等于或大于像电荷时，两球之间没有静电感应，两球之间的作用力为两球面上异性电荷的直接作用力，该力是引力，故合力比较大；当 q 小于像电荷时，

则两球之间有静电感应，但感应电荷的多少全由 A 球面上原有电荷的多少来决定。此时的两球作用力同样是引力和斥力的合力，但由于球面上原来就有异性电荷，故感应电荷总小于两球带同性电荷时的感应电荷，因此，斥力部分总小于两球带同性电荷时的斥力部分。故三种情况下两球的作用力一般都不相等，但它们都可由下式算出，即

$$F=\frac{1}{4\pi\varepsilon_0}\left[\frac{QQ'}{\left(a-b_1-b_2\right)^2}+\frac{Q\left(q-Q'\right)}{\left(a-b_2\right)^2}\right]$$

式中第一项为 B 球面电荷与 A 球面上感应电荷，即像电荷的作用力，为引力；第二项则是 B 球面电荷与 A 球面所带电荷 q 及感应正电荷作用力之和，可正可负。由上式容易看出，当两球半径减小为零时，式中的像电荷和偏心距都为零，即 $Q'=b_1=b_2=0$，故上面的作用力公式为

$$F=\frac{Qq}{4\pi\varepsilon_0 a^2}$$

简化成了大家都熟悉的库仑定律。此时，无论 A 球所带电荷是正电荷还是负电荷，两电荷作用力的大小都是相等的。

216. 点电荷对带电导体球的作用力大小与点电荷到球心距离的关系如何？

答：点电荷对带电导体球的作用力大小与许多因素有关，除与点电荷和球面电荷的大小以及球半径的大小有关外，还与点电荷到球心的距离以及点电荷和球面电荷的电性有关，这里只对与两球心距离和电性的关系问题做出讨论。当点电荷和球面电荷以及球半径一定时，点电荷对带电导体球的作用力大小只是点电荷到球心距离 a 的函数。当点电荷与导体球所带电荷为异性电荷时，点电荷对导体球的作用力只有引力，并随着 a 的增大而逐渐减小，到 $a\to\infty$ 时，点电荷对导体球的作用力趋于零。而当点电荷与导体球所带电荷为同性电荷时，点电荷对导体球的作用力为引力与斥力的合力，并且引力和斥力都与点电荷到球心的距离有关。当点电荷到球心的距离最小时，引力大而斥力小，引力与斥力的合力为引力最大。随着点电荷到球心的距离逐渐增加，引力逐渐减小而斥力逐渐增大，当点电荷到球心的距离增加到一定值时，引力等于斥力，引力和斥力的合力为零，即点电荷对带电导体球的作用力为零。继续增加点电荷到球心的距离，则引力开始小于斥力，引力和斥力的合力为斥力，当点电荷到球心的距离继续增加到某一定值时，引力和斥力的合力达到斥力最大。此时再继续增加点电荷到球心的距离，则合斥力逐渐减小，直到点电荷到球心的距离增加到无穷大时，两球的作用力为零。这就是点电荷与带电导体球作用力随点电荷到球心距离的变化关系，也适用于两个带同性电荷导体球的作用力与球心距离的变化关系。

217. 带电导体球之间的作用力都可以用电像法计算吗？有哪些方法？

答：因为带电导体球的带电情况比较多样，两球作用力的形成也不完全相同，因此，在计算两带电导体球的作用力时，不可能只是一种方法，即电像法，而是有不同的方法。这里只是针对方法而言，因此，只讨论两种情况。一是当两带电导体球的电势不相等时，则两球的作用力都可以用电像法求出。但如果还要细分，则又有带同性电荷、大小不等和

带同性电荷、大小相等导体球的作用力问题，以及带异性电荷、大小不等和带异性电荷、大小相等导体球的作用力问题，都可以用电像法计算力。二是当两带电导体球的电势相等时，两球的作用力不能直接用电像法算出，而是要“移位变号”后，借用电像法推出两球的作用力公式，由作用力公式算出力。同样还要区分等势等大和等势不等大导体球的作用力问题，因为这两种情况下的作用力公式不同。

218. 用电像法计算两个带同性电荷导体球的作用力时，如何选择施感球？

答：如果能用电像法算出两带同性电荷导体球的作用力，则这两个带电导体球的电势一定是不相等的。如果两导体球带同性正电荷，则两球的电势都大于零，为正，此时就要选择电势高的导体球为施感球，电势低的导体球为受感球。但如果两球带同性负电荷，两球的电势都小于零，为负，则此时就要选择电势更低的导体球为施感球，电势较高的导体球为受感球。

219. 为什么用电像法计算两导体球都带正电荷的作用力时，要选择电势高的导体球为施感球？

答：设有 A、B 两导体球，都带正电荷，但两球电势不等，B 球的电势高于 A 球的电势。故当两球彼此靠近时，两球之间有静电感应，两球之间的电力线应从 B 球面上的正电荷发出，到达 A 球面上的感应负电荷。因此，应该选 B 球为施感球，A 球为受感球，即 B 球面上的正电荷在 A 球面上感应出负电荷，这正好满足电力线从高电势指向低电势的要求。但如果不是选 B 球为施感球，而是选 A 球为施感球，B 球为受感球，则 A 球面上的正电荷要在 B 球面上感应出负电荷，A、B 两球之间的电力线不是从 B 球面发出指向 A 球面，而是从 A 球面发出指向 B 球面，即两球之间的电力线是从电势低的球面发出指向电势高的球面。这显然与事实不符，所以，当两球都带正电荷时，不能选电势低的导体球为施感球，而要选电势高的导体球为施感球。

220. 当两导体球都带负电荷时，为什么要选择电势更低的导体球为施感球？

答：当两球都带负电荷时，则两球的电势都小于零，为负电势。如果两球的电势不等，则两球之间同样有静电感应，电势更低的导体球要在电势较高的导体球面上感应出正电荷。因此，当两导体球都带负电荷时，应选电势更低的导体球为施感球，以满足电力线从高电势指向低电势的条件。但如果不是选电势更低的导体球为施感球，而是选电势较高的导体球为施感球，则电势较高的导体球在电势更低的导体球面上感应出正电荷。两球之间的电力线从低电势球面上的感应正电荷发出指向高电势球面上的负电荷，这显然与电力线从高电势指向低电势的事实不符。所以，当导体球都带负电荷时，若要用电像法计算两球的作用力，不能选择电势较高的导体球为施感球，而要选择电势更低的导体球为施感球。

221. 两个带异性电荷导体球之间的作用力可否用静电感应的方法，即电像法求出？为什么？

答：当两个导体球所带电荷为异性电荷时，两球之间的作用力一般都是两球面上正负电荷的直接作用，没有静电感应的过程，只是在受感球面上的电荷小于像电荷时，才有静电感应出现。但在计算两球的作用力时，既可以用两球面上正负电荷的直接法又可以用静电感应法做出计算，结果是相同的。如有 A、B 两导体球，A 球半径为 R，带电荷 $-q$，B 球半径为 r，带电荷 Q，两球心距离为 a。若选择 B 球为施感球，则 B 球面上的正电荷在 A 球面上感应出负电荷，感应负电荷就等于它在球 A 内替代电荷，即像电荷，为

$$Q' = -\frac{R - b_1}{a - b_2 - R} Q$$

这就是 B 球在 A 球面上感应出的负电荷。球面上有感应负电荷就要多出电量相等的感应正电荷，并由于感应负电荷与 B 球面所带正电荷在 A 球面上的电势和为零，则 A 球面为等势面。故感应正电荷和 A 球面上原有负电荷相加后均匀分布在球面上，为 $q - Q'$。所以，A、B 两球的作用力就是 B 球面上正电荷 Q 对 A 球面上感应负电荷 Q' 的作用力，加上均匀分布在球面上的感应正电荷 $-Q'$ 与球面上原有负电荷 q 的作用力。

如果不是用静电感应的方法，而是由两球面上正负电荷的直接作用法，则两球的作用力就是 B 球面上的正电荷 Q 对 A 球面上负电荷 q 的直接作用。此时 A 球面上的负电荷因受到 B 球面上正电荷的吸引而在球面上产生移动，分布不均匀，并且分布中心偏向于 B 球一边。但由于球外点电荷在球面上的感应电荷与球面上的电荷无关，即无论导体球接不接地、带不带电和带电量如何，只要球外点电荷和点电荷到球心的距离以及球半径一定，则点电荷在球面上的感应电荷就是确定的。这就说明球外点电荷与球面之间的电力线数与导体球所带电荷无关。既然球外正电荷发出并到达球面上负电荷的电力线与球面所带电荷无关，那么，本题中 B 球内替代点电荷 Q 发出并到达 A 球面上的电力线数是一定的。因此，A 球面上受到 B 球吸引而偏离球心的负电荷与静电感应时感应出的负电荷电量相等，分布情况相同。因此，这一部分电荷在球内的替代电荷也可以用像电荷表示，即由上面给出的像电荷公式算出。同样，像电荷与 B 球内替代电荷在 A 球面上的电势和为零，A 球为等势体，A 球面上剩余的负电荷为 $q - Q'$，即为自由电荷，均匀地分布在球面上。因此，A、B 两球的作用力仍然是 B 球所带电荷对像电荷和球面上均匀分布的剩余电荷的作用力，即与用静电感应法算出两球的作用力相同。故两导体球带电荷为异性电荷时，两球的作用力同样可以用电像法求出。

222. 在计算两个带异性电荷导体球的作用力时，如何确定施感球和受感球？

答：两个带异性电荷导体球之间的作用力问题，一般都是两导体球面上正负电荷之间的直接作用力，该力同样可以用电像法算出。因此在计算力时，首先就要确定施感球和受球。选择施感球和受感球的方法，原则上还是比较两球面上的电势情况，即一般都是选择球面上电势绝对值较大的导体球为施感球，电势绝对值较小的导体球为受感球。具体是：如果两球的大小相等，所带电荷的电量也相等，则可任选一导体球为施感球，而另一球为受感球；如果两导体球所带异性电荷的电量不等，并且较小电荷的电量正好等于较大电荷的像电荷，则选择带较大电荷量的导体球为施感球，而另一球为受感球；如果两球大小相等，但所带电荷的电量不等，则选择带电量较大的导体球为施感球，而带电量较小的导体球为受感球；如果两球大小不等，但所带电荷的电量相等，则选择小球为施感球，大球为受感球；如果两球大小不等，所带电荷的电量也不等，但两球面电势的绝对值相等，则选

择小球为施感球，大球为受感球；如果两球大小不相等，所带电荷的电量和球面上电势的绝对值也不相等，则选择小球为施感球，大球为受感球。

223. 为什么在计算两个带电导体球的作用力时，要先确定施感球和受感球？

答：在计算两个带电导体球的作用力时，除了两个等势导体球的作用力要用公式直接计算以外，其他带电导体球的作用力都要用电像法计算。而电像法是用来求解静电场问题的一种特殊方法，它首先是从球外点电荷对接地导体球的作用力计算中推出，但有着普遍的适用性。对于两个带电导体球作用力的计算同样也可以用电像法求出，但要求先确定施感球和受感球。因为在计算点电荷对带电导体球的作用力时，点电荷为施感电荷，而带电导体球为受感球，这是明确的，但在计算两个带电导体球的作用力时，理论上两个导体球上的电荷都可以作为施感电荷，而另一个导体球就是受感球。在实际计算中，由于要求施感球面上的施感电荷与受感球面上的感应电荷之间的电场，即电力线方向要满足由高电势到低电势，所以，对于两个带电导体球的作用力计算，施感球不是任意的，而要求事先确定。同样，在计算两个带异性电荷导体球的作用力中也有相应的其他要求，因此，施感球也要事先选定。

224. 设两个带同性电荷导体球作用力为零时的有限球心距离为 a，如果保持两球心距离不变，而让两球的半径增大和减小，问：两球的作用力如何变化？

答：两个带同性电荷导体球的作用力为零时，两球心距离为有限值，则两带电导体球为非等势体。两球之间的作用力由电像法算出，并且两球之间的作用力为引力和斥力的合力，所以当两球心距离为有限值时，两球的作用力也可以为零。但此时的作用力为零，不是两球面上的电荷没有作用，而是两球面上电荷的引力等于斥力，合力为零。因此，在两球作用力为零时，如果保持两球心距离不变，而让两球半径增大，即两球表面积增大，则施感球面上施感电荷与受感球面上感应电荷之间的距离减小，引力增大，此时两球的合力由零减小为引力。反之，如果让两球半径减小，即两球表面积缩小，则施感球面上施感电荷与受感球面上感应电荷之间的距离增加，引力减小，此时两球的合力由零增大为斥力。

225. 两个半径为 R 的导体球，带有电量相等的同性电荷 Q，当两球心距离为最小值 $c=2R$（球面接触点绝缘）时，算出两球的斥力为 F。如果此时把两球面电荷换成异性电荷，两球的引力大小也是 F，问：两个带异性电荷导体球的最小球心距离是多少？

答：两个大小相等带有电量相同的同性电荷导体球的作用力为斥力，在斥力作用下，两球内替代电荷偏离球心，偏心距由下式算出，即

$$b=\frac{-c+\sqrt{c^2+9.6R^2}}{4.8}$$

如果把两球面上的电荷换成电量相同的异性电荷，则两球电势不等，两球的作用力用电像法算出，并且两球之间的作用力为引力。若引力等于斥力，两个带异性电荷导体球之间的球心距离必然大于两个带同性电荷导体球之间的球心距离。而两个带异性电荷导体球内像电荷的偏心距由下式算出，即

$$b = \frac{a - \sqrt{a^2 - 4R^2}}{2}$$

由上面两式右边相等，并把式中 c 换成 $2R$，解出当引力等于斥力时，两个带异性电荷导体球的球心距离 $a = 3.2R$ 。即两个大小相同的导体球，当其带有电量相同的同性电荷时的斥力等于带有电量相同的异性电荷时的引力时，带同性电荷时的球心距离小于带异性电荷时的球心距离。但因为此时两个带同性电荷导体球的球心距离为最小值 $2R$，所以，两个带异性电荷导体球的球心距离 $3.2R$ 也是最小值。随着两球心距离的逐渐增加，当引力等于斥力时，带异性电荷导体球与带同性电荷导体球的球心距离差值逐渐减小，直到两球心距离趋于无穷大时，带异性电荷导体球的球心距离与带同性电荷导体球的球心距离趋于相等。

226. 两个大小相同的导体球带有电量相等的正电荷，当两球心距离 c 一定时，两球的作用力与球半径有怎样的关系？最大作用力是多少？

答：因为两导体球的大小相同，所带电荷同性，并且电量相等，故两球为等势等大带电导体球，两球之间没有静电感应，两球的作用力为斥力。两球面上的电荷在相互斥力作用下，都要在各自球面上向外偏离球心，因此，球面电荷在球内的替代电荷也要向外偏离球心，从而增加了两球面电荷或球内替代点电荷之间的距离。既然两球内替代电荷之间的距离增加，那么，球内两替代电荷的作用力，也就是两导体球的作用力就减小。而两球内替代电荷之间的距离为 $c + 2b$ ，即既与 c 有关又与 b 有关。其中 b 还与球半径 R 有关，即

$$b = \frac{-c + \sqrt{c^2 + 9.6R^2}}{4.8}$$

当 c 一定时，R 越大则 b 越大，两球内替代点电荷之间的距离也越大，两球的作用力就越小。反之，R 越小则 b 越小，两球内替代点电荷之间的距离也越小，两球的作用力就越大。当两球半径趋于零时，b 也趋于零，则两球内替代电荷之间的距离趋于最小，即 c，此时两球内替代点电荷之间的作用力，即两带电导体球的作用力为最大，它就是两球面电荷集中在球心处时的库仑力。

227. 有两个导体球都带正电荷，则两球的作用力是怎样形成的？如何算出？

答：当两个导体球都带正电荷时，两球之间一定有作用力，但两球之间的作用力是如何产生的，是引力还是斥力，如何算出，这要分两种情况说明，一是两个带电导体球的电势不相等，二是两个带电导体球的电势相等。

当两球电势不等时，虽然两球都带正电荷，都要向外发出电力线，但由于两球的电势不等，故由低电势球面发出的电力线不可能到达高电势球面，所以，全部指向无穷远处。而从高电势球面发出的电力线除了到达无穷远处的以外，还有一部分要到达低电势球面上，即高电势球面上的正电荷要在低电势球面上感应出负电荷。所以，两个电势不等带电导体球的作用力，首先就是高电势球面所带正电荷对低电势球面上感应负电荷的引力。另外，既然低电势球面上有感应负电荷，那么，在低电势球面上除了原来所带正电荷外，还要多出与感应负电荷等量的感应正电荷，该两种正电荷都要均匀分布在球面上。所以，两

个电势不等带正电荷导体球的作用力就是高电势球，即施感球面上的正电荷对低电势球面上感应负电荷和均匀分布在球面上的两种正电荷的作用力，前者为引力，后者为斥力。该力要用电像法算出。

如果两个带电导体球的电势相等，则两球为等势球，两球之间没有静电感应，两球之间的作用力就是两球面上电荷的直接作用力，该力为斥力。由于两球之间没有静电感应，则两球面上就没有电力线相连，表明两球中的任一球都不会在另一球内有像电荷。所以两球之间的作用力不能用电像法求出，而是要用等势带电导体球的斥力公式算出。

228. 两个等势等大带电导体球相互作用时，两球内替代电荷偏离球心的距离是怎样求出的?

答：由于两带电导体球电势相等，两球之间的作用力为斥力。两球面上电荷在斥力作用下都要向外偏离球心，球面电荷在球内的替代电荷也要向外偏离球心。因为两球大小相等，两球内替代电荷偏离球心的距离也相等，用 b 表示。但因为两球之间没有静电感应，两球内替代电荷的偏心距不能直接用电像法求出。可以用“移位变号”的方法，把求两个等势导体球内替代电荷的偏心距问题转换成求两个不等势导体球内替代电荷的偏心距问题，进而就可以用电像法近似求出两个等势导体球内替代电荷偏离球心的距离 b，具体做法如 106 题中的图示。106 题中移位变号后的 A' 球与 B 球的电势不等，两球的作用力由电像法求出，受感球内像电荷和施感球内替代电荷的偏心距公式

$$b=\frac{a-\sqrt{a^2-4R^2}}{2}$$

式中 a 为带异性电荷的 A' 球与 B 球的球心距离，为未知数。所以不能由上式算出 b，为此要从引力等于斥力的关系求出 b。先是把一般引力公式作适当简化，因为移位变号后两导体球的引力公式满足

$$\frac{Q^2}{4\pi\varepsilon_0\left(a-b\right)^2}<F'<\frac{Q^2}{4\pi\varepsilon_0\left(a-2b\right)^2}$$

故两球的引力公式可简化成

$$F'=-\frac{Q^2}{4\pi\varepsilon_0\left(a-kb\right)^2}$$

式中 k 为常数，在此处它是一个大于 1 小于 2 的数。另外，移位变号前两导体球的斥力公式为

$$F=\frac{Q^2}{4\pi\varepsilon_0\left(c+2b\right)^2}$$

由引力等于斥力，并和前面的偏心距公式联立，消去未知数 a，求出 b 与 c 的关系为

$$b=\frac{-c+\sqrt{c^2+4\left(1+k\right)R^2}}{2\left(1+k\right)}$$

式中 k 是为了简化两个等大不等势导体球，即 106 题图中移位变号后两个带等量异性电荷导体球的引力公式时引入的系数，当移位变号前的斥力等于移位变号后的引力时，它是一

个大于 1 小于或等于 1.4 的常数。

229. 上题中引力公式的简化式是怎样得出的？为什么要简化？

答：因为两个等势等大导体球作用力为斥力，不能用电像法求出，而是直接由库仑定律求出，即为上题中 F 的表达式。但式中的 b 是未知数，所以，要算出斥力 F，关键是要求出球内替代电荷的偏心距 b，并且要找出 b 与球心距离 c 的关系。但因为 b 只能由电像法求出，即由两个大小相等带等量异性电荷导体球的引力公式算出，而该引力公式为

$$F' = \frac{Q^2}{4\pi\varepsilon_0}\left[\frac{-(R-b)}{(a-b-R)(a-2b)^2} + \frac{R-b}{(a-b-R)(a-b)^2} - \frac{1}{(a-b)^2}\right]$$

当该引力等于上题给出的两个大小相等带等量同性电荷导体球的斥力 F 时，就可以由两式右边相等消去 a，从而解出 b 与 c 的关系式。但因为做起来很烦琐，所以要对上面的引力式进行简化。具体做法是先对上面的引力式右边通分，然后与下式

$$F'' = -\frac{Q^2}{4\pi\varepsilon_0(a-2b)^2}$$

相比，得出 $F'/F''<1$，故有 $F'<F''$。同样用通分后的引力公式与下式

$$F''' = -\frac{Q^2}{4\pi\varepsilon_0(a-b)^2}$$

相比，得出 $F'>F'''$。故有

$$\frac{Q^2}{4\pi\varepsilon_0(a-b)^2} < F' < \frac{Q^2}{4\pi\varepsilon_0(a-2b)^2}$$

由以上讨论可得出引力公式的简化形式为

$$F' = -\frac{Q^2}{4\pi\varepsilon_0(a-kb)^2}$$

这就是上题中的引力简化公式是怎样简化来的和为什么要简化的原因。

230. 系数 k 如何算出，与哪些物理量有关？

答：因为系数 k 是在简化两个带异性电荷导体球的引力公式时引入的系数，因此，它的计算式可直接由上题中的一般引力公式与简化后的引力公式相等而推出，为

$$k = \frac{a}{b} - \frac{\sqrt{a-b-R}\,(a-2b)(a-b)}{b\sqrt{a^2(a-R-5b)-b^2(7R+b)+6ab(R+b)}}$$

这就是 k 的计算公式。它与两个大小相等、导体球带有等量异性电荷时的球心距离和球半径 R 以及球内像电荷或替代电荷的偏心距 b 有关。容易由上式算出当两球心距离取最小值 $a=2R$（球面接触点绝缘）时，$k=2$，这就是 k 的最大值。然后随着两球心距离逐渐增加，系数 k 逐渐减小，最后趋近于 1。但在实际计算中，两球心距离不能等于 $2R$，而只能趋于 $2R$，所以，系数 k 不会等于 2，而是趋近于 2。

231. 为什么两个大小相等的导体球，当其带等量同性电荷时的斥力与带异性电荷时的引力相等时，系数 k 的最大值不是 2，而是 1.4？

答：当两个大小相等的导体球带有电量相等的同性电荷时，两球面电荷的作用力为斥力，球面电荷在斥力作用下向外远离球心，从而拉大了球面电荷之间的距离。而当两导体球面上的电荷换成异性电荷时，则两球面电荷的作用力为引力，球面电荷在引力作用下向内偏离球心，从而减小了球面电荷之间的距离。所以，当引力等于斥力时，必然是两球带同性电荷时的球心距离 c 小于两球带异性电荷时的球心距离 a。因此，当两球带同性电荷时的球心距离取最小值 $2R$ 时，带异性电荷时的最小球心距离要大于 $2R$，实际算出为 $a=3.2R$。然后把该球心距离代入两个等大不等势导体球的偏心距公式算出 $b=0.35R$，再将 $a=3.2R$ 和 $b=0.35R$ 代入上题中的系数计算式，算得 $k=1.4$。这就是两个大小相等的导体球带同性电荷时的最大斥力等于带异性电荷时的最大引力时，系数 k 的取值，且为最大值。然后随着两球心距离逐渐增加，k 值逐渐减小，最后趋近于 1。

232. 在实际应用中，为什么可以把 k 取成常数 1.4？

答：系数 k 虽然是一个变数，但其变化规律只与两球心的距离(用 R 表示)有关，而与两球半径无关。所以，任意给出两个大小相等带等量同性电荷的导体球，它们与 k 的关系都满足上题讨论的情形，即当两球心距离 $c=2R$ 时，都有 $k=1.4$，然后随着 c 的增加 k 逐渐减小。由 230 题给出 k 的计算式计算得出，k 随着两球心距离增加而减小，但当两球心距离较小时，k 随球心距离增加而减小的速度较快，当两球心距离较大时，k 随球心距离增加而减小的速度较慢。并且，由于 k 的变化范围很小，所以，k 的变化对两球作用力的影响非常有限，与两球心距离的变化对两球作用力的影响相比，k 的变化对两球作用力的影响可以忽略不计。因此，在要求条件不是很高的情况下，k 可以取成常数，并且该常数取 k 的最大数，即 $k=1.4$，因为只有这样，才能够使两球心距离取任意值时，算出的力与精确算法算出的力更接近。

233. 把 k 取成常数有什么好处？

答：在 230 题给出的关于 k 的计算式中看出，k 只与两个带异性电荷导体球的球心距离 a 和球半径 R 有关，而与两个带同性电荷导体球的球心距离 c 无关。然而在计算两个带同性电荷导体球的作用力时，题目中给出的已知条件是 c 而不是 a，因此，系数 k 不能直接从题目中给出的条件求出。既然 k 不能直接从题目中的已知条件求出，那么，228 题中给出两个带同性电荷导体球中替代电荷的偏心距，即

$$b=\frac{-c+\sqrt{c^2+4(1+k)R^2}}{2(1+k)}$$

就无法算出。此时若要在已知条件 c 和 R 的前提下算出 b，就必须先假设若干个大小相等带等量异性电荷导体球的作用模型，进而从 230 题中 k 的计算式里逐一算出各个作用模型的 k 值，然后再通过下面的等式

$$c=a-(2+k)b$$

找出与每个 a 和 k 对应的 c，并制成一个表格。这样一来，在解题时，就可以从表中查出与题目中两球心距离 c 相对应的 k，进而再从上式算出 b。这种方法虽然可以算出两个带电导体球的斥力，但显得麻烦，尤其是需要查表，很不方便。但如果把 k 取成一个常数，即 $k=1.4$，则上面的偏心距公式里 k 就是常数，而 c 和 R 是已知数，故 b 就可以直接由题目中的已知条件求出，进而解出两球的斥力，而且还可以把等势等大带电导体球的作用力计算写成一个统一的公式。

234. 在计算两个带电导体球的作用力时，给出了各种作用模型的球内替代电荷偏心距公式，这些公式有哪些共同的特点，这些特点说明了什么问题？

答：任意两个带电导体球相互作用时，两球面上的电荷都要作微观移动，在球面上分布不均匀，因此，在球内的替代点电荷就不在球心上，而是在偏离球心的位置。即在静电平衡时，两球内替代电荷都有一个偏离球心的距离，并由各个不同的计算公式算出。其中两个电势不等带电导体球相互作用时，受感球内像电荷的偏心距公式

$$b_1=\frac{a^2+R_1^2-R_2^2}{2a}-\frac{1}{2}\sqrt{\left(\frac{a^2+R_1^2-R_2^2}{a}\right)^2-4R_1^2}$$

而施感球内替代电荷的偏心距公式

$$b_2=\frac{a^2+R_2^2-R_1^2}{2a}-\frac{1}{2}\sqrt{\left(\frac{a^2+R_1^2-R_2^2}{a}\right)^2-4R_1^2}$$

如果上面两个不等势导体球大小相等，则有 $R_1=R_2=R$，代入上面两式得出

$$b_1=b_2=\frac{a-\sqrt{a^2-4R^2}}{2}$$

如果两带电导体球的大小相同，电势相等，两球内替代电荷的偏心距相等，即

$$b=\frac{-c+\sqrt{c^2+9.6R^2}}{4.8}$$

如果两个等势带电导体球的大小不等，设大球的半径为 R，小球的半径为 r，则小球内替代电荷的偏心距公式

$$b_2=\frac{-c+\sqrt{c^2+9.6r^2}}{4.8}$$

而大球内替代电荷的偏心距公式

$$b_1=\frac{-\sqrt{n}\left(c+b_2\right)+\sqrt{n\left(c+b_2\right)^2+4\left(0.4+\sqrt{n}\right)R^2}}{2\left(0.4+\sqrt{n}\right)}$$

这些都是带电导体球相互作用时，两球内替代电荷偏离球心的距离。不难看出以上公式都有以下共同特点，即与两球所带电荷无关，只与两球半径和球心距离有关，当两球心距离一定时，偏心距 b 只是半径的函数，并随半径的增大而增大，随半径的减小而减小，当两球半径都为零时，偏心距 b 为零。当两球半径一定时，b 只是两球心距离的函数，并随着两球心距离的减小而增大，随着两球心距离的增加而减小，当两球心距离趋于无穷大时，

两球内替代电荷的偏心距$b=0$。由以上特点说明两带电导体球的作用力公式与库仑定律相比，二者是有关联的，即，当两球心距离一定时，让两球半径减小为零，则两球的作用力公式就简化成了库仑定律。如果保持两球的半径不变，而是让两球心距离逐渐增加到无穷大时，则两球作用力公式同样也简化成了库仑定律。

235. 在两带电导体球的相互作用过程中，两球面上的电荷分布如何变化？

答：任意两个带电导体球相互作用时，球面上的电荷都要重新分布，即由原来的均匀分布变成非均匀分布。但由于两球面上电荷的受力情况不同，受力大小也不同，所以，电荷在球面上的分布状况也不同。如果两球大小相等，并带有同性等量电荷，两球的作用力为两球面上同性电荷的直接作用，为斥力。在斥力作用下，球面上电荷向两边移动，在球面上分布不均匀，向外一边的分布密度大，向内一边的分布密度小。这种电荷分布的情况可由两球面电荷在球内替代电荷偏离球心的距离来做出说明。因为球内替代电荷偏离球心的距离只与两球半径和球心距离有关，故由于两球大小相等，两球内替代电荷偏离球心的距离相等，由下式给出

$$b=\frac{-c+\sqrt{c^2+9.6R^2}}{4.8}$$

由上式看出，当两球心距离c和两球半径R一定时，两球内替代电荷偏离球心的距离b就是一个唯一的确定值，这表明球面上的不均匀分布电荷的状态是唯一的。但如果c和R中的任何一个有变化，b都要随着变化。如当R一定，而让c逐渐增加，b将逐渐减小，表明球面上电荷偏离球心的程度较小；如果再让c逐渐增加到足够大，则b将逐渐减小至接近零，此时，两球面上电荷偏离球心的程度最小，表明两球面上的电荷接近于均匀分布；而当c趋于无穷大时，$b=0$，表明球面电荷没有偏离球心，而是均匀分布在球面上，这是因为两导体球的作用力趋于零。另外，当两球心距离c一定，而让球半径R逐渐减小时，b也随着逐渐减小，表明球面上电荷偏离球心的程度逐渐减小；当两球半径继续减小为零时，则b也为零，表明球面上的电荷没有偏离球心，而是均匀分布在球面上。这是因为球半径减小，球表面积也减小，球面上的电荷作微观移动范围减小，到两球半径为零时，球表面积也为零，电荷在力的作用下也不会产生微观移动。所以，任意两个点电荷相互作用时，两电荷之间的距离保持不变。用同样的方法可以讨论其他带电导体球作用下球面上电荷的分布情况，结果均与上述情况相同。

236. 两个电势相等导体球的作用力公式与库仑定律有怎样的关系？

答：如果两个导体球不仅电势相等，而且半径也相等，则两个等势等大导体球的作用力公式为

$$F=\frac{Q^2}{4\pi\varepsilon_0\left(c+2b\right)^2}$$

式中b为两球内替代电荷偏离球心的距离，由下式算出，即

$$b=\frac{-c+\sqrt{c^2+9.6R^2}}{4.8}$$

由以上两式看出，当两球半径为零时，b 为零，此时，两球的作用力公式就变成了库仑定律。而当两个等势球的大小不相等时，则两球的作用力公式为

$$F=\frac{Qq}{4\pi\varepsilon_0\left(c+b_1+b_2\right)^2}$$

其中 b_1 和 b_2 为两个大小导体球内替代电荷的偏心距，其中小球内替代电荷的偏心距

$$b_2=\frac{-c+\sqrt{c^2+9.6r^2}}{4.8}$$

而大球内替代电荷的偏心距

$$b_1=\frac{-\sqrt{n}\left(c+b_2\right)+\sqrt{n\left(c+b_2\right)^2+4\left(0.4+\sqrt{n}\right)R^2}}{2\left(0.4+\sqrt{n}\right)}$$

可见，当 $R=r=0$ 时，有 $b_1=b_2=0$，则两个等势不等大带电导体的作用力公式就变成了库仑定律。